SketchUp（中国）授权培训中心官方指定教材

SketchUp要点精讲

孙 哲 潘 鹏 编著

清华大学出版社

北 京

内 容 简 介

本书共 9 章 63 节（包含练习用附件）内容，为强化学习效果，还有配套的视频教程（62 节、约 1000 分钟），所涉及的内容涵盖了各行业 SketchUp 用户必须掌握的、最基础的"应知应会"性质的知识，本书内无冷僻内容，也不包括各行业的专业内容。

本书和配套的视频教程是 SketchUp（中国）授权培训中心官方指定的教学培训和应考辅导教材，所涉及的所有知识都将是 SketchUp 国际认证（SCA）各等级资格认证考试的必考内容。

本书也可作为各大专院校、中职中技中专的专业教材，还可供在职设计师自学后参与技能认证所用。

图书在版编目(CIP)数据

SketchUp要点精讲 / 孙哲，潘鹏编著. —北京：清华大学出版社，2021.8（2024.8重印）
SketchUp（中国）授权培训中心官方指定教材
ISBN 978-7-302-58802-3

Ⅰ．①S… Ⅱ．①孙… ②潘… Ⅲ．①建筑设计—计算机辅助设计—应用软件—中等专业学校—教材 Ⅳ．①TU201.4

中国版本图书馆CIP数据核字(2021)第157511号

责任编辑：张 瑜
封面设计：潘 鹏
责任校对：李玉茹
责任印制：宋 林

出版发行：清华大学出版社
网　　址：https://www.tup.com.cn, https://www.wqxuetang.com
地　　址：北京清华大学学研大厦A座　　邮　　编：100084
社 总 机：010-83470000　　邮　　购：010-62786544
投稿与读者服务：010-62776969, c-service@tup.tsinghua.edu.cn
质量反馈：010-62772015, zhiliang@tup.tsinghua.edu.cn

印 装 者：三河市铭诚印务有限公司
经　　销：全国新华书店
开　　本：190mm×260mm　　印　　张：21.75　　字　　数：530千字
版　　次：2021年9月第1版　　印　　次：2024年8月第4次印刷
定　　价：89.00元

产品编号：092714-01

SketchUp官方序

自 2012 年天宝（Trimble）公司从谷歌收购了 SketchUp 以来，这些年 SketchUp 的功能得以持续开发和迭代，目前已经发展成为天宝建筑最核心的通用三维建模以及 BIM 软件。几乎所有天宝的软硬件产品都已经和 SketchUp 衔接，因此可以将测量测绘、卫星图像、航拍倾斜摄影、3D 激光扫描点云等信息导入 SketchUp；在 SketchUp 进行设计和深化之后也可通过 Trimble Connect 云端协同平台同 Tekla 结构模型、IFC、rvt 等格式协同；还可结合天宝 MR/AR/VR 软硬件产品进行可视化展示，以及结合天宝 BIM 放样机器人进行数字化施工。

近期天宝公司发布了最新的 3D Warehouse 参数化的实时组件（Live Component）功能，以及未来参数化平台 Materia，将为 SketchUp 打开一扇新的大门，未来还会有更多、更强大的 SketchUp 衍生开发产品陆续发布。由此可见，SketchUp 已经发展成为天宝 DBO（设计、建造、运维）全生命周期解决方案核心工具。

SketchUp 在中国的建筑、景观园林、室内设计、规划及其他众多设计专业有非常庞大的用户基础和市场占有率。然而大部分用户仅仅使用了 SketchUp 最基础的功能，却并不知道虽然 SketchUp 的原生功能简单，但通过这些基础功能，结合第三方插件的拓展，众多资深用户可以将 SketchUp 发挥成一个极其强大的工具，可处理复杂的几何和庞大的设计项目。

SketchUp（中国）授权培训中心（ATC）的官方教材编审委员会已经组织编写了一批相关的通用纸本与多媒体教材，后续还将推出更多新的教材，其中，ATC 副主任孙哲老师（SU 老怪）的教材和视频对很多基础应用和技巧做了很好的归纳总结。孙哲老师是国内最早的用户之一，从事 SketchUp 的教育培训工作 10 余年，积累了大量的教学资料成果。未来还需要 SketchUp（中国）授权培训中心以老怪老师为代表的教材编写委员会贡献更多此类相关教材，助力所有的使用者更加高效、便捷地创造出更多优秀的作品。

向所有为 SketchUp 推广应用做出贡献的老师致敬。
向所有 SketchUp 的忠实用户致敬。
SketchUp 将与大家一起进步和飞跃。

SketchUp 大中华区经理
王奕（Vivien）

SketchUp 大中华区技术总监
张然（Leo Z）

前　言

　　《SketchUp 要点精讲》是 SketchUp(中国) 授权培训中心 (以下称 ATC) 在中国大陆地区出版的官方指定教材中的一部分。与此教材同时出版的还有《LayOut 制图基础》《SketchUp 建模思路与技巧》《SketchUp 用户自测题库》，即将完稿出版的还有《SketchUp 材质系统精讲》《SketchUp 动画创建技法精讲》《SketchUp 插件与曲面建模》，正在组稿的还有动态组件、BIM 等相关书籍，以及与之配套的一系列官方视频教程。

　　SketchUp 软件诞生于 2000 年。经过 20 年的演化迭代，已经成为全球用户最多、应用最广泛的三维设计软件。自 2003 年登陆中国以来，在城市规划、建筑、园林景观、室内设计、产品设计、影视制作与游戏开发等专业领域，有越来越多的设计师转而使用 SketchUp 来完成自己的工作。2012 年，Trimble（天宝）从 Google（谷歌）收购了 SketchUp。凭借 Trimble 强大的科技实力，SketchUp 迅速成为融合地理信息采集、3D 打印、VR/AR/MR 应用、点云扫描、BIM 建筑信息模型、参数化设计等信息技术的"数字创意引擎"，并且这一趋势正在悄然改变设计师的工作方式。

　　官方教材的编写是一个系统性的工程。为了保证教材的翔实、规范及权威性，ATC 专门成立了教材编写委员会，组织专家对教材内容进行反复的论证与审校。本书编写由 ATC 副主任孙哲老师（SU 老怪）主笔。孙哲老师是国内最早的用户之一，从事 SketchUp 的教育培训工作 10 余年，积累了大量的教学资料成果。此系列教材的出版将有助于院校、企业及个人在学习过程中更加规范、系统地认知，更好地掌握 SketchUp 软件的相关知识和技巧。

　　在本书编写过程中，我们得到了来自 Trimble（天宝）的充分信任与肯定。特别鸣谢 Trimble SketchUp 大中华区经理王奕女士、Trimble SketchUp 大中华区技术总监张然先生的鼎力支持。同时，也要感谢我的同事以及 SketchUp 官方认证讲师团队，这是一支由建筑师、设计师、工程师、美术师组成的超级团队，是 ATC 的中坚力量。

　　最后，要向那些 SketchUp 在中国发展初期的使用者和拓荒者致敬。事实上，SketchUp 旺盛的生命力源自民间各种机构、平台，乃至个体之间的交流与碰撞。SketchUp 丰富多样的用户生态是我们最为宝贵的财富。

　　SketchUp 是一款性能卓越、扩展性极强的软件。仅凭一本或几本工具书并不足以展现其全貌。我们当前的努力也谨为助力使用者实现一个小目标，即推开通往 SketchUp 世界的大门。欢迎大家加入。

SketchUp（中国）授权培训中心 主 任

2021 年 3 月 1 日，北京

目 录

SketchUp 要点精讲

扫码下载本章教学视频及附件

第1章

SketchUp 概述与设置

本章是你学习 SketchUp 的序曲。

作者在 1.1 节中会告诉你关于这套教程的一些重要信息和学习方法。

作者还要用大数据来证明：你今天开始学习 SketchUp 的决定是多么明智。

接下来介绍从软件获取和安装，到操作界面的安排和优化，再到完成一系列设置，这些都是你跟 SketchUp 打交道要迈出的第一步。

现在你可以开始学习了，祝你顺利！

1.1 作者的话

作者很高兴接受 SketchUp（中国）授权培训中心的委托，能有机会为 SketchUp 的华人用户撰写制作这套系列通用教程，本书是系列教程的第一部分。

本书和配套的视频教程是 SketchUp（中国）授权培训中心官方指定的教学培训和应考辅导教材。本书和配套的视频教程中所涉及的知识都将是 SketchUp 国际认证（SCA）各等级资格认证考试的必考内容。

系列教程的这一部分共有 9 章 63 节（包含练习用的模型和素材）。

为了抓住学习重点、应对资格认证，还专门编撰了与本书配套的《SketchUp 用户自测题库》一书，共计 260 题并附有答案。

此外，为了强化学习效果，本书还有配套的视频教程 62 个（约 1000 分钟）。

本书按照工具的功能来划分章节，这是区别于同类书的特点，这样做是经过长期教学实践确定的，更方便学习、记忆与练习。每个板块各有重点，虽自成体系，也互有联系。

SketchUp 是一款非常容易上手的三维设计工具，所以发展得非常快，很多人经过几天的自学摸索似乎就可以设计出一些简单图形，并自以为已经入门了；但无数事实证明，其实他们的很多操作都是错误的，一旦养成了坏习惯，再想改正就要付出更多努力，想进一步提高建模水平也很困难。

SketchUp（中国）授权培训中心和作者都希望本书的读者能获得系统且正规的学习，本书可以作为视频教程的索引，视频部分才是教程的主体；需按章节顺序学习；这样看起来要多花点时间，其实磨刀不误砍柴工，基础打好了才有提高水平的后劲。至于本教程读者中相当一部分经过自学，自觉已经入门的人，至少请快速浏览一遍本书的内容，看看《SketchUp 用户自测题库》里还有多少"不知不会"的，挑选还有疑问的部分重点学习或复习。

作者使用 SketchUp 已有十七八年，经历了 15 个不同的版本，涉足 SketchUp 相关的教学活动也有十三四年了，在长期的教学实践中发现，有不少学员在学习过程中会犯一些同样的错误，走同样的弯路。下面挑两例常见的错误说明一下，以便引起注意。

很多人学习中遇到一点儿小问题就抓住不放，不解决它决不罢休，自以为是认真严谨的学习方法，其实是在钻牛角尖。例如，某人在学到圆弧工具时，想要画一个点当作圆心，弄来弄去，在原地纠结停留了两天半就是弄不出来，还到处发帖求援……其实他大可暂时把这个问题放到一边，等学到卷尺工具时自然就知道画辅助点的方法了。学习中犯同类错误的还有很多，对于这种普遍存在的、属于学习方法方面的问题，老怪想出一句俏皮话希望大家能记住："蜿蜒小溪所以能够到达大海，除了勇往直前，它们还懂得绕行。""绕行"不是回避困难，而是避免与暂时无解的困难纠缠而浪费时间，只是暂时放下，或设法从另外的角度去克服困难，这才是聪明人在学习中对待困难的正确方法。

另一些人（还为数不少）可能天性有点浮躁，专挑一些自以为"有用的部分"看，剩下很多"感觉用不着的部分"扔在一边不予理会；连 SketchUp 的基本工具还不会用，就要研究插件、研究曲面，结果可想而知。欲速则不达，最后还是要回炉再造。一旦要重新再回老地方返工，反而比老老实实按顺序学习的人花的时间更多。对这些人，老怪同样想出一句俏皮话送给他们："一顿吃三个馒头才能饱，你不能跳过前两个，只吃第三个馒头。"如果你是聪明人，就该知道：绝大多数老师讲课前是要花很多时间去备课的，老师不会浪费有限的时间去讲完全用不着的东西，书本和视频教程里提到的每个知识点都是有用的，知识点与知识点之间是有前后呼应关系的，要是你自作聪明跳过了一大段，空降到某处，必然会分不清东南西北，产生很多本不该有的头痛问题，为了解决这些头痛问题，你反而要比老老实实按顺序学习的人花费更多时间。

对于如何更快地用这套教材学好用好 SketchUp，作者给你一点儿建议：最好的学习方法是先按顺序全部快速浏览一遍，不要急着动手练习，也不求全部搞懂精通；这样你就会知道哪些部分是你最需要特别注意和练习的，再挑选要重点学习的部分深入学习和练习。因为曾经通读过一遍，遇到问题就知道到什么地方去找答案。

希望上面聊的这些对你的高效学习有用。

1.2　从大数据看 SketchUp

最近几年，我们经常听到一个新的词汇——大数据。

目前，各行各业都在尝试从大数据中挖掘商机，各级政府部门也都在用大数据来了解民意，帮助作出正确的决策。在正式学习 SketchUp 之前，我们也可以用大数据来了解一下 SketchUp 的发展历史和今后的趋势，再跟其他三维建模软件作一比较。

图 1.2.1 来源于 Google 的趋势工具（Google Trends），这是公认的重要大数据来源之一，Google 趋势工具以公众对某个事物的搜索量来表征这个事物的历史、当前热度和发展的趋势。

1.　全球比较（SketchUp & 3ds Max）

图 1.2.1 所示的两条曲线是 SketchUp（蓝线）与老牌三维工具 3ds Max（红线）的对照曲线。获取这一趋势曲线的条件是：时间从 2004 年 Google 的趋势工具运行开始至 2021 年 3 月（SketchUp 诞生于 2000 年）数据获取的区域是全球，在所有类别上的网页搜索。

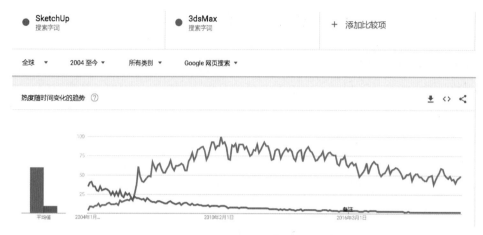

图 1.2.1　Google 趋势（全球比较）

解读代表 SketchUp 的蓝色曲线：SketchUp 从 2004 年至今 16 年的热度趋势，从 2006 年可以免费下载 SketchUp 的体验版以后，上升得非常快，并且一直保持着这样的热度到 2010 年；然后稍微有点下降，不过至今仍然保持着相当高的热度。

老牌三维建模工具 3ds Max 的红色曲线显示，3ds Max 的变化趋势正好与 SketchUp 相反，从 2004 年开始就一直在逐步衰落，没有起色。

2. 美国比较曲线（SketchUp & 3ds Max）

从图 1.2.2 和图 1.2.3 可以看出，SketchUp 数据发源地是美国，3ds Max 数据发源地是加拿大，再加上另一个发达国家德国（图 1.2.4），这 3 个国家的发展趋势跟全球的数据相比也基本相同（图 1.2.5 至图 1.2.7）。

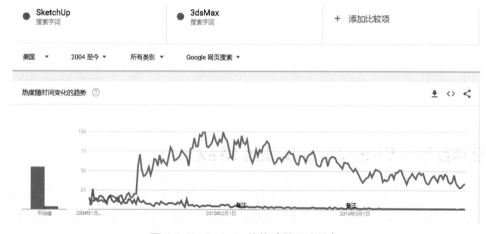

图 1.2.2　Google 趋势（美国比较）

3. 加拿大比较曲线（SketchUp & 3ds Max）

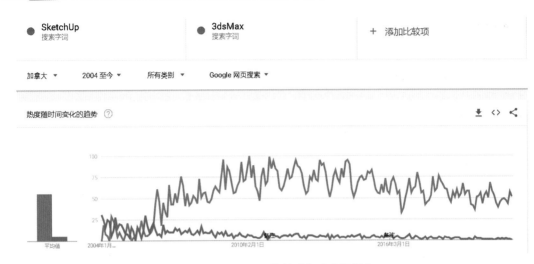

图 1.2.3　Google 趋势（加拿大比较）

4. 德国比较曲线（SketchUp & 3ds Max）

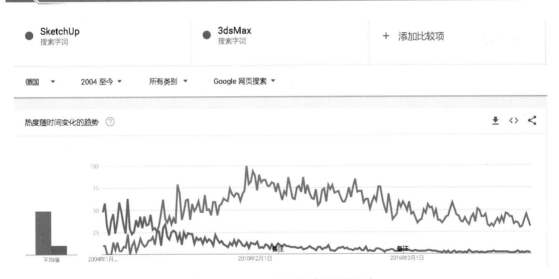

图 1.2.4　Google 趋势（德国比较）

5. 中国比较曲线（SketchUp & 3ds Max）

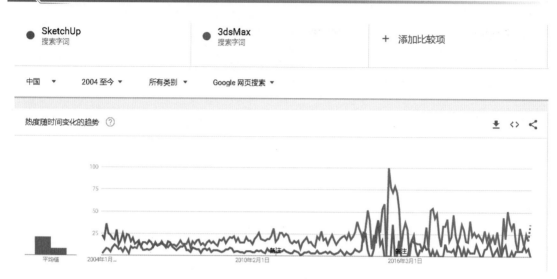

图 1.2.5　Google 趋势（中国比较）

6. 日本比较曲线（SketchUp & 3ds Max）

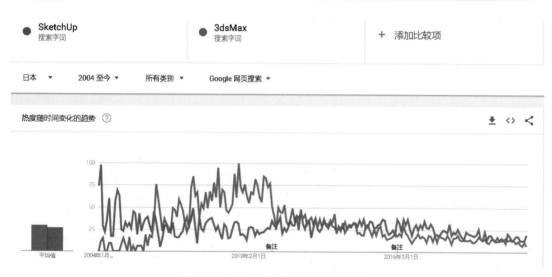

图 1.2.6　Google 趋势（日本比较）

7. 韩国比较曲线（SketchUp & 3ds Max）

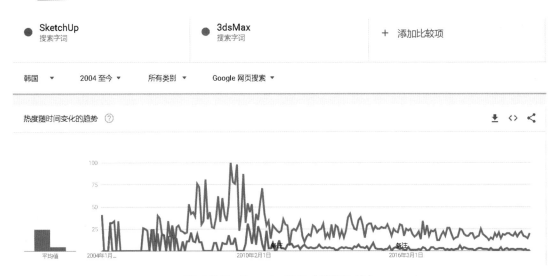

图 1.2.7　Google 趋势（韩国比较）

8. 更多国家的比较数据

　　视频教程里还有更多的数据可供参考，你会发现，全世界，除了战火纷飞的中东，我们的北方邻国蒙古、东南亚的少数小国家，非洲的大部分地区和北极地区之外，都是 SketchUp 的热区。

　　表 1.2.1 中罗列了全球 20 多个国家的数据（SketchUp ： 3ds Max，2020 年年底）。

表 1.2.1　全球 20 多个国家对比

美国：26 ：1	日本：1.4 ：1	委内瑞拉：25 ：0
英国：15 ：1	印度：6.67 ：1	秘鲁：33 ：0
法国：8.5 ：1	巴西：56 ：1	玻利维亚；26 ：0
俄罗斯：9.5 ：1	南非：38 ：0	智利：39 ：2
中国：2.8 ：1	墨西哥：48 ：1	阿根廷：44 ：1
德国：7.33 ：1	危地马拉：62 ：0	阿联酋：37 ：5
加拿大：11.33 ：1	尼加拉瓜：100 ：0	沙特阿拉伯：13 ：0
澳大利亚：13 ：1	巴拿马：66 ：0	巴基斯坦：17 ：0
意大利：17 ：1	哥伦比亚：56 ：1	

9. 数据比较总结

把表 1.2.1 中的数据做个分析总结如下。

越是技术比较发达、开放的国家，对 SketchUp 就越是偏爱，如美国、英国、加拿大、澳大利亚、意大利等发达国家；而越是传统保守的国家，情况则相反，如日本（1.4：1）、中国（2.8：1）等；越是新兴的经济体，越有跳过 3ds Max 而直接接受 SketchUp 的倾向，如南美洲、中东的石油富豪等。

据我们了解，有很多在校大学生和自学的朋友，他们正在为学 SketchUp 还是学 3ds Max 的问题拿不定主意而纠结苦恼，对于这个问题，希望上面的这些客观数据能够帮助他们作出正确的决定。

如果能对 3ds Max 和 SketchUp 做进一步的比较，还会得出更客观的结果。

首先，3ds Max 和 SketchUp 是两款完全不同的工具软件，诞生和发展的年代相差了 10 多年，虽然在具体的应用领域中有一些相互重叠的部分，可以勉强替代，但是它们针对的专业方向和特长完全不同，直接拿来比较并无太大意义。

一般认为，3ds Max 在游戏开发、角色动画、电影电视、视觉效果、产品设计、渲染配套等领域是强项；而 SketchUp 一开始就是为建筑设计量身定做的，包括景观、室内外环艺、城乡规划等；在方案推敲阶段，在企业的上下、左右、内外的沟通合作方面有特别的优势，近几年 SketchUp 还逐步引入了 BIM（建筑信息模型）、三维测量数据导入、3D 打印及团队合作等功能，这样就更加适合这些领域的应用了。

另外，SketchUp 有方便易学、简单易用的优点，配合众多的外部插件，功能越来越强大，适合应用的行业也越来越多。可以预见，SketchUp 的前途，还有正在学习 SketchUp 的你的前途都将会非常光明。

1.3 软件的获取、安装和关键目录

本节介绍 SketchUp 软件获取、安装和安装目录细节等一系列关键信息，这些信息对于初学者和老手们都很重要。本节内容主要涉及一系列网址与计算机文件路径，这些资料已经保存在本节的附件里。

1. 获取 SketchUp 新版软件

推荐你用下面提供的信息获取正版的 SketchUp 软件。对于想试试看的中国大陆朋友，还

可以关注以下办法：原先在官网上是可以随便下载 SketchUp 软件试用的，现在改了规矩，下载要先申请，中国大陆的用户还难以申请到，下述办法或许可以试试。

（1）先随便安装一个过时的版本。

（2）在软件的"帮助"菜单中选择"检查更新"命令。

（3）如果告诉你有新的版本可以更新，单击后就会在浏览器上弹出下载页面。

（4）打开下面的链接后就能看到下载到 SketchUp 所有语言的最新版本：

https://www.sketchup.com/download/all。

（5）下载页面的最上面是英文版，想要下载中文的简体和繁体版在最下面，请注意，Windows 和苹果的 Mac 操作系统有不同版本（图 1.3.1 ②③），下载文件有近 200MB。

（6）图 1.3.1 中⑤所示的位置可以申请试用，如果申请成功可获得 30 天的全功能试用期。

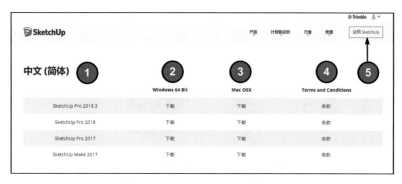

图 1.3.1　SketchUp 下载页面

（7）也可以单击以下链接直接进入试用版的申请界面，申请界面默认是英文的，但是网页的右下角可以选择改成中文。

申请免费使用 30 天的链接：https://www.sketchup.com/try-sketchup。

然后要填写一些信息，包括用途、职业和爱好等。祝你申请成功。

2. 网页版的 SketchUp（免费）

至少有以下几种情况需要用到网页版的 SketchUp。

（1）需要对 SketchUp 做初步了解的人。

（2）想让没有安装 SketchUp 的人看你的模型时。

（3）手头没有安装好 SketchUp 的计算机又急于要建模时。

（4）现场打开你保存在"天宝中心"或移动设备上的模型时。

访问 SketchUp 网页版的方法如下。

你可以在计算机浏览器中输入以下网址，甚至可以用移动设备扫描图 1.3.2 所示的二维码。

网页版 SketchUp 的访问网址： https://app.sketchup.com/app	 SketchUp网页版 spp.Sketchup.com/app 图 1.3.2　网页版二维码

登录后要输入 SketchUp 账号（或注册一个账号）再等一两分钟，以便在浏览器上创建 SketchUp 环境；然后出现"服务条款""隐私政策"的声明；勾选"同意"复选框后就可以开始建模或查看模型了。图 1.3.3 是初始界面，图 1.3.4 是工作界面。

图 1.3.3　网页版 SketchUp

图 1.3.4　用网页版的 SketchUp 在某茶博会布展现场打开的一个小模型

单击图 1.3.3 中所列选项可以实现以下相应功能。

① 选择一种尺寸单位（mm）；

② 选择从计算机打开一个模型或者从 Trimble Connect（天宝连接）下载；

③ 管理账户或升级；

④ 到天宝中心去操作；

⑤ 去 3D 仓库下载模型；

⑥ 添加模型的地理位置；

⑦ 开始建模。

3. 正版 SketchUp 软件的价格（以 2020 版为例）

（1）面向个人。

① SketchUp Free 限网页版（了解 SketchUp 的用途）免费。

② SketchUp Shop 限网页版（个人项目建模）每年 119 美元。

③ SketchUp Pro 桌面和网页（创造专业作品）每年 299 美元。

（2）面向专业人员。

① SketchUp Shop 限网页版（个人项目建模）每年 119 美元。

② SketchUp Pro 桌面和网页（创造专业作品）每年 299 美元。

③ SketchUp Studio 桌面和网页（设计更好的建筑）每年 1199 美元。

（3）面向高等教育。

① SketchUp Studio 学生版（制作令人惊叹的精确模型）每年 55 美元。

② SketchUp Studio 教育版（在课堂上使用直观强大的建模工具）每年 55 美元。

（4）面向中小学（需要另行申请）。

① SketchUp for Schools 限网页版，通过 G Suite 或 Microsoft Education 账户免费使用。

② SketchUp Pro 桌面和网页，通过国家补助免费使用。

注

　　以上 SketchUp 软件价格为国际官网价格。由于汇率、税率等原因，中国大陆地区价格政策会有所不同，具体可咨询 SketchUp 中国大陆地区分销商。

4. 购买 SketchUp 软件（中国大陆地区）教育版 / ATC 版（人民币支付. 开正规发票）

请访问 SketchUp 官网：https://www.sketchup.com/zh-CN/resellers/for-education，或者扫描 SketchUp（中国）授权培训中心客服二维码。

SketchUp(中国)
授权培训中心 客服

SketchUp（中国）授权培训中心
SketchUp (China) Authorized Training Center
北京央美创新城市建筑设计研究院
Beijing CAFA Innovative Urban & Architecture Design Institute
电话：(+86) 13520700645
邮箱：sketchup_atc@163.com
官网：www.sketchupatc.com.cn

5. 关于授权码

购买后可获得以下授权码，其中最重要的是"序列号"和"授权码"，务必妥善保存并关注过期失效的时间。

License information follows:（许可证信息如下）
User name: XXXXXXX （用户名）
Company/organization: XXXXXXX （公司 / 组织）
Serial number: XX–XXXXXXXX–XX （序列号）
Authorization Code: XXXXXXXXXXXXXX （授权码）
Expiration: 月 / 日 / 年（过期失效）

6. 软件安装（截图略）

如果你的计算机操作系统是 Windows XP 或 32 位的系统，是不能安装新版 SketchUp 的。必须升级操作系统，建议升级到 Windows 10 64 位系统。

注意，SketchUp 默认的安装位置是 C 盘；C 盘是操作系统所在的位置，而操作系统很可能要重新安装，重新安装操作系统会删除 C 盘里的全部数据和文件，如果把有用的资料放在了 C 盘，重新安装系统时就会造成损失，所以一定不要把重要的资料放在 C 盘（包括计算机桌面与文档）。建议把 SketchUp 安装到 D 盘或其他分区。

SketchUp 在运行时，需要用到一个叫作 Microsoft.net.framework 网络框架的支持，如果你的计算机系统里还没有指定版本的网络框架（阉割版的 Windows），安装程序会自动到微软的网站下载安装，这一步可能需要一些时间。

7. 桌面图标

安装完成后，桌面上会出现 3 个新的图标，图 1.3.5 分别是 SketchUp 2020、2021 两个版本的图标，每个版本都有 SketchUp、LayOut 和 StyleBuilder 这 3 个图标。

（1）SketchUp 是主程序，单击它就可以打开 SketchUp。

（2）LayOut 是布局工具，它是做平面文档和演示图文用的工具，可以用它来做简单的施工图和进行投影演示，后面还会专门介绍。

（3）StyleBuilder 是样式生成器，是创建新风格的工具；在本书 7-4 节的附件里列出了近 300 个风格样式，对于绝大多数用户来讲，这近 300 个现成的风格样式已经足够了，所以这个 StyleBuilder 基本没有什么用，现在你可以不用去管它。

图 1.3.5 两个版本的 SketchUp 桌面图标

8. SketchUp 的安装目录（谨慎访问）

用鼠标右键单击计算机桌面上的 SketchUp 图标，在右键菜单里选择"打开文件所在位置"命令，就可以直接打开 SketchUp 的安装目录（图 1.3.6），其中有 SketchUp 的所有主要程序。

老版本的 SketchUp，在这里有存放插件的 Plugins 文件夹，存放材质的 Materials 文件夹；存放组件的 Components 文件夹和存放样式风格的 Styles 文件夹，是用户经常要访问的地方。用户不小心删除或改变了这里的任何一个文件就可能造成 SketchUp 的损坏失效。

新版的 SketchUp 已经把用户经常要光顾的文件夹集中到了 C 盘的另一个地方，并且隐藏起来，目的就是不希望用户到这些位置进行直接操作。所以，没有必要就别到这里来。

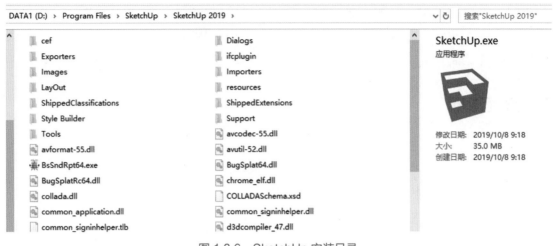

图 1.3.6　SketchUp 安装目录

9.　SketchUp 的资料目录（谨慎访问）

新版的 SketchUp 已经把老用户熟悉的几个文件夹搬迁到 C 盘的以下位置：C:\Users\ 用户名 \AppData\Roaming\SketchUp\SketchUp 20××\SketchUp。

注意，无论你把 SketchUp 安装在硬盘的什么位置，C 盘里的这个位置是不变的。

还有，如果你的计算机系统里找不到 AppData 目录，是因为 Windows 默认是隐藏的，在 Windows 资源管理器的"查看"里，勾选图 1.3.7 所示的"隐藏的项目"复选框就可看到 AppData 目录了。记住查看后要取消勾选，以免误删除系统文件。

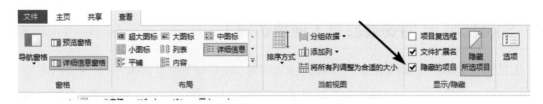

图 1.3.7　取消隐藏的 Windows 项目

图 1.3.8 就是打开这个位置后所看到的情况，自上而下分别如下。

Classifications：分类，初始状态里面只有一个默认的 IFC 2x3.skc 分类规则文件。

Components：组件，用户创建和收藏的组件可以保存在这里（初始状态为空）。

Materials：材质，用户创建和收藏的材质可以保存在这里（初始状态为空）。

Plugins：扩展程序（插件），SketchUp 自带的插件和用户安装的插件都保存在这里（初始有自带插件）。

Styles：样式（风格），用户创建的样式（风格）文件将保存在这里（初始状态为空）。

Templates：模板，用户自行创建的模板将保存在这里（初始状态为空）。

名称	修改日期	类型	大小	8 个项目
Classifications	2019/12/1 9:17	文件夹		
Components	2019/12/1 9:13	文件夹		
Materials	2019/12/1 9:13	文件夹		
Plugins	2019/12/19 15:01	文件夹		
Styles	2019/12/1 9:13	文件夹		
Templates	2019/12/8 15:57	文件夹		
login_session.dat	2019/12/19 14:33	DAT 文件	11 KB	
SharedPreferences.json	2019/12/19 15:02	JSON 文件	8 KB	

图 1.3.8　C 盘里的关键文件夹

虽然 SketchUp 官方把这些文件夹搬迁到了 C 盘的 AppData 目录并且隐藏，不过在作者看来，这个做法可能还是属于不得已而为之，仍然不是最好的办法。

首先，正如前述，保存在 C 盘里的文件是最不保险的，操作系统一旦出问题就可能全部崩溃。其次，把大量的材质、组件、插件（通常会有好几个 GB）保存在 C 盘里，既占用了 C 盘的有限空间，还可能拖慢系统的运行速度。

最后，保存在这些文件夹里的宝贝，特别是组件、材质和插件在重装系统后还要逐个恢复，非常麻烦。如果没有备份，就会损失惨重。

所以作者建议，在这个位置，请仅仅保存 SketchUp 默认的内容，包括"分类""样式""模板"，这是我们无法左右的；用户自行创建和收集的"材质""组件"是用户的重要"资产"，通常体量都很大，所以一定不要保存到这里，在本书 1.5 节会介绍更好的办法。

至于用户购买和收集的插件，凡是 rbz 格式的，SketchUp 的"扩展程序管理器"会默认安装到这里的 Plugins 文件夹里。rb、rbs、rbe 等格式的插件可以自行复制到 Plugins 目录（发现问题要立即删除）。鉴于保存在 C 盘里的文件在重装系统时会被格式化，一定要备份以防万一。

还有，重装系统后原有的 Plugins 目录会被删除，需要重新安装 SketchUp，之后通常需要逐个重新安装插件，非常麻烦，为了避免这种麻烦，平时可以把调试完成的 Plugins 文件夹复制到一个安全的地方，重新安装系统和 SketchUp 后再粘贴回去。

对计算机系统和文件路径等操作不熟悉的读者请谨慎尝试上述 8、9 两条的操作。

1.4　界面优化

本节内容对于 SketchUp 的初学者比较重要。

刚刚安装好的 SketchUp 的操作界面非常简单，需要做必要的调整后才能正式使用。

1. 选择模板

每次启动 SketchUp 都会出现一个"欢迎使用"的界面（同样的界面也可以随时单击"帮助"菜单的"欢迎使用 SketchUp"命令出现），在这里可以在 SketchUp 的默认模板中或用户自定义的模板中选择一个，还可以在这里打开最近创建的模型和计算机里的其他 skp 文件，见图 1.4.1。

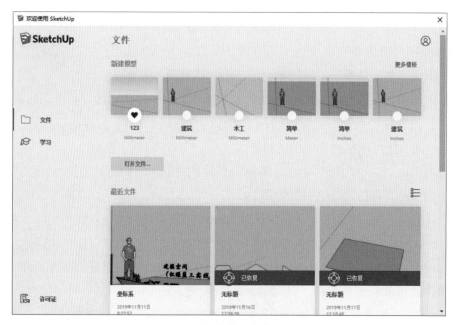

图 1.4.1　SketchUp 的欢迎界面

SketchUp 2019、2020、2021 版自带的默认模板都是 19 个，分成简单、建筑、平面图、城市规划、横向、木工、内部和 3D 打印 8 类不同的模板，见图 1.4.2。

注意，这里所说的"内部"，其实就是中国人所说的室内设计。这里所说的"平面"，并不是只能用来画平面图，同样可以用来建模，区别是绘图窗口里没有天空和地面，只有一个白色的背景。这里的"横向"，显然是一处明显的翻译错误，在英文版的 SketchUp 里，它们是 Landscape，也就是"景观"的意思。

图 1.4.2 所示的 19 个默认模板里有 5 种不同的长度单位，它们分别是 inches（英寸）、meter（米）、millimeter（毫米）、centimeter（厘米）、feet（英尺）。

按照中国的制图标准，国内的建筑设计和园林景观设计、室内设计和产品设计的用户都要选择一个以毫米为单位的模板；而规划设计和大面积的景观设计用户请选择单位为米的模板。

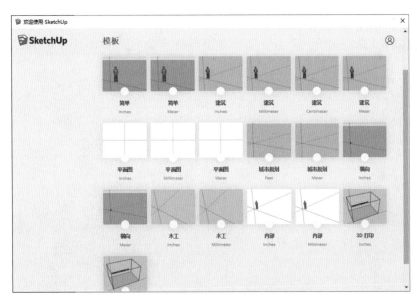

图 1.4.2　SketchUp 的默认模板

需要说明的是，这些默认的模板是通用的，并不完善，还需要做很多设置才能正式投入使用，在后面的章节中要详细讲到如何设置我们自己的模板。任何时候，都可以在"帮助"菜单里找到"欢迎使用"命令，单击它可以选择不同的模板。

我们自行设置的所有模板也可以在"欢迎使用"界面的弹出模板里找到，这样每次开始建模之前就可以选择用不同的模板了。上面有一个黑色心形图案是当前设置的默认模板。如果想打开最近保存过的模型，也可以在开机时的"欢迎使用"界面里找一下，非常方便。

2. SketchUp 的坐标系统

在 SketchUp 中，红、绿、蓝 3 条线以及站在蓝线旁的小人，有着重要的含义，见图 1.4.3。

红、绿、蓝 3 条线就是 SketchUp 的坐标系统：红色的是 X 轴，红色的实线指向东方，红色的虚线指向西方；

绿色的是 Y 轴，绿色的实线指向北方，绿色的虚线指向南方；

蓝色的是 Z 轴，蓝色的实线指向地面以上，蓝色的虚线指向地面以下。

红、绿、蓝 3 个轴的交会处就是坐标原点，坐标原点可以临时改变，也可以恢复到初始状态，后文还会详细讲述。

红色和绿色两条实线所在的平面就是 *X*、*Y* 平面，也就是地面。

蓝色虚线所指的方向就是地面以下的部分。

小人站立的位置是可以用来建模的区域。

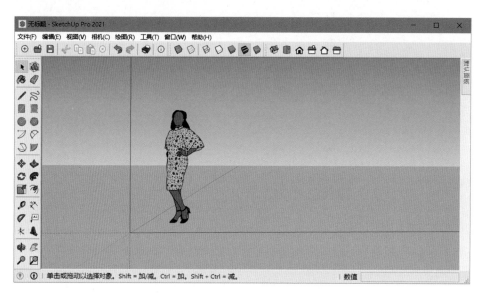

图 1.4.3　SketchUp 的坐标系统

3. 正确的作图空间

经过正规训练的设计师，一定会把他的模型建立在红、绿、蓝 3 条实线所包围的区域里，也就是图 1.4.3 中小人所站立的区域，并且尽可能靠近坐标原点。把模型建立在任何虚线所在的区域，或者把模型建立在离坐标原点太远的地方都是不对的，有可能造成麻烦。

4. 用来参照的小人

每个版本的 SketchUp 都有一个站立在坐标轴旁边的小人，具有重要的作用，他是你建模时的尺寸参照物，如没有十分必要，请不要删除。如果一旦不小心删除了这个站岗的小人，可以沿下面列出的路径找回（X: 为 SketchUp 安装盘符）：X:\Program Files\SketchUp\SketchUp 20××\resources\en-US\Templates。

5. 调用工具条

刚安装好的 SketchUp，窗口中只有一个工具条，名为"使用入门"，见图 1.4.4。这个工具条是不完整的，必须加以调整才能使用。

图 1.4.4　初始的工具条

在"视图"菜单里有一个工具栏，单击它以后会弹出图 1.4.5 所示的界面，其中列出了所有工具条的名称，如果你不知道每个工具条的名称和用途，可以进行勾选，看是否为你所需要的，如果不是可以取消勾选。

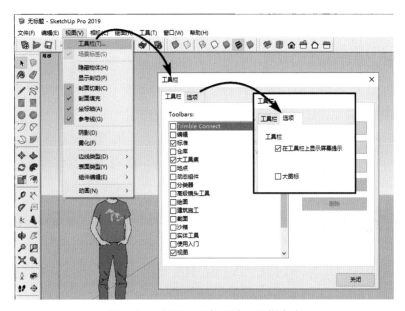

图 1.4.5　调用工具与更改工具栏大小

6. 调用工具条的原则

如果你不知道什么是自己所需要的，可以勾选所有的复选框，把工具条全部调出来。

下面就来操作，原则是：需要且常用的就留下来，不是必需且不常用的就关闭，到用时再调出来，免得长期占用有限的作图空间。

7. 必需的工具条只有 4 个

"标准"工具条是所有 Windows 程序所必需的，一看就知道其用途，是首选保留的，并且按照 Windows 的操作习惯放在左上角。"视图"和"样式"这两个工具条也要留下，放置在最上面，见图 1.4.6。

"大工具集"是常用的，放置在左侧。有个窍门：只要用鼠标左键双击工具条蓝色的部分，就可以自动停靠到位。

"使用入门"工具条与"大工具集"有一部分是重复的，并且不完整，所以要关闭。

"阴影"工具条特别长，占地方，又不常用，故要关闭。

"地点"工具条也不常用，需关闭。

"图层"工具条很重要，但是目前不用，可先关闭。

还有仓库、动态组件、高级镜头工具、沙箱、分类器、实体工具、Trimble Connect（天宝连接）这几个工具条一时用不着，今后也不常用，最好全部关掉。

剩下的，只要与大工具栏里的内容是重复的，都应关闭。

最后，需注意，"数值"并非是工具条，它是个数值框。勾选它后可以得到一个浮动的数值框。取消勾选后，数值框就回到了右下角，如图 1.4.6 所示。所以，除非想要有一个浮动的数值框，否则就不要勾选它。

现在共保留 4 个最常用的工具条，分别是标准、样式、视图和大工具集，见图 1.4.6。今后任何时候用鼠标右键在 SketchUp 工具栏的位置（图 1.4.6③）处单击，就会出现一个下拉菜单，可以在这里增加或删除工具条，相当于执行"视图"→"工具栏"命令。

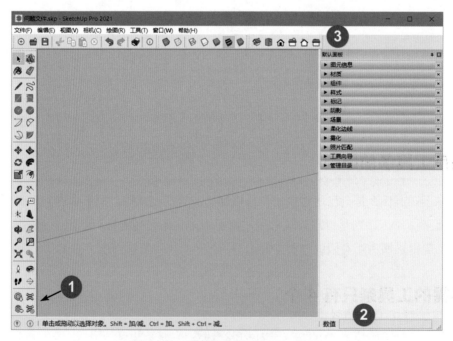

图 1.4.6 调整好的 SketchUp 界面

8. 工具条的大小

在图 1.4.5 所示工具栏面板左上角，单击"选项"标签，取消对"大图标"复选框的勾选，如图 1.4.5 右侧所示，所有工具条都变小了，节省了很多空间。其实，在实际建模时，老手都是用快捷键的，几乎不会去单击工具图标，所以工具图标小一点无妨。

9. 默认面板

从 SketchUp 2016 开始，在工作窗口的右侧多了一个"默认面板"，可以从"窗口"菜单里调出来，"默认面板"中的小面板项目可以通过"管理面板"命令来指定或取消，见图 1.4.7。

图 1.4.7 SketchUp 的"默认面板"

10. 默认面板的固定与自动隐藏

"默认面板"上是经常要用到的对话面板，有人嫌它占用了太多工作空间，想把它关掉，要用时再到"窗口"菜单里去调出来，这样太麻烦了。其实，在这个"默认面板"的右上角（红色关闭按钮的左边），有一个小小的图钉按钮（时常被忽视），只要单击它，"默认面板"就会自动隐藏，只显示一个不大的标签；想要用时，只要把光标移动到标签上，"默认面板"就显示出来了；用完以后，只要光标离开面板区域，它又自动缩回去，很方便。"默认面板"上小面板的排列顺序也可以用单击拖曳的方法进行调整。

11. 默认模板的位置

可以用鼠标左键按住"默认面板"顶部蓝色的区域不放，移离原来的位置，此时工作窗口里会出现一些带箭头的方向图标，可以把面板移动到任何一个方向箭头上释放左键，面板就会自动吸附在新的位置。当然，"默认面板"还是停留在默认的右侧最为恰当。万一移位后再想让它回到原位，最简单的方法是用鼠标左键双击面板顶部蓝色区域。

12. 作业现场安排原则

经过上面所述的调整，SketchUp 工作界面简洁又不会占用太多的操作空间，图 1.4.6 所示常用的工具都调出来了，偶尔用一次的或不常用的工具，可以等到要用时再调出，免得长期占用宝贵的作图空间，这也是我们安排 SketchUp 作业现场的原则。

1.5 重要设置

本节主要介绍以下设置。
① 绘图风格（样式）的设置。
② 系统设置面板里的设置。
③ "模型信息"面板里的设置。

1. 对于绘图风格（样式）的设置

现在用刚安装好的 SketchUp 随便打开一个模型，就会发现每条线的两端都有一个黑点，当线条密集时，无数黑点摞在一起，乌黑一片，非常不美观，如图 1.5.1 所示。

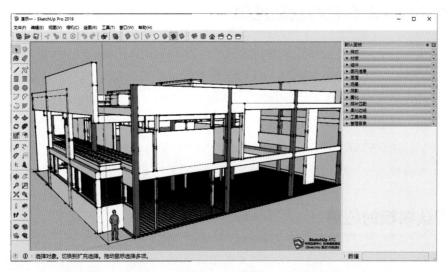

图 1.5.1　原图

据说有人喜欢这样的风格，所以 SketchUp 才会把它作为默认风格，如果你也受不了这种乌黑一片的风格，请注意下面的修改方法，并且是一劳永逸的。

在"窗口"菜单的"默认面板"里，有一个"样式"选项，单击它以后，在弹出的"样式管理"面板中有一个下拉菜单，找到"预设风格"，再在弹出的 13 种预设样式里找到"预设样式"，通常它位于最后一个，单击它以后，讨厌的小黑点就没有了。现在看起来，是不是清爽多了？见图 1.5.2。

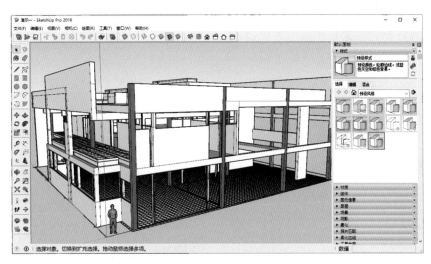

图 1.5.2　换用预设样式后

单击"样式"面板中的"编辑"标签，有一个"边线"设置选项，里面有 8 个不同的选项，如图 1.5.3 所示，为了使模型看起来更加简洁，建议只勾选最上面的"边线"复选框。现在与图 1.5.1 所示的情况对照一下，是不是更加美观了？

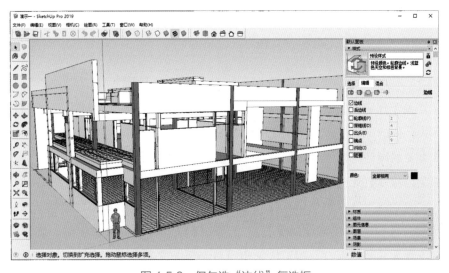

图 1.5.3　仅勾选"边线"复选框

上面介绍的方法是对 SketchUp 的风格与线条做最基本的设置，该设置可以满足大部分行业、设计师的需要，简洁和不占用过多计算机资源是它的优点，建议采用。

2. 对系统设置面板内容的逐项设置

在欢迎窗口打开一个你喜欢的默认模板，英制的也可，因为后面还可以设置成公制的。先按图 1.5.2 和图 1.5.3 介绍的方法，使用"预设样式"并且去除多余的线条，只勾选"边线"复选框。执行"窗口"菜单中的"系统设置"命令，可以在这里进行很多重要的设置，共有10 类项目。下面请跟着完成进一步的设置。

（1）OpenGL。

首先看 OpenGL 的设置，请按图 1.5.4 所示设置。至于 OpenGL 是什么，为什么要这样设置，可阅读本节正文后的注释 [1]。

（2）常规。

"常规"选项中有 5 种可选择的内容，见图 1.5.5。

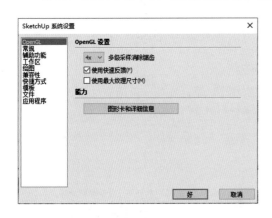

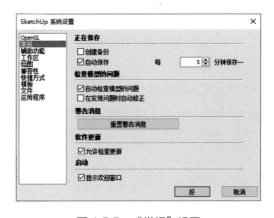

图 1.5.4　OpenGL 设置　　　　　　　图 1.5.5　"常规"设置

第一个是关于保存的设置，初学者和一般用户应取消对"创建备份"复选框的勾选，否则过不了多久，你的硬盘里就充满了无用的 SketchUp 备份文件，也就是 skb 格式的文件。只有在做非常重要的设计时，才有必要考虑创建备份。

为了避免因停电、死机等造成的损失，相对于上面的"创建备份"，设置好"自动保存"更为重要，"自动保存"是需要消耗计算机资源的，较大规模的模型或老旧的计算机，保存一次需要几秒钟或更久，在自动保存过程中，SketchUp 可能会停止反应，表现类似于死机的假象。过于频繁地自动保存，很讨厌，也没有必要，尤其是初学者，不会有什么重要的文件怕丢失，更没有必要频繁地自动保存，建议把"自动保存"间隔设置为 15 分钟或更长。对于已经在工作中实际使用 SketchUp 的人来说，"自动保存"时间也没有必要设置得比 5 分钟更短。

"检查模型的问题"，这里应勾选"自动检查模型的问题"复选框，这样，在发现问题时，可以提醒你去人工处理，最好不要让它去自动修正，实践中发现，自动修正有时会自作主张做出适得其反的举动，搞得你哭笑不得。

"重置警告信息"，这里保持默认就好。

"软件更新"，这里建议取消勾选，否则会时常弹出很讨厌的提示。

下面的"显示欢迎窗口"复选框可以根据需要决定是否勾选，建议初学者保持勾选，以便选择不同的模板，打开已经保存的模型。

（3）辅助功能。

这里主要是对坐标轴和引导线颜色的设置，除非你对某种默认颜色不敏感（色弱），否则应保持原样不要更改，见图 1.5.6。

（4）工作区。

应取消勾选"使用大工具按钮"复选框，如图 1.5.7 所示，以免大工具图标占用太多的作图空间。

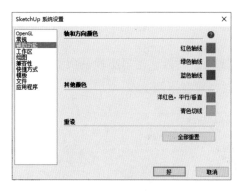

图 1.5.6 "辅助功能"设置

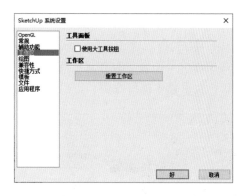

图 1.5.7 "工作区"设置

（5）绘图。

该选项可按图 1.5.8 所示进行设置。

"单击样式"可选择默认的"自动检测"单选按钮。

下面还有一个"显示十字准线"复选框，如果勾选了，当使用 SketchUp 的某些工具时，如直线工具、移动工具等，光标上会附带出现一个虚线的坐标系统，这对于初学者来说，是比较方便的。对于已经入门的人就是多余的，有时还碍事，所以初学者可以勾选"显示十字准线"复选框试试，入门后尽快取消。

取消勾选"停用推/拉工具的预选取功能"复选框可以加快建模速度，不要停用。

（6）兼容性（图1.5.9）。

除非必要，请全部保持默认的不勾选的状态，不要给自己找麻烦。

图 1.5.8　"绘图"设置

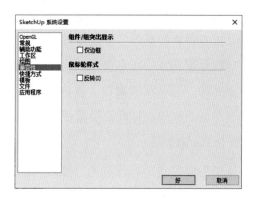

图 1.5.9　"兼容性"设置

（7）快捷方式（图1.5.10）。

这个选项要说的内容较多，将会专门安排一节进行讨论，在此之前可以保持默认状态。建议读者抽空先浏览一下本书的9.7节，对快捷键先有个基本概念。

（8）模板（图1.5.11）。

这个选项里面有所有预置的模板和用户自定义模板，可以在这里更换模板。想要删除某些模板，这里是不能操作的，以后还要讨论这个问题，现在不用更改。

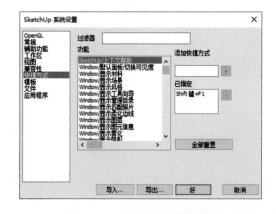

图 1.5.10　"快捷方式"设置

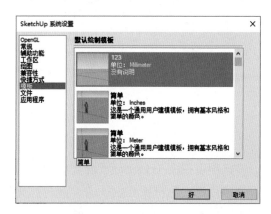

图 1.5.11　"模板"设置

（9）文件。

这里有很多选项，见图 1.5.12。可以把你的模型、组件、材质、风格、贴图、水印和导出的模型放置在规定的地方，它们可以被多个版本的 SketchUp 所共享，也可以与其他的设计软件共享。你可以在 C 盘以外的位置设置一个专门保存 SketchUp 共用文件的区域，按图 1.5.12 的要求设置好 9 个子文件夹，然后单击有小铅笔的按钮导航到对应的文件夹。

重要提示：在没有做好完善的设置之前，每次启动 SketchUp 会弹出提示信息；这个面板上的对应区域会出现红色的提示。

（10）应用程序（图 1.5.13）。

它指的是外部的平面图形编辑工具，这里稍微深入说明它的含义。

SketchUp 与其他 3D 设计工具不同的是：它本身就带有材质、光影等 10 多种特效形成的"实时渲染系统"，它可以单独并且快速地完成环境模拟、空间分析、形体构思和成果表达，强调了所见即所得的实时表现功能，为了更好、更真实地获得这些效果，SketchUp 的用户需要时常对所用的材质、图片等进行编辑，虽然 SketchUp 有一定的材质编辑功能，这些功能也许对某些高端设计师来说还不太够，有时还需要一些外部的平面图形设计工具来配合，为了避免频繁地导入导出，可以在此处设置自己熟悉的平面设计工具的入口，如 Photoshop，一旦需要时，可以在 SketchUp 的材质面板中直接调用外部程序对材质或图片进行修改编辑，保存后就快速返回到 SketchUp 里来应用。

这里可以根据需要来设置。图 1.5.13 中的设置是指定用 Photoshop 作为 SketchUp 的外部图片处理程序。

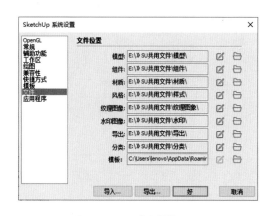

图 1.5.12 "文件"设置

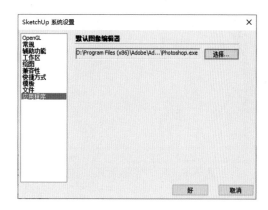

图 1.5.13 "应用程序"设置

（11）系统属性设置总结。

非常重要的有：第一项 OpenGL 的设置；第二项保存方面的设置。

比较重要的有：第三项里面对于工具图标尺寸的设置。

快捷键的设置非常重要，以后还要专门讨论它。

模板、文件、应用程序等可根据自己的习惯和实际需要做好相关设置，为今后的正常使用做好准备。

3. "模型信息"面板上的设置（图1.5.14）

调用"模型信息"面板有以下两种方法。

① 单击"窗口"菜单里的"模型信息"命令，会弹出"模型信息"面板，如图1.5.14所示。

② 单击"标准"工具条最右边的按钮，更为快捷方便。

这是一个非常重要的面板，下面逐项讲解。

（1）关于模型的知识产权信息。

你需要注册一个SketchUp用户或3D模型仓库的身份才能使用这一功能，如果你像我一样，已经拥有了该身份，每当你创建好一个模型，需要声明著作权时，只要单击右上角的"声明归属权"按钮，你的注册名称就会出现在"作者"的右边，见图1.5.14。

（2）关于"尺寸"的设置（图1.5.15）。

这里可以设置的内容包括"文本""引线"和"尺寸"3个方面。

图 1.5.14 "版权信息"设置

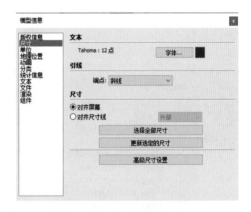

图 1.5.15 "尺寸"设置

首先是文本中的字体设置，字体选择的界面与大多数应用软件完全一样。

根据我国制图标准，设计图纸应该选用仿宋体，但仿宋体的笔画很细，有时在屏幕上显示得不太清晰，如果只是用于屏幕或投影显示，可以选择笔画更粗的字体，如黑体。但如果需要导出图纸，还应该选择规范的仿宋体。用户可以根据需要来选择。

注意，"字体"右边有一个小色块，时常被忽略，这是调整字体颜色用的，SketchUp 默认呈深灰色，有点儿朦胧的感觉，特别是在打印和导出文件时是不合适的，可以单击它以后把滑块拉到最底下，这就是纯粹的黑色了。当然也可以设置其他颜色。

引线要根据行业来选择，根据有关规程、城乡规划、建筑业，包括室内设计专业、园林景观设计专业都要选用斜杠，其他专业可以选择关闭的箭头。其中有一种开放的箭头完全不符合我国的制图标准，请不要使用。

（3）关于尺寸标注方面的设置。

"对齐屏幕"是指所有的可见尺寸标注，在模型旋转时不随着旋转，让尺寸标注始终面对设计师（与屏幕平行），给设计和演示提供了很大的方便，除非被遮挡住。

不过，在出图时，这种显示方式就不合规矩了，可以在"对齐尺寸线"里选择一种合适的方式，其中有"上方"和"外部"两种，这是指尺寸标注的数字分别在尺寸线的里面和外面，而居中是指尺寸标注的数字在尺寸线的中间，尺寸线自动断开。请按你所在行业的制图标准进行设置。

所有设置完成以后，可以单击"选择全部尺寸"按钮，再单击"更新选定的尺寸"按钮，对已经选择好的部分尺寸进行整体修改。也可以提前选择好一部分尺寸后，单击"更新选定的尺寸"按钮，只更改部分尺寸。

（4）下面再来看一下高级尺寸设置（图 1.5.16）。

勾选第一项"显示半径 / 直径前缀"后，SketchUp 的尺寸标注工具会自动识别标注的是直径还是半径，如果是直径，会在尺寸前加上"DIA"前缀，如果是半径，就加上字母"R"。取消该复选框的勾选后，就不再有前缀了。

勾选下面两个复选框后，当标注的尺寸太小时，SketchUp 会把混在一起看不清的尺寸隐藏掉。当被隐藏的尺寸放大到可以分辨时，它又会恢复显示。至于尺寸缩短到什么程度时再实施隐藏，可以通过调整右边的滑块来确定。

当勾选"突出显示非关联的尺寸"复选框时，相关的尺寸将用指定的颜色显示，默认是红色。

高级尺寸设置里除了第一项的另外三项，默认是不勾选的，你可以根据自己的需要来设置。

（5）"单位"的设置（图 1.5.17）。

此设置非常重要。SketchUp 安装好后，默认是用英尺、英寸为单位的，很多初学者因此而吃亏，好在还留有修改的余地。下面逐项列出设置的要点，见图 1.5.17。

建筑、景观、室内相关专业，应设置为"十进制"和"毫米"，规划专业可设置为"米"。如果你选择的模板已经是正确的，就不用动它了。

图 1.5.16 "高级尺寸设置"对话框

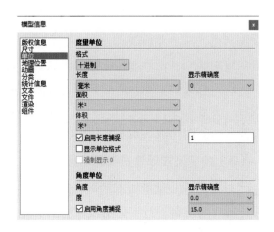

图 1.5.17 "单位"设置

对于精度度，建筑、景观、室内相关专业，应设置为 0；否则，小数点后面会出现许多无效 0。

对于面积和体积，可以酌情勾选，如果选择了"平方米"和"立方米"，SketchUp 会自动舍入，对于小尺寸模型可能不够精确。

"启用长度捕捉"复选框要勾选，右边的值越大，捕捉起来就越容易，标注尺寸时会方便些，但是也容易捕捉到附近不该捕捉的对象，默认是 1 毫米。

"显示单位格式"复选框应取消勾选，否则，每个尺寸后面会出现两个 m。

"角度单位"的精度度可以根据行业的具体要求来设置，大多数行业，小数点后一位的精度就足够了。

"启用角度捕捉"选项，默认是 15，意思是每隔 15°，绘图和编辑工具会稍微停顿一下，免去了反复输入数据的麻烦，设置得太小没有必要，可以保持默认的 15°。

（6）地理位置（图 1.5.18）。

如果你的工作与日照光影有关，如建筑、景观、室内，此项是一定要设置的，否则就无法获得准确的日照和光影。单击图 1.5.18 的"添加位置"按钮，在 2019 版与 2020 版的前期，需要连接到 Google 地图，大多数中国大陆的计算机连接起来要很久，也可能连接不上。从 2020 版的后期到最新的 2021 版，地理位置的卫星地图服务改由 Digital Globe 和 Hi-Res Nearmap 两家提供，情况似乎并没有变得更好。

不过可以单击"手动设置位置"按钮自行设置；经纬度数据可以从车载的 GPS 里获取，某些地图软件也可以得到经纬度数据。网络搜索可以找到很多精确到乡镇的经纬度数据列表，查阅后再填写进去即可。不过，这里不做任何设置也可以，只是不能获得准确的日照和阴影。

本节附件里提供了一个"全国各县市经纬度表"可供直接应用。

（7）动画（图 1.5.19）。

此处暂时不要管它，以后到学习动画制作时会详细讲解。

SketchUp（中国）授权培训中心的系列教材里也有专门讨论动画视频教程的。

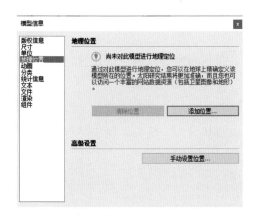

图 1.5.18 "地理位置"设置   图 1.5.19 "动画"设置

（8）分类（图 1.5.20）。

除非你对 BIM（建筑信息模型）感兴趣，并且确实有必要使用 IFC 2X3 以外的分类系统，否则应保持默认设置。本教程有一些章节对 BIM 分类方面做了专门的介绍。

（9）统计信息（图 1.5.21）。

这一块也比较重要，主要用来查阅模型的统计数据、清理垃圾和修正模型用，不用进行设置，后面会结合实例重点讲述。

图 1.5.20 "分类"设置   图 1.5.21 "统计信息"设置

（10）文本。

这里共有 3 个需要设置的项目，包括屏幕文字、引线文字和引线，如图 1.5.22 所示。

引线文字是黏附在模型上的，可以随模型旋转和移动，通常用来显示必要的细节方面的说明。屏幕文字可以固定在屏幕的某个位置，只有用移动工具才能移动它，通常用来显示标题类的文字。

这里的设置，可以与上面讲到的尺寸数字一样，进行对字体和颜色的设置，也可以更改部分文字和所有文字。

引线和终点，是指引线文字的端部形态，可以是箭头、一个小圆点或什么都没有。可按你所在行业的制图标准进行设置，直线、小圆点可以直接使用，箭头，特别是开放的箭头不符合我国制图标准，请不要用。

（11）文件。

这里的内容随每个模型而改变（图 1.5.23），除非有必要特别标注，否则可不必理会。

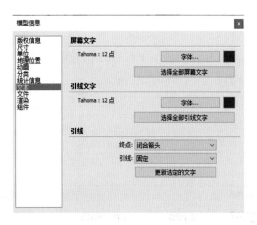

图 1.5.22　"文本"设置

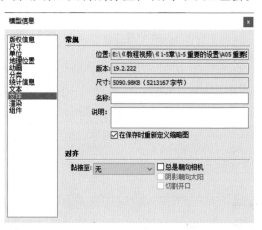

图 1.5.23　"文件"设置

（12）渲染。

这里的"渲染"指的是 SketchUp 内部的"实时渲染系统"（材质系统）。如果你的计算机配置过硬，SketchUp 没有发现显示问题，可以勾选"使用消除锯齿纹理"复选框，获得更好的视觉感受；否则取消勾选（图 1.5.24）。

（13）组件。

图 1.5.25 所示的设置先保持默认，不要改变，以后还要专门介绍。

现在所有的设置已经完成，最后一步工作最重要，否则，将前功尽弃。

在"文件"菜单里选择"保存为模板"命令，在弹出对话框中输入模板名称，建议用当天的日期作为文件名，方便以后追索修改。注意，必须勾选"设为预设模板"复选框（图 1.5.26）。

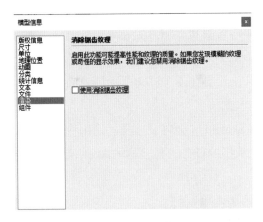

图 1.5.24　"渲染"设置

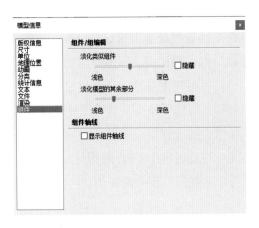

图 1.5.25　"组件"设置

图 1.5.26　"另存为模板"对话框

以后再新建文件，前面所有的设置就生效了，并且会一直保持同样的设置，直至改变设置后重新指定为新的默认模板。

最后，总结一下：很多初学者忽视了上面所讲到的设置和保存设置的重要性，每次建模都要反复做一些本可避免的工作，请抽空做好上面所说的全部设置，并且以默认模板的形式保存。

注释

[1] 这里要用最简单的几句话来普及一下 OpenGL 的知识。OpenGL（Open Graphics Library）是一个跨编程语言、跨平台的专业图形程序接口。OpenGL 是一个功能强大、调用方便的底层图形库。在支持高端的图形设备和专业应用方面，OpenGL 几乎是唯一的选择，是业界公认的 3D 标准设备。目前，对 OpenGL 支持比较好的专业显卡核心，几乎都出自 nVIDIA，国内计算机界称之为"英伟达"，简称 n 卡。专业人员买计算机、配显卡时务必认准 nVIDIA 标志。

另一个显卡阵营是 AMD（之前是 ATI，后来被 AMD 收购），简称 A 卡，它支持的是 DirectX，这是一种多媒体编程接口，并且只支持有限的平台，主要用于电子游戏的开发。游戏玩家买计算机配显卡请认准 AMD 标志。如果你的计算机运行 3D 游戏非常流畅，而运行 SketchUp 却卡得厉害，基本可以肯定你使用的不是 nVIDIA 核心的显卡。

如果你不知道自己的计算机里配的是什么显卡，只要在图 1.5.27 所示的界面中单击"图形卡和详细信息"按钮，就可以显示你计算机的显卡细节了。

如果你的计算机显卡是那种简易的集成显卡，SketchUp 会自动选择"使用快速反馈"运行模式，这是一种由 CPU 来担任本应由显卡 GPU 承担的任务，显然你的 SketchUp 运行起来一定是非常勉强，不会流畅的。

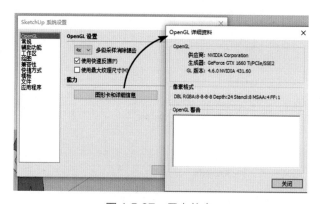

图 1.5.27　显卡信息

如果你的计算机配有独立显卡，不管它是 ATI、AMD，还是 nVIDIA，都应在这里选择一个消除锯齿的采样等级，建议保留默认的数值（4X）；至于下面的"使用最大纹理尺寸"复选框，最好也保留 SketchUp 默认的不选择状态，不要轻易勾选，免得过分增加显卡的负担。

扫码下载本章教学视频及附件

第 2 章

SketchUp 的基本操作

本章要介绍 SketchUp 的 4 个完整的工具条，即"标准"工具条、"相机"工具条、"视图"工具条、"样式"工具条。

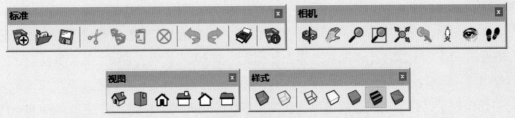

此外，还要重点介绍"主要"工具条上的选择工具。

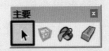

这些工具在 SketchUp 里不能画一条线，也不能产生一个面，但是有着举足轻重的作用，把它们归拢在一起进行讨论，并且安排在全书的最前面，就说明了它们的重要性。

尤其是本章第 2.2 节和第 2.3 节的内容，是每一位初学 SketchUp 的用户在真正动手建模之前就要掌握的。

2.1 "标准"工具条

"标准"工具条上有 11 个工具，可以分成 5 个小块。大多数工具的操作与其他 Windows 系统的软件相仿，因此很多 SketchUp 的用户对它就熟视无睹。其实这个工具条上的某些工具，与其他软件相比，多少还是有点区别，操作也会有所不同，很多 SketchUp 用户，原来就没有养成良好的使用计算机的习惯，还把一些坏习惯带到 SketchUp 中，非但降低了工作效率，有时还因此造成损失，所以要提醒一下。

1. 先介绍一下"标准"工具条的第一部分

网络上曾经有过一个"如何加快建模速度"的题目，很多人提出了自己提高建模速度的小窍门；但是排在第一位，也就是对建模速度影响最大、最重要的是 4 个字，即"避免损失"。其中的道理人人都知道，但还是不断有人花了半天甚至更长时间创建的模型，莫名其妙地不翼而飞，然后呼天抢地、捶胸顿足也找不回来了，这种情况无疑是最影响工作效率和建模速度的。

大多数 SketchUp 用户都会在系统设置对话框中设置是否需要创建备份，还有"自动保存"的时间间隔（图 2.1.1 上部的框选部分），以为这样做就万事大吉了，其实这是个误区。道理很简单，你不告诉 SketchUp 往什么地方、用什么名义来保存，它就不知道该怎么做（就算它主动保存了，你也不知道到哪里去找）。所以，正确的做法是，一打开 SketchUp，在动手画第一根线之前，一定要先做一件十分重要的事：单击第三个，即"保存"按钮（或按 Ctrl + S 组合键），在弹出的"保存"对话框里为模型起个名字，保存到指定的位置。

这样，SketchUp 每到规定的时间，就会用指定的文件名把模型文件保存到指定的位置，当再次单击"保存"按钮之前，指定的位置会有一个前缀为 AutoSave（自动保存）的文件。即使突然断电或者计算机突然发疯，或者某些插件引起冲突，或者做了错误的操作，或者任何原因引起了 SketchUp 或者 Windows 突然崩溃，你也可以从先前指定的地方找回来，最多只会损失一点点，不会超过你设置的自动保存的时间间隔，通常是 5 分钟。

除了 SketchUp 按照你规定的时间做自动保存外，你也可以时常主动单击第三个按钮，保存一下；或者按 Ctrl + S 组合键，保存一下，举手之劳就可避免发生大的损失。

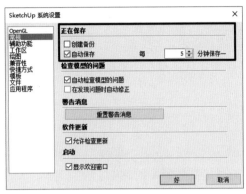

图 2.1.1　自动保存间隔设置

还有几种情况，如果你在系统设置里勾选了"创建备份"复选框（见图 2.1.1 框选的左上角），这种情况下，比如你在使用计算机，但它突然出了毛病；或者做好的模型还没有保存，计算机却自动关机或自动重启；突然停电等不正常的突然关机，SketchUp 会自动产生一个后缀为 skb 的备份文件；如果你的运气好，还可以找回来，方法如下。

打开计算机的"资源管理器"；在左上角的搜索框里输入"*.skb"，然后按回车键，计算机会自动把你指定位置的所有 skb 文件找出来，如果你刚好丢失过文件，可以单击修改日期的按钮，让这些文件按照时间先后顺序排列，方便你找回丢失的文件。

如果其中正好有你丢失的文件，双击它是打不开这个 skb 文件的，可以把它复制出来，把后缀 skb 改成 skp，这样就可以用 SketchUp 正常打开了。

如果你在系统设置里勾选了"创建备份"复选框，当然有助于找回丢失的文件，但是也有缺点，一段时间以后你会发现计算机里有数不清的 skb 备份文件，占用了宝贵的存储空间，增加了管理和寻找文件的难度，这就需要定时清理它们。

仍然用上面介绍的办法搜索出所有的 skb 文件，如果你最近没有丢失过文件，那么所有 skb 文件就都是垃圾，按 Ctrl + A 组合键，全部选择后，统一删除，免得占用你的硬盘空间。

2. "标准"工具条的第二部分

前 3 个工具，即剪切、复制和粘贴，在所有 Windows 软件里都会占有一席之地，快捷键

也是一样的：Ctrl + X 是剪切；Ctrl + C 是复制；Ctrl + V 是粘贴；最后一个按钮是擦除，其实就是删除，快捷键是 Delete。

　　讲到这一组工具，还有个重要的插曲需要交代："编辑"菜单里（图 2.1.2）也有"剪切""复制"和"粘贴"命令，下面还有"定点粘贴"命令，这是一个很好的功能，可用于在两个不同的 SketchUp 工作窗口里复制粘贴，并且还是在原来的坐标位置，这个功能为我们处理模型提供了方便。

Q 注

　　同一台计算机可以打开两个以上的 SketchUp 工作窗口，可以是同版本的，也可以是不同版本的，但是低版本不能接受高版本的粘贴。

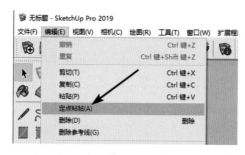

图 2.1.2　"定点粘贴"命令

3. 第三组按钮是"撤销"和"重做"

　　在其他 Windows 系统的软件里一般也有这种功能的按钮，它们的功能是一样的，就是退回一步和向前一步，组合键是 Ctrl + Z 和 Ctrl + Y。一旦发现操作出错，按 Ctrl + Z 组合键，或单击"撤销"按钮，就可以退回去，按多少次就退回多少步；退回多了，还可以按 Ctrl + Y 组合键或者单击"重做"按钮向前几步。

4. 第四组"打印"按钮

　　打印是 SketchUp 众多输出形式中的一个，单击"打印"按钮后，可以在这里指定想要用

的打印机，这里提供的选择因个人的计算机软件和硬件不同而异；如果你的系统里没有打印工具，可以安装一个虚拟的 PDF 打印机，可打印成 pdf 文件，然后把这个 pdf 文件发送给有打印机的朋友代为打印。无论你选择哪一种打印方式，一定不要忘记单击"属性"按钮，做好所有的设置。

5. 最后一个按钮是"模型信息"

前文已经做过必要的设置，后面还会无数次地使用它，这里就不再多说了。

以上讲的这些，对于有一定计算机使用经验的人来说，可能是多余的，不过，有句俗语说得好：淹死会水的、打死会拳的。所以，一些操作方面的原则性，即便是建模的老手也同样要遵守，例如，打开 SketchUp 后立刻起个名字保存成一个新文件，这个防止损失的操作就被半数以上的人所忽视；还要注意定期清理 skb 文件、找回丢失的文件以及定点粘贴（原位粘贴）等。

2.2 "相机""视图"与"样式"工具条

本节主要介绍 3 个工具条的应用要领和需要注意的事项，它们分别是"相机""视图"和"样式"工具条。

1. "相机"工具条

"相机"工具条共有 9 个工具，分别是环绕、平移、缩放、窗口缩放、充满视窗、上一视图、定位相机、绕轴旋转和漫游。

（1）环绕工具。

单击环绕工具后，可以向水平方向或者垂直方向旋转模型，也可以向任意方向旋转模型。其实按下鼠标的滚轮（也就是中键），光标就变成了旋转工具，同样可以旋转。建模操作中按下鼠标中键，当然比单击工具更方便、快捷。所以，在建模实践中，几乎没有人会去单击环绕工具。

（2）平移工具。

单击平移工具以后，光标变成了一只小手的形状，此时，按下鼠标左键，就可以上下、左右移动模型了。这个工具同样也不会有人去单击，因为只要在按下鼠标中键的同时在键盘上按下 Shift 键，光标就变成了平移工具，同样可以做平移操作。

（3）缩放工具。

缩放工具也叫实时缩放，它的功能和使用方法与其他很多软件是一样的，单击它以后，把工具移动到模型上，按下鼠标左键，向上移动是放大，向下移动是缩小。在实际操作中，同样很少有人用它做实时缩放操作，因为鼠标的滚轮比这个工具更快、更方便：鼠标滚轮向前推，模型就放大；鼠标滚轮往后转，模型就缩小；用鼠标滚轮调节模型的大小很方便，但是在大型的模型中，用滚轮可能会有点儿迟钝，这时再用实时缩放工具即可。

注意，SketchUp 中文版的大工具栏上有两个缩放工具，另外一个缩放工具用来缩放对象的大小，现在讨论的这个放大镜形状的缩放工具是用来缩放相机视野的。这个缩放工具还可以用来调整视角和焦距，相关内容会在以后的课程中再介绍。

综合工具条上左边 3 个工具的应用要领（其实是：避免使用这 3 个工具的要领）：按下鼠标滚轮，也就是中键，可以旋转模型（代替环绕工具）；同时再按下 Shift 键，就可以平移模型（代替平移工具）；向前推动滚轮，模型放大，向后转动滚轮，模型缩小（代替缩放工具）。

在建模时，左手放在键盘的左侧，控制 Shift 键，右手控制鼠标滚轮，双手配合起来就可以非常自如地控制模型的旋转、平移和缩放，根本不需要单击工具条上左边的 3 个工具。环绕、平移和缩放操作要做到非常熟练，建模的速度才能够提高。

Q 注

在按下鼠标中键的同时还按下 Ctrl 键，移动光标就可以进行一种叫作"重力悬浮"的操作，这种操作不太好控制，对建模操作没有多少实际意义，不建议常用。

（4）窗口缩放工具。

窗口缩放工具用起来也比较方便，单击工具后，按下鼠标左键，在需要放大的部位拖动出一个方框，松开左键后，在方框内的部分就被放大。在建模实践中，可以设置快捷键来调用这个工具。所以，建模时也不大会单击这个工具。如何设置快捷键的问题，以后还会详细讨论。

（5）充满视窗。

工具条上的第五个工具是充满视窗，无论你当前看到的是什么，只要单击这个工具，就可以把模型中的所有内容全部显示在窗口中。这个功能很常用，也很好用，需要设置一个快捷键。

（6）上一视图。

第六个工具是上一视图，就是快速恢复到前一个视图，并且可以连续恢复很多步。其实，除了上一视图，还有下一视图，请看"相机"菜单里的"上一视图"和"下一视图"。合理地使用这两个工具，就可以避免反复地调整视图。今后我们要对这两个功能设置自己的快捷键。

至于工具条上右边的"定位相机""绕轴旋转"和"漫游"3 个工具，主要用于制作动画，讲解比较复杂，并且暂时还用不着，留待后面用专门的一节来做详细讨论。

2. "视图"工具条

"视图"工具条共有 6 个工具，工具图标设计得很直观，一看就知道是干什么用的，单击任何一个工具，模型就旋转到相应的角度。这个工具条要与"相机"菜单（图 2.2.1）配合使用。

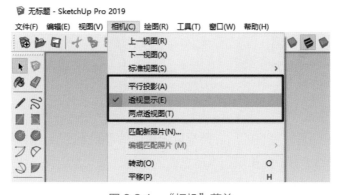

图 2.2.1 "相机"菜单

关于"视图"工具条和"相机"工具条的问题，有几个重要的概念要说明一下。

在"相机"菜单里还有 3 个命令，它们是"平行投影""透视显示"和"两点透视图"（图 2.2.1），这 3 个命令就是 3 种不同的显示模式，需要与"视图"工具条配合起来运用。在建模过程的大多数时候，应该在"透视显示"状态下操作，这是一种真实透视形式（这是 SketchUp 最值得尊敬的优点之一），因为只有在这种透视状态下，窗口里显示的模型才符合人类的视觉习惯，也就是近大远小的规律。只有在某些特殊的情况下，例如要导出平面或立面的二维视图到其他软件中时，才会用到"平行投影"，用完了以后一定要及时恢复到透视状态。这是被很多人包括部分老手易忽视的。

至于"两点透视图"显示模式会引起严重的视觉失真，只有在极个别情况下才会使用，例如展示较高大的对象时，在透视状态下，比较高大的对象会呈现头重脚轻的喇叭形（梯形变形）或相反的漏斗形，两侧的边缘是倾斜的，为了弥补这种变形，可以暂时切换到"两点透视图"显示模式，在这种显示模式下，模型中所有本该垂直的边缘暂时变成了垂直的，但是，只要稍微转动模型，就可以看到这是一种用人为的变形弥补头重脚轻的方法，所以，这种显示模式也只有在某些特定的角度、特定的用途时才会短暂使用。这是一种不规范的透视，因为视觉失真，看了很不舒服，所以应在短暂用过"两点透视图"后尽快恢复到正常的真实透视状态。这也是被很多人包括部分老手易忽视的。

归纳一下，在建模时，应在"相机"菜单里调整到透视模式，另外两种显示模式只有在需要时短暂使用，用过后要立即恢复到透视模式。习惯并且合理地使用工具条上的 6 种视图，可以避免频繁调整模型角度的麻烦，加快建模速度。在"相机"菜单中，除了工具条上的 6 种视图外，还有第 7 种，即底视图，因为不常用，所以是没有工具图标的，只能到菜单里去调用。

3. "样式"工具条

"样式"工具条也有 7 个图标，分别是 X 光、后边线、线框、消隐、近似色、材质和单色。

（1）X 光模式。

单击"X 光"按钮后，模型的所有面都以半透明的形式显示，这样就可以看到原先被遮挡的部分，例如图 2.2.2 所示的休闲小木屋里面的躺椅、茶几、电视、饮水器等，原来是看不见的（左），但在 X 光模式下就可以看到（右）。

X 光模式可以与其他的几种模式配合起来使用。

X 光模式要消耗更多的计算机资源，大型的模型可能因此而死机；小型的模型也有可能变得卡顿不流畅，须谨慎使用。

图 2.2.2　X 光模式

（2）后边线模式。

　　单击"后边线"按钮，就可以显示原先被遮挡住的边线（图 2.2.3），这种显示样式可以在需要查看被遮挡的线条时短暂使用，也可以与其他样式配合起来使用。

图 2.2.3　后边线模式

（3）线框模式。

　　线框模式下的模型，只有线而看不到面（图 2.2.4），这样，就可以操作原先被面遮挡掉的位置。 因为计算机只需处理线条，所以显示的速度非常快。

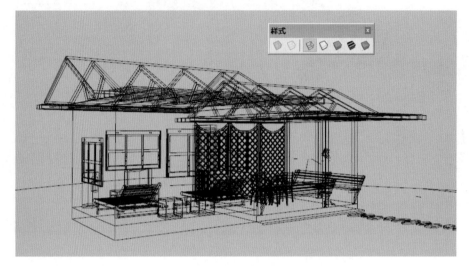

图 2.2.4　线框模式

（4）消隐模式。

消隐模式下，模型中的所有部分以不透明的线框形式显示，显示速度也很快（图 2.2.5）。

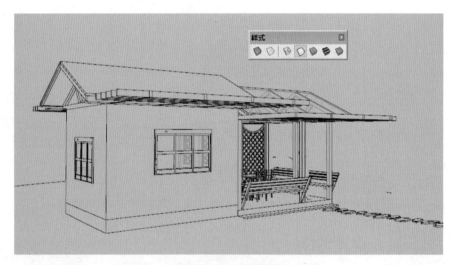

图 2.2.5　消隐模式

（5）近似色模式。

"样式"工具条上的第 5 个按钮，这里显示的是"阴影"（图 2.2.6），这是明显的翻译错误，准确的名称应该是"近似色"，这是一种把已经赋予材质的模型，用近似的颜色来代替材质的显示模式，这样做以后，SketchUp 就暂时不用去处理复杂的材质，可减少计算机资源的消耗、加快显示速度。已经赋予材质的大型模型，在旋转、平移、调整视角时，SketchUp 会自动转到这种模式以减少计算机资源的消耗，使操作更为流畅。还没有赋予材质的表面，SketchUp 会用默认的正反面颜色来显示。在创建大型模型时，建议考虑使用这种显示模式。

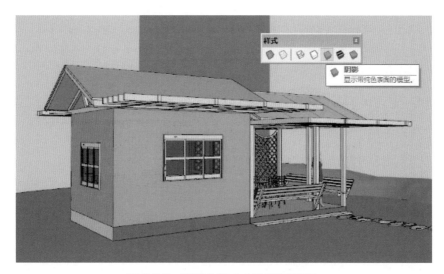

图 2.2.6　近似色模式（错标为阴影）

（6）材质模式。

在材质模式下，SketchUp 实时显示已赋予的材质（图 2.2.7），比较直观，但也消耗比较多的计算机资源，所以，一般要在模型修改得差不多时，才给模型赋予材质，可以加快建模过程中的显示速度。

图 2.2.7　材质模式

（7）单色模式。

最后，还有一种单色模式（图2.2.8），在这种模式下，模型只显示 SketchUp 的默认材质，也就是正面和反面的默认颜色，此时，SketchUp 也可以很流畅地运行。

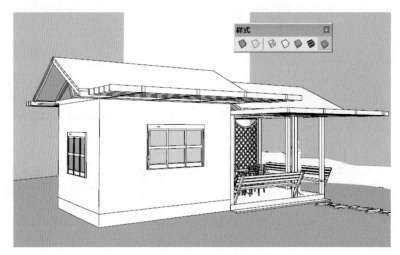

图 2.2.8　单色模式

前面学习了 SketchUp 的 3 个最基础的工具条，虽然不能用它们来画线建模，但它们是 SketchUp 用户接触最多、最重要的一些工具，能否熟练掌握这些工具，对以后能否顺利建模和建模速度有很大的影响。

本节的附件里有一个小模型，可以用它来练练手。

尤其是环绕和平移（鼠标中键与 Shift 键配合）要练习到十分自如流畅的程度，建模时才能如行云流水。

2.3　选择工具和选择技巧

本节要讨论的是在 SketchUp 工作窗口中如何选择指定的几何体。

这是一个看起来非常幼稚的话题——不就是用选择工具去单击对象吗？

其实并没有那么简单，否则也不会拿这么浅显的话题专门做一节教程。

众所周知，上图中的小箭头就是选择工具，不妨注意一下：选择工具是 SketchUp 中最常用的工具，在建模过程中，有 90% 以上的时间显示这个黑色的小箭头。如果频繁地去单击这个小箭头工具，会太辛苦，所以，在任何状态下，只要按一下空格键就回到选择工具了，换个说法：选择工具的快捷键就是空格键。所以小箭头工具的图标虽然重要，却很少有人去单击它。

在"工具"菜单里，可以找到 SketchUp 全部默认的工具，工具名称右边的字母就是这个工具的快捷键，这些快捷键是系统默认的，SketchUp 一安装好就存在。在选择工具的右边是"均分图元"4 个字（图 2.3.1），这明显是个错误（很多年了），准确的快捷键应是空格键，这里特别提出来，提醒大家注意。

图 2.3.1　错误的快捷键标识

现在回到正题上来，想要告诉大家的是，在以往长期的设计实践和教学实践中发现，如果不会选择、不掌握选择的窍门、不善于选择，可以肯定你的建模速度一定快不起来。所以，请你不要因为这个议题看起来简单而忽略后面的内容。

1. 14 种选择方法

总结了一下，在 SketchUp 中共有 14 种不同的选择方法，见表 2.3.1。

表 2.3.1　14 种选择方法

单击 单选	+ Ctrl 加选	右键 关联的线
双击 邻选	+ Shift 反选	右键 关联的面
三击 全选	+ Ctrl + Shift 减选	右键 所有关联
左至右框选（实线框）	Ctrl+A 全选	右键 同一图层
右至左叉选（虚线框）		右键 同一材质
取消和退出选择：在视窗的空白处单击， 任何时候按空格键，即可以回到选择工具，退出选择		

下面分别加以说明。

（1）最常用的是单击单选，单击线就选中了线，单击面就选中了面。

（2）双击邻选，在线上双击，选中与这条线相关联的面，在面上双击，选中与面相关联的线。

（3）三击全选，无论是在线还是面上连续单击 3 次，就选中了独立成组的所有相连的线和面。

（4）左至右框选，从左往右画框，是实线框，只有全部在框内的几何体才会被选中。

（5）右至左叉选，从右往左画框，是虚线框，只要被框碰到的就被选中，这也是最常用的选择方法。

（6）+Ctrl 加选，在选择的同时，按住 Ctrl 键，选择工具上出现加号，在原来的基础上增加选择的内容。

（7）+Shift 反选，在选择的同时，按住 Shift 键，选择工具上出现减号和加号，这是提示你要在原有的基础上做反向选择，单击原先已经被选中的就是减去。单击原先还没有选中的就是加上选择。

（8）+Ctrl + Shift 减选，同时按住 Ctrl 键和 Shift 键做选择，选择工具上出现减号，在原来的基础上减去选择的内容。

（9）Ctrl + A 全选，这就不用多说了，所有的 Windows 软件都是一样的。

还有 5 种选择方式是在鼠标右键里的，需要说明的是，右键里的选项是根据对象的不同而变化的，例如你在选择一条线以后，在右键里就不再出现关联的线。

（10）右键 关联的线，只有选中面时才会有这个选项。

（11）右键 关联的面，无论是选择了线还是面，都有这个选项。

（12）右键 所有关联，无论是选择了线还是面，都有这个选项，相当于全选。

（13）右键 同一图层，只有使用了图层功能时才可以使用。关于图层，将在以后专门的实例中讲述。

（14）右键 同一材质，选择所有相同材质的面。SketchUp 默认白色是正面，灰色表示反面，它们都不算是颜色，所以在这里做同样材质的选择，同样是正面或反面的几何体不会被选中。

任何时候要取消和退出选择，只要在视窗的空白处单击即可。

2. 选择的窍门例一

选择的窍门就是善于用多种选择方式组合起来做选择的操作。

例如，图 2.3.2（左）是一个花窗的窗芯，是由很多小线段首尾相连形成的复杂图形；如果只想选择所有的边线而不选择面，可以按住 Ctrl 键做加选，直到选择好全部线段。显然，这是难以完成的任务。

换个方法就不同了，先框选全部线和面，在不方便框选的场合，也可以用连续三击的方法选中全部，同样选中了所有的面及其边线（图 2.3.2（中）），再按住 Shift 键减去几个面，剩下的就全是边线了；然后用移动复制的方法就可得到所有的边线（图 2.3.2（右）），这样做比选择一段段线要快很多。

图 2.3.2　仅选择边线的例子

3. 选择的窍门例二

这里还有一个例子。这是亭子顶部的一部分，需要把三角形的部分留下，删除三角形以外的所有线、面。如果没有掌握选择的技巧，完成这个任务非常麻烦。如果掌握了选择的诀窍，情况就不一样了，可以在几秒钟之内完成任务。

把对象旋转到合适的角度，交叉选择大多数线段后按 Delete 键删除。在图 2.3.3 的左、右方向各做一次，剩下的零星短线段也可以用同样的方法来操作。

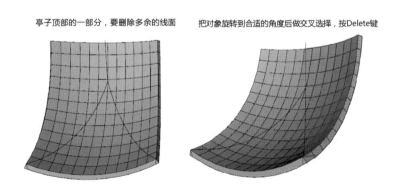

图 2.3.3　批量删除的例子

4. 选择的窍门例三

同样的对象、同样的任务，再介绍第二种方法，这种方法完成类似的任务特别有效。选择好所有对象后做柔化（实质是隐藏所有边线），如图 2.3.4（右）所示，选择需要删除的面，按 Delete 键删除。

亭子顶部的一部分，要删除多余的线面   先做柔化，然后选中要删除的面，按Delete键

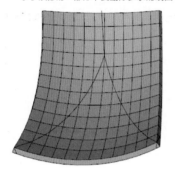 

图 2.3.4　柔化后快速删除

其实，各种各样的组合选择方法还有很多，全靠你随机应变，临场发挥，目的都是减少建模难度，提高建模速度，要善于在做练习和建模实践中多动脑、多总结，灵活运用。

SketchUp 要点精讲

扫码下载本章教学视频及附件

第 3 章

绘图工具

　　在前面的两章里，介绍了一些关于 SketchUp 应用中最基础的知识和技巧，特别是 1.4 节的"界面优化"和 1.5 节的"重要设置"；2.2 节的"相机视图与样式工具条"等基本操作；还有 2.3 节"选择的技巧"，这 4 节的内容，如果没有学好用熟，在今后的建模过程中也许会有麻烦。

　　从本章开始，要逐步介绍 SketchUp 的所有工具、菜单和对话框的使用要领及技巧，其中包含了 SketchUp 最基础的、绕不过去的内容。如果你是零基础的学员，这部分一定要学好，一定要按编号顺序来学习，并且完成指定的练习。

　　如果你自认为对某些内容已经熟悉了，也建议你按照编号顺序，快速浏览一下，相信会有额外的收获。

　　本章主要介绍 8 种工具，其中有 7 种是用来绘制二维（平面）图形的工具，它们是直线工具、矩形工具（两种）、画圆工具、多边形工具、圆弧工具（4 种）、手绘线工具、偏移工具。最后还有一种删除工具（橡皮擦工具），虽然它不能绘制图形，但它经常与绘图工具配合使用，所以也归在本章。

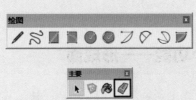

3.1 直线工具

1. 直线工具及其基本功能

直线工具的默认快捷键是字母 L。

这个工具是 SketchUp 最基础、最常用的工具之一，使用的频率仅次于选择工具；直线工具的功能远不止绘制直线那么简单，它还有很多其他的功能和变通的用法。

想要随便画一条线，只要在直线的起点单击，移动光标到直线的终点再次单击，一条直线就可以完成。但是，通常不会随便画一条线，设计中一条有意义的线，除了起点和方向外，至少还要有指定的长度。下面用直线工具绘制一条 3m 长的直线。

单击直线工具，光标变为一支铅笔形状；单击直线的起点；工具往线的终点方向移动，移动过程中，右下角的数值框里显示当前的直线长度。

注意，这时工具后面有一条彩色的线，它可能是红绿蓝色，也可能是黑色，红绿蓝的线代表当前这条线与红绿蓝轴平行，黑色的线条提示当前的线条不与任何轴相平行，这是非常重要的概念。

再次单击，一条直线产生，如果需要画一条具有精确尺寸的直线，可以立即输入尺寸数据 3000，然后按回车键。一条 3m 长的直线就完成了。

前面讲了在起点和终点分别单击两次鼠标绘制直线段的方法；也可以在起点单击后不要松开，往终点方向拖动鼠标，松开鼠标后再输入直线的长度。

直线可以绘制在现有的平面上，也可以单独绘制直线。

每条直线段都有两个端点和一个中点，统称为参考点，它们往往在后续操作中会起到重要的作用。

除了输入尺寸数据画精确直线的方法外，在 SketchUp 中还可以用输入绝对坐标值和相对坐标值的方法来绘制直线，由于这种方法在建模实践中很少采用，所以放在本节尾部的附录里供参考。

2. 直线工具的第二个功能——形成面

在 SketchUp 里，任意 3 条或更多条线，在同一平面上首尾相连，便会自动形成面。

请看图 3.1.1 左侧，调用直线工具后单击，作为直线的起点；移动光标，在这条线的终点再次单击，产生一条直线；这条直线的终点也可以成为下一条直线的起点，继续移动工具，第三次单击鼠标，现在有了两条直线；再往第一条线的起点移动工具，当工具自动捕捉到这个点时，再次单击鼠标，3 条线围合成了一个三角形的平面。

在画每一条线时都可以输入这条线的长度，以获得精确的图形，下面用直线工具来画一个边长为 2m 的正方形，在画的过程中，需注意工具后面的彩色参考虚线和如何输入数据，以及直线工具如何自动捕捉到参考点。

单击直线工具，沿红轴画出第一条直线，输入 2000，按回车键；工具向 90°方向移动一点，看到绿色的参考线后，单击确认第二条线的方向，再输入 2000，按回车键；现在有了互成直角的两条 2m 长的直线。

再向 90°方向移动工具，再次沿着红轴确定第三条线的方向，输入尺寸 2000，按回车键；现在有了 3 条一样长度的线，互相垂直。

画最后一条线，把这两个端点连接起来，移动工具往终点方向靠拢，它能够自动捕捉到所需要的点，当捕捉点变成绿色时，单击鼠标左键，一个所要的边长为 2m 的正方形就完成了（图 3.1.1 右侧）。

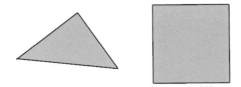

图 3.1.1　连线成面

在画线时，充分利用视图工具，可以把线画在准确的平面上。

3. 用移动工具对已有线段进行编辑修改

除了直接画出所需要的直线外，还有一些方法可以对已经存在的直线进行编辑修改，以适合建模的需要。

首先随便画几条直线，这些线条之间毫无关系；下面调用移动工具，把移动工具靠近一条直线的端点，当这个端点显示绿色时，单击鼠标，并按住不放，移动光标就可以调整直线的长度和方向，把它移动到另一条线的端点，它们会自动连接。用同样的方法，把第 3 条线的两端也移动一下，3 条线就可以形成一个三角形，这是用移动工具改变线段方向和长度的方法。移动过程见图 3.1.2。

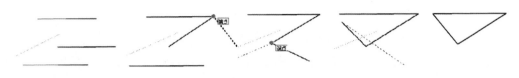

图 3.1.2　移动线的端点

4. 补线成面

现在，图 3.1.2 中原来毫不相干的 3 条直线变成了一个三角形，因为 SketchUp 到现在还不知道这么做的意图，所以，三角形的中间还没有形成平面；见图 3.1.3 左侧，为了告诉 SketchUp 这么做是想形成一个三角形的平面，只要再用直线工具在三角形的随便一条边上描一下，平面就形成了，见图 3.1.3 右侧。

图 3.1.3　补线成面

最后这一步叫作"补线成面"，是 SketchUp 应用中的一项重要技巧，常用在几何体不能自动成面的时候。

5. 用"图元信息"面板改变直线的长度

随便画一条直线，需注意，刚才画这条直线时，没有输入任何数据，是随便画的。

在"默认面板"中调出"图元信息"面板，现在它是空白的；当选择了某个几何体时，这里会显示这个几何体的基本参数。

选中这条随便画的直线，在"图元信息"面板里可以看到这条线的长度，可以在这里修改它的长度，以达到编辑这条线的目的，现在输入 2000，按回车键，这条直线的长度就按照要求变成了 2m（2000mm），如图 3.1.4 所示。

6. 方向锁定

下面讨论如何锁定画线的方向。

在复杂建模环境中，有时候很难找到红绿蓝三轴的方向，但是，可以使用键盘上的方向键把工具锁定在需要的方向上。

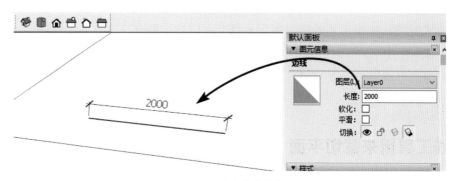

图 3.1.4　改变直线的长度

用直线工具单击，拖出一条黑色的线，我们知道它不平行于任何轴；按住向上的箭头，它可以锁定蓝轴，再移动光标，就可以看到它只能在蓝轴上移动了。按住向左的箭头，直线工具只能在绿轴上移动；再按下向右的箭头，工具被锁定在红轴上。

此外，当绘制的直线显示某个轴线的颜色时，按住 Shift 键，还可以把操作锁定到该轴线上。

归纳一下：向上的箭头键锁定蓝轴，向左的箭头键锁定绿轴，向右的箭头键锁定红轴，Shift 键锁定当前轴。

7. 等分线段

当需要把一条直线等分为相等的线段时，可以右击这条直线，在弹出的关联菜单里选择"拆分"命令。

接着将光标微微移动，可以看到一些小红点，在光标上还显示当前拆分的段数和每一段的长度，到合适位置时单击鼠标确定。

经过拆分的线段，看起来与原来并没有什么不同，其实它已经被等分成了若干小段，每个小段都有两个端点和一个中点（图 3.1.5），在建模的过程中，时常要用到这些参考点。

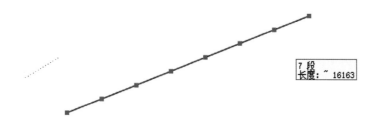

图 3.1.5　等分线段

8. 直线工具用来打断现有的线段

两条独立的线段在相互交叉时，在交叉点上将被自动断开，变成 4 条线段，每条线段都有两个端点和一个中点。

在已有的圆形或圆弧上画一条直线，同样可以起到断开的作用，这也是建模中经常要用到的技巧之一。

9. 直线工具用来裁切平面

随便画个平面，如矩形、圆形、多边形都可以，用直线工具在这个平面上随便画一条线以后可以看到，原来单独存在的平面被一分为二，如图 3.1.6 所示。

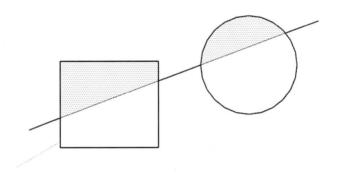

图 3.1.6 分割面

直线工具的这个分割功能，在建模实践中也经常要用到。

通过本节知道了直线工具除了绘制直线外，还有很多不同的功能，也有很多应用技巧，你可以照样练习一下，真正掌握这个不起眼却无可替代的工具。

附录：

除了输入直线的长度外，SketchUp 还可以用输入线段终点的准确的空间坐标画线。下面介绍的绝对坐标与相对坐标的输入方法同样适用于其他工具，如移动工具、卷尺工具等。

（1）输入绝对坐标的方法。

用鼠标左键单击线的起点，然后按以下格式输入线的终点（方括号和里面的三轴坐标）。比如，输入 [1000,1000,1000] 以后，可得到图 3.1.7 所示的直线。注意：所谓"绝对坐标"就是以坐标原点开始算起的坐标。

（2）输入相对坐标的方法。

单击线的起点，然后按以下格式输入线的终点（尖括号和里面的三轴坐标）。比如，输

入 <1000,1000, 1000> 以后，可得到图 3.1.8 所示的直线。注意，所谓"相对坐标"就是以任意点开始算起的坐标。

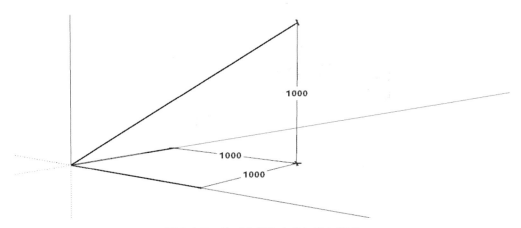

图 3.1.7　绝对坐标的定义与输入规范

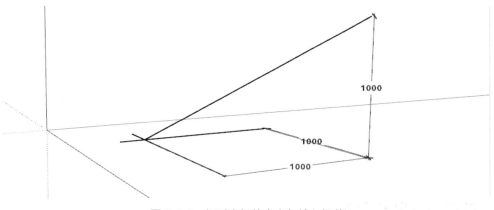

图 3.1.8　相对坐标的定义与输入规范

3.2　矩形工具组

本节要介绍 SketchUp 中绘制矩形的工具及其使用要领。

从 SketchUp 2015 版开始，有了两个画矩形的工具。其中一个是传统的，还有一个是新增加的。

1．传统的矩形工具

调用矩形工具，可以单击工具图标或执行"绘图"菜单的"形状"命令来激活矩形工具，见图 3.2.1。默认的快捷键是字母 R。

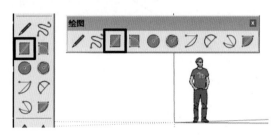

图 3.2.1　传统矩形工具

在 SketchUp 中，很多工具有不止一种功能，有些工具甚至有多到 3 ～ 4 种不同的功能。但是，矩形工具是一个单功能的工具，也就是说，它只能用来绘制矩形。绘制矩形的操作方法非常简单，只要按顺序单击所需矩形的第一个角和对角线上的第二个角即可。

请按照以下步骤绘制一个矩形。

（1）调用矩形工具，光标变为一支带矩形的铅笔形状。

（2）单击矩形的第一个角点，按对角线方向移动光标，再单击矩形的第二个角点，一个矩形就完成了。

另一种绘制矩形的方法稍微有点不同，但结果一样：在矩形的第一个角按下鼠标，不要松开，拖动鼠标到第二个角再松开，结果是一样的。

因为这些矩形是随便画画的，所以没有精确的尺寸。

2．正方形与黄金分割

按照以下步骤，可以绘制一个严格的正方形。

（1）选择矩形工具，光标变为一支带矩形的铅笔形状。单击矩形的第一个角点。

（2）将鼠标向对角点方向移动。当光标的位置正好形成一个正方形时，将显示一条对角线方向的虚线，在矩形工具上，还出现一个"正方形"的提示。这种随着操作而出现在工具附近的提示，今后还会有很多，称之为"工具提示"。再次单击，一个正方形就完成了。不用测量就知道，这些矩形的长度和宽度是相等的，虽然它一定是严格的正方形，但它还没有严格的尺寸（图 3.2.2）。

在画矩形时，光标移动到另一个位置，会显示一条虚线和"黄金分割"的工具提示；这时再次单击鼠标确认，得到的是一个长方形，它的短边一定是长边的 0.618 倍。古希腊人认为这种比例是最符合审美标准的（图 3.2.3）。

图 3.2.2　正方形提示　　　　　　　　图 3.2.3　黄金分割提示

3.　绘制精确的矩形

创建一个精确的矩形其实很容易，随便画一个矩形，不管它是长的、扁的还是正方形的，只要看到有个矩形就行，然后松开鼠标，用键盘输入数据，如输入 3000、逗号、2000，再按回车键，现在的这个矩形就是有精确尺寸的了；这个矩形尺寸是 3m 长、2m 宽（图 3.2.4）。

输入数据很有讲究，请务必记住以下提示。

（1）只有在"模型信息"面板里对尺寸的单位做好设置，输入的数据才是准确的。关于设置方面的内容，在本书的 1.5 节里有过详细的介绍。

（2）输入数据的顺序很重要：一个矩形有两个尺寸，一定要注意输入的先后。请记住：在 SketchUp 中输入数据，永远是按照 X、Y、Z 的先后顺序，也就是红、绿、蓝轴的顺序；在前面的 1.4 节里，已经介绍过 SketchUp 里的红轴是 X 轴，是东西方向；绿轴是 Y 轴，是南北方向；蓝色的是 Z 轴，是上下方向。

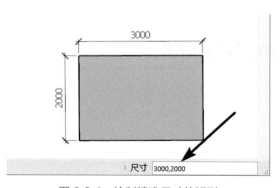

图 3.2.4　绘制精确尺寸的矩形

4. 输入新的数据逐步逼近理想值

如果要画一个东西方向为 3m、南北方向为 2m 的矩形，就要先输入 3000 后输入 2000，中间要用逗号隔开。按照正确的顺序和格式输完数据，再按回车键，刚才随便画的一个矩形就变成了有精确尺寸的矩形了（图 3.2.4）。

如果现在想把这个矩形的方向旋转 90°，只要把输入数据的顺序颠倒一下先输入 2000，中间用逗号隔开，再输入 3000，按回车键，矩形的方向就改变了（图 3.2.5）。

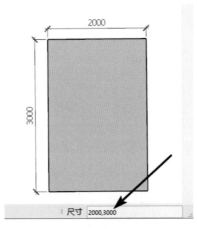

图 3.2.5　重新输入数据逼近理想值

在还没有做后续操作以前，可以无限次地用重新输入数据的方法更改这个矩形，如想把它改成 3m 见方的正方形，只要输入 3000、逗号、3000，按回车键，就成了正方形。

如果还想把它改成东西方向为 4m、南北方向为 2m 的长方形，现在输入 4000、逗号、2000，按回车键，长方形就有了。

这是 SketchUp 的一个特色，可以用输入不同数据的办法来逐步逼近想要的结果，这个功能在方案推敲时特别有用。SketchUp 里至少有 10 种工具拥有这样的功能。

5. 输入带单位的尺寸和自动换算

用刚才的办法，如果要输入一个很大的尺寸，例如几十米或几百米甚至几千米，势必要输入很多个零，很容易弄错，这时有一个非常直观的办法，就是直接输入带单位的尺寸。

例如，仍然画一个 3m 见方的矩形，可以输入 3，后面再输入"m"，SketchUp 会自动换算，与刚才输入 3000 的结果是一样的，如图 3.2.6 所示。当然，如果输入 300cm，也就是 300 厘米，逗号、300cm，结果也是一样的。

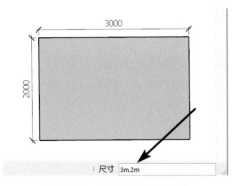

图 3.2.6　输入带单位的尺寸

　　矩形工具还可以利用 SketchUp 内含的几何图形推导引擎，帮我们在三维空间中绘制矩形。建模的全过程中，由推导引擎生成的参考点无处不在，当把矩形工具移动到某个参考点时，工具提示会显示参考点的性质。正确并且善于利用这些参考点，可以帮助我们更快、更好、更准确地绘制矩形。

6.　旋转矩形工具

　　从 SketchUp 2015 版开始，新增了另一种矩形工具，即旋转矩形工具（图 3.2.7）。官方网站上说，用它可以绘制所谓旋转的矩形。

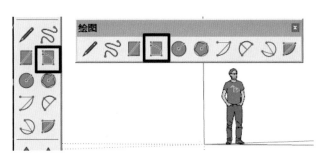

图 3.2.7　旋转矩形工具

　　什么是旋转的矩形？这要从传统的矩形工具说起。不知你是否注意到，传统的矩形工具只能绘制与红、绿、蓝三轴平行或者垂直的矩形。旋转的矩形就是不再受红、绿、蓝三轴约束，可以在任何角度上绘制的矩形。

　　经过试验，用这个新的旋转矩形工具，在二维空间里画旋转的矩形还不错。不过，真的想要用它来完成一个在三维空间里指定三轴角度，同时还有精确尺寸的复杂矩形，绝非易事。首先要准备好一系列数据，然后要根据左下角数值框的提示，在不同的时机，输入不同的数据，做不同的操作，一不小心就会出错，只能从头再来，也许还会出错，还要再从头来过。

如果你一旦有了这样反复出错的经历,最后即便没有出错,也会被搞得不太放心。最可怕的是出了个不明显的小错,自己却不知道。其实,想要做一个在三维空间里既有复杂旋转角度又有精确尺寸的矩形,还有很多其他简单直观的方法。

3.3 画圆工具

画圆工具与矩形工具一样,也是一个单功能的工具,它只能用来绘制圆形。圆形工具的键盘快捷键是字母 C。

1. 绘制圆形

调用圆形工具,光标变为一支带彩色圆形的铅笔形状。

移动工具到不同的方向,彩色铅笔上会出现红、绿、蓝 3 种不同的圆形,分别代表当前要绘制的圆形将垂直于对应的坐标轴。

在圆心的位置单击,以确定圆心,从中心点向外移动光标,右下角的数值框里显示当前的半径。假设要画一个直径为 1m 的圆形,可以在这个时候输入它的半径 500,按回车键后,这个圆形就完成了。

注意,输入的数据是半径,而不是直径(图 3.3.1)。

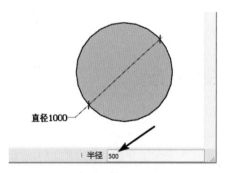

图 3.3.1　输入半径

2. 改变片段数量绘制更精致的圆

放大这个圆不难看出,该圆形是由若干直线段拟合而成的(图 3.3.2);如果想获得一个更加光滑的圆，可以用改变线段数量的方法来完成。

有几种不同的方法可以改变线段的数量，下面看第一种方法。

单击圆形工具后，须注意右下角的数值框，24 是 SketchUp 默认的值。它提示：当前用 24 段直线来拟合成一个圆。这个数字有个专用的术语，叫作"片段数"。

注意，在大多数应用场合，片段数为 24 的圆，其精度已经足够了（图 3.3.2）。

如果还想画一个精度更高的圆，也是允许的。

例如，单击工具后，马上输入 48 并按回车键。这样，就定义了接着要画的圆形将要由 48 段直线来拟合，也就是片段数为 48（图 3.3.3）。

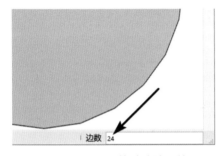

图 3.3.2　圆形的默认片段数

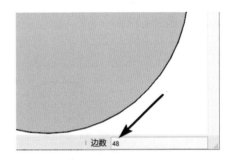

图 3.3.3　修改圆形的片段数

以后还会讲到，盲目地增加片段数，可能会大量增加模型的线面数量，给 SketchUp 和计算机增加不必要的负担，甚至死机。

确定片段数后，在圆心的位置单击，以确定圆心；再往半径方向稍微移动；见到圆形已经形成后，松开鼠标，输入半径并按回车键。

对照图 3.3.2 和图 3.3.3 所示的两个圆形，可以看到新画的这个圆形比用默认参数画的圆要光滑得多。

3. 输入后缀 s 改变圆形光滑度

调用圆形工具，数值框里显示的是 48。这是刚才画圆时设置的。

应注意，SketchUp 的工具有很多是具有记忆功能的。所谓记忆功能就是一旦进行了设置，它就会一直保持这个数值或者功能，直到重新设置为止。圆形工具也具有记忆功能，所以，现在它的默认片段数变成了 48。要把它恢复成 SketchUp 的默认值，就要输入 24，按回车键。

重新画一个半径为 1m 的圆，输入半径 1000，按回车键。这个圆形又恢复到由 24 段直线拟合的默认的圆。

如果这时你又想把这个圆改变成更高的精度，可以立即输入一个新的数值，如 48，但是此时改变片段数，后面一定要跟一个英文中代表复数的字母 s；然后再次按回车键，这个圆形就变成了由 48 段直线拟合成的、比较光滑的圆形了。

提醒你不要忘记，现在圆形工具又把 48 作为默认片段数了。

所以，每次使用圆形工具时，务必注意当前画圆的精度，也就是片段数。大多数时候要恢复到 SketchUp 的默认值 24。

4. 用"图元信息"面板编辑圆形

打开"图元信息"面板，随便单击一个圆形的平面，在"图元信息"面板里可以查看到它的圆面积（图 3.3.4）。

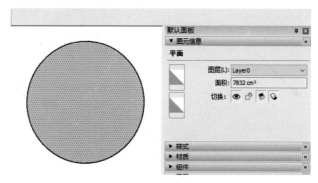

图 3.3.4 "图元信息"面板

现在单击这个圆的边线，可以在"图元信息"面板里看到它的半径、片段数和周长的数据。

附带说明一下，SketchUp 里显示的数据，凡是前面有波浪号的，就说明这个数据是近似的，有一定误差，但是误差小于正负一个基本单位，现在的情况是误差在 ±1mm 之内。

现在可以在"图元信息"面板里输入新的半径，改变圆的大小；也可以在"图元信息"面板中输入新的片段数量，改变圆形的精度，甚至把这个圆改造成多边形（图 3.3.5）。

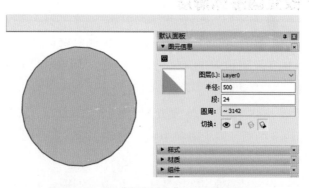

图 3.3.5 用"图元信息"面板编辑圆形

5. 用移动工具改变圆形的大小

如果想改变圆形的大小，除了前面讲过的几种方法外，还可以用移动工具。

调用移动工具，使工具靠近圆形，工具会找到 4 个控制点中的一个，并且自动停靠在这个控制点上；按下鼠标左键并移动鼠标，可以看到圆形在改变。这时还可以输入一个尺寸，得到精确的放大或者缩小的圆形（4 个控制点在圆周与红、绿、蓝轴平行的半径处）。

关于圆形的片段数量问题，这里有一些重要的提示。

虽然可以用改变圆形片段数量的办法获得一个更加精确的圆形，但是如果没有十二分的必要，最好不要这样做。两个看起来没有什么区别的球体，一个用默认的 24 片段数的圆生成，另一个用 100 片段数的圆形生成，它们的边线和平面的数量会急剧增加，外表却没有太大的改变。

这里要普及一下计算机图形处理方面的重要概念。

SketchUp 在计算机上运行得流畅与否，除了计算机本身的因素外，很大程度上还取决于模型中线和面的数量，一般认为：模型里的线条长度和端点坐标数据主要由CPU（中央处理器）进行运算处理；模型里的平面主要由 GPU（图形处理器）运算处理和实时渲染。

为了得到这不太明显的外观改善，就要让计算机的 CPU 和 GPU 都承担很多倍的工作量，最好先考虑一下投入和产出之间的比例合适与否。尤其是模型里有大量圆形、球形、曲面的对象时，更加要注意。即便你的计算机很强悍，线面数量多一点也不致死机，但还要考虑合作伙伴的计算机是否也同样强悍，后续渲染的时间也要增加很多倍，你和你的合作伙伴能否接受。

总之，SketchUp 把 24 定为默认的圆形片段数，SketchUp 的设计者们一定是在计算机资源消耗和效果之间做过平衡后确定下来的最佳选择，所以，不是有非常的必要，还是用默认的 24 段线来拟合一个圆形吧。

还有一个重要的提示，要牢牢记住：很多人绘制圆形是在圆心单击，然后就往外移动光标，输入半径，圆形绘制完成。

这个操作有超过一半用户都会犯（都犯过）的错误，就是单击圆心后移动光标的这一小小的细节，光标后面如果跟着一条黑色的线，提示我们光标移动的方向，也就是半径的方向不平行于任何轴，这样做，当时不会有什么后果，但是往往到了建模的后期就会出问题了，原因是在 SketchUp 里建模，时时刻刻会用到各种参考点，像这样画的圆产生的参考点就失去了参考点的作用，误用了这种不准确的参考点，搞不好还会出问题。

所以，绘制圆形的正确操作是：单击圆心后，光标一定要沿着红、绿、蓝 3 条轴线中的一条移动，让看不见的半径方向与轴线平行。这样画出来的圆，四周一定有 4 个端点落在轴线上，圆周上的所有端点与轴线的夹角一定是 15°或其倍数，在后续的建模过程中，这些参考点就可以起到准确的引导作用。

这个"依轴线绘制图形"的原则，非但在使用圆形工具时要严格遵守，在使用其他工具时也要遵守，养成这个好习惯可以避免产生很多可能的麻烦。

6. 绘制椭圆

最后，提示一下：SketchUp 没有画椭圆的工具，所以还要讲一下如何在 SketchUp 中获得椭圆形。通常，可以用改造圆形的方法获得椭圆。

假设要获得一个长轴为 3m、短轴为 2m 的椭圆，可以先画一个圆，半径随便用长轴或短轴的数据均可，现在画一个半径为 1m 的圆。选中这个圆以后，调用缩放工具，把其中的一个轴改变成 3000mm，椭圆就完成了。这个方法在后面讲缩放工具时还要详细讨论。

7. 绘制圆形时容易犯的错误

绘制圆形时，单击圆心，光标向外移动时工具后面有一条彩色的虚线，当它是红色、绿色和蓝色时，提示你当前所画的圆形，其半径（直径）的方向分别与红、绿、蓝三轴平行；当出现黑色虚线时，提示你当前半径不与任何轴平行。这是一个重要的提示信息，因为后续建模的过程中很可能要用到圆周上的参考点；很多人（半数以上）绘制圆形时从不注意这个细节，就可能在后续的建模过程中遇到麻烦。

总结一下：本节演示了绘制圆形的基本方法，还讲了改变圆形精度的 3 种方法，以及用移动工具改变圆形大小的方法、把圆形变成椭圆形的方法。课后请你亲自操作体会一下。

3.4 多边形工具

本节介绍多边形工具，还要讨论多边形工具与圆形工具的区别。

多边形工具与矩形工具和圆形工具一样，是一个单功能工具，使用多边形工具只能绘制普通多边形。因为多边形工具并非常用工具，所以没有默认的快捷键。

1．绘制多边形

调用多边形工具，光标变成带有一个六角形的铅笔形状。与圆形工具一样，铅笔上也有一个彩色的小多边形，并且随着位置的改变而改变颜色，当它是红色、绿色和蓝色时，提示你当前画的多边形分别与红、绿、蓝三轴垂直；当出现黑色多边形时，提示你当前不与任何轴垂直。

多边形工具的使用与圆形工具类似，调用多边形工具后，在多边形的中心位置单击；光标离开中心，往半径的方向移动；右下角的数值框里显示当前的内切圆半径值（以后简称半径）；从键盘输入多边形的半径，如输入 1000 后按回车键，一个多边形就制作完成了，它是六角形，半径是 1m。

2．改变多边形的边数

六角形是 SketchUp 默认的多边形，如果需要其他形状的多边形，需要重新设置。

调用多边形工具，现在数值框里显示"6"，这是默认值，先不要做任何操作；马上输入新的多边形边数，假设现在输入 3 并按回车键，光标变成一个带有小三角形的铅笔形状，在中心单击后，稍微移动工具，输入半径 1000 后按回车键，得到一个三边形（内切圆半径等于 1000）。

3．多边形工具的记忆功能

刚才我们把多边形工具的边数改成了"3"，这个新的数字"3"就成了默认值，除非用更加新的数字来替换它。再次调用多边形工具，它现在只能画三边形了，如果没有特殊原因，还是恢复成它的默认值"6"。

4．用移动工具改变多边形大小

有多种方法可以对多边形进行编辑，移动工具也可以改变多边形的大小。

调用移动工具，靠近多边形角点中的任意一个角点，按下鼠标左键移动光标试试，一个多边形至少有一个角点可以用来调整多边形的大小。还可以输入具体的尺寸获得精确的编辑。

多边形的控制点数量和位置视多边形的边数而改变，如三边形只有一个控制点、六边形有 4 个控制点。

5. 用"图元信息"面板编辑多边形

选中某个多边形的平面，"图元信息"面板里会显示它的面积，如图 3.4.1 所示。

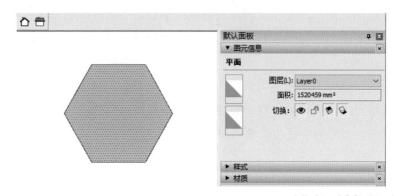

图 3.4.1 用"图元信息"面板查看多边形

选中多边形的边线，面板中会显示片段数量、半径和周长。在"图元信息"面板里输入新的边数，按回车键，可以改变它的形状。还可以输入新的半径，按回车键后将改变它的大小，如图 3.4.2 所示。

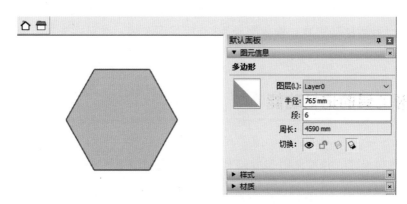

图 3.4.2 用"图元信息"面板编辑多边形

6. 多边形工具与圆形工具的区别

3.3 节学习圆形工具时就知道，用 SketchUp 的圆形工具所绘制的圆形，其实是一个 24 边形；用多边形工具来画一个多边形，把它调整成 24 条边后，看起来与 24 条边的圆形没有区别，如图 3.4.3 所示。

现在有了一个 24 条边拟合的圆形，它是用圆形工具创建的；还有一个 24 边形，它是用多边形工具绘制的。看起来这两个图形完全一样。

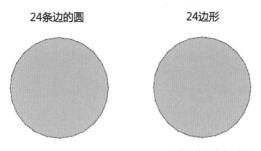

图 3.4.3　多边形与圆形的区别

它们之间的区别现在是看不出来的，只有用推拉工具把它们变成立体，它们之间的区别才能显示出来，用圆形工具绘制的由 24 条边拟合的圆形，在拉出体积后，它的边线自动得到柔化。用多边形工具绘制的 24 边形，拉出体积后，保留了所有的边线，如图 3.4.4 所示。

如果人为对它们进行柔化，使用多边形工具和圆形工具的结果就没有区别了。

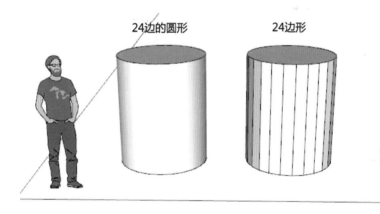

图 3.4.4　多边形与圆形的区别

7. 使用多边形工具操作时要注意的问题

例如绘制一个六边形，在单击圆心后，如果光标不沿着轴的方向移动，这个六角形在绘图空间里就是歪的，它所有的端点也不能在后续建模过程中起到准确的引导作用。

在绘制其他多边形时，也要注意这个问题。比如画一个三角形，单击中心点后，工具沿着红轴还是绿轴移动，画出来的三角形是不同的；五边形也是如此。

总之，用多边形工具单击中心后，工具一定要沿着红、绿、蓝的某个轴移动，这样做的好处是可以避免后续可能产生的麻烦；至于到底要沿着哪个轴移动，还要根据具体的情况来确定。

上面介绍了多边形工具的使用要领，还比较了多边形工具与圆形工具之间的区别，你可以动手体会一下，用多边形工具绘制一些相同半径的三边形、四边形、五边形、七边形、八边形等。

3.5　圆弧工具（一）

本节与 3.6 节要介绍圆弧工具。

从 SketchUp 2015 版开始，新增加了另外 3 个与圆弧有关的工具，现在共有 4 个圆弧工具，本节要介绍圆弧工具群体中的这个是 SketchUp 中历史最悠久的传统圆弧工具，见图 3.5.1。

图 3.5.1　传统圆弧工具

在本节里还要讨论对圆弧修改编辑的技巧。另外 3 个新增加的圆弧工具将在 3.6 节里进行讨论。

1.　绘制圆弧

圆弧工具是一个单功能工具，只能用来绘制圆弧。4 个圆弧工具中只有这个最常用的两点圆弧有默认的快捷键，是字母 A。

请看这条圆弧（图 3.5.2），正如你所知道的，它有 3 个尺寸，一个是弦的长度，一个是弧的高度，还有一个是圆弧的长度。另外还有 3 个点：它们是圆弧的起点（也就是弦长的起点）、弦长的终点和弧高的终点。

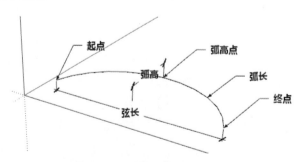

图 3.5.2　用传统圆弧工具绘制圆弧

现在来画一条圆弧，假定弦的长度为 3m，弧的高度为 1m。

调用圆弧工具，光标会变为一支带圆弧的铅笔形状，第一次单击，确定圆弧的起点；将光标往弦长的终点方向移动；用键盘输入弦长数据 3000；按回车键，出现一条直线，把光标往弧高方向移动，用键盘输入弧的高度 1000，按回车键，此时圆弧就完成了。

2. 查看圆弧的片段数

如果把圆弧放大可以看到，圆弧也是由很多直线段组成的。

打开"图元信息"面板，单击这条圆弧，可以看到这条圆弧是由 12 个直线片段组成的，当然，片段数量越多，生成的圆弧就越平滑、精细，在大多数应用场合，默认的 12 条边的片段数精度已经足够，如图 3.5.3 所示，对于圆弧精度问题，今后还要深入讨论。

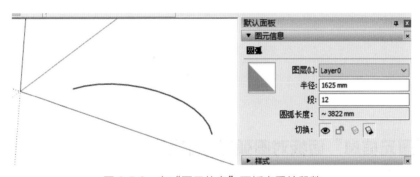

图 3.5.3 在"图元信息"面板查看片段数

3. 画圆弧前改变圆弧的片段数

如果想获得一个更加光滑的圆，可以用改变线段数量的方法来完成。有几种不同的方法可以改变线段的数量，下面介绍第一种方法。

单击圆弧工具后，需注意右下角的数值框，12 是 SketchUp 默认的片段数，它提示当前用 12 段直线来拟合成一个圆弧。

可以马上输入一个新的数值，确定所画圆弧的片段数量，假设现在输入 20，按回车键。这样就重新定义了要由 20 个直线段来拟合一个圆弧。

在圆弧起点单击，再往弦长的长度方向稍微移动，见到直线形成后，输入弧长 3000，按回车键。光标再往弧高方向稍微移动，输入弧高 1000 并按回车键，一条精确的圆弧就生成了。这是在画圆弧前改变片段数的方法。

4. 圆弧形成后改变圆弧的片段数

调用圆弧工具，数值框里显示 20，这是前一次修改的，它有记忆功能，除非你输入新的片段数；现在输入 12 并按回车键，这样就恢复到默认的片段数了。

再用上面介绍的方法画一个圆弧，现在看到的这个圆弧片段数是默认的 12。在还没有进行后续操作时，可以输入新的片段数来改变它的精度，假设输入 6。注意，后面要跟一个代表复数的英文字母 s 并按回车键。现在就可以看到由 6 段直线拟合成的圆弧了，如图 3.5.4 所示。这是在圆弧形成后改变片段数的方法。

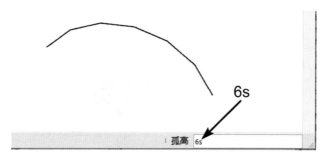

图 3.5.4　输入不同的片段数

5. 用"图元信息"面板对圆弧进行编辑

单击选中一条圆弧，"图元信息"面板里会显示它的半径、片段数以及圆弧的长度等数据；现在可以在这里输入一个新的片段数，如"6"，按回车键以后这条圆弧的精度就改变了，见图 3.5.5。

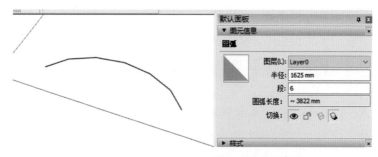

图 3.5.5　在"图元信息"面板中修改片段数

6. 绘制半圆

当你在绘制一条圆弧、把弧高拉出到一定部分时，圆弧会变成半圆（图 3.5.6）。

如果想画的就是半圆，就应注意工具旁边的文字提示，看看圆弧是否已经成为半圆。

7. 圆弧相切

常有这样的情况，需要用圆弧工具连接两段直线，并且希望圆弧与直线相切，形成平滑的过渡。在绘制圆弧时，要注意工具旁边是否显示"与边线相切"的提示，只有看到了这个提示，所画的圆弧才是与直线段相切的，如图3.5.7所示。

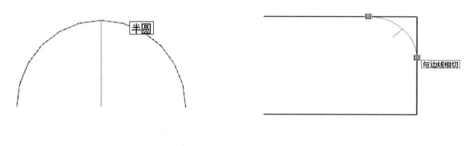

图 3.5.6　半圆提示　　　　　　　　　　图 3.5.7　相切提示

8. 用移动工具改变圆弧

正如可以用移动工具改变圆形和多边形一样，用移动工具也可以对圆弧进行修改编辑。

调用移动工具后，慢慢靠近圆弧的弧高点，按下鼠标左键后缓缓移动即可改变圆弧的形状。立即输入一个数值（后面带mm），按回车键后即可在原来的基础上增加指定的弧高。

9. 圆弧工具的记忆功能

最后，还要介绍一下圆弧工具的记忆功能和如何巧妙地运用这个功能。

对矩形的四角用圆弧工具倒角是经常要做的事情，圆弧的记忆功能可以帮助我们，只要在矩形的一个角上画一个圆弧，此时圆弧工具就记住了刚才画这个圆弧时的所有参数，如果还要在其余的角上画同样的圆弧，就可以利用圆弧工具的记忆功能了，在还没有进行下一步操作之前，只要把圆弧工具分别移动到靠近其余的3个角附近，双击鼠标，就可以自动完成相同的圆弧绘制，圆弧工具的记忆功能在做倒角时非常好用。

本节介绍了圆弧工具，严格地讲是"两点圆弧工具"的使用要领，更改圆弧精度的3种方法，绘制半圆、用移动工具改变圆弧、圆弧与直线／曲线的相切和平滑连接，用圆弧工具的记忆功能做连续的倒角等内容，请在课后实际操作体会一下。

3.6 圆弧工具（二）

本节要介绍从 SketchUp 2015 版开始新增加的 3 个与圆弧有关的绘图工具，这 3 个工具都与画圆弧有关：一个是扇形；一个是三点圆弧；还有一个的名称居然与 3.5 节介绍的工具相同，也是"圆弧"（图 3.6.1）。

英文版的 SketchUp 中，它们是有区别的，在英文版里，这两个工具的名称是不同的，一个叫作"Arc（圆弧）"，另一个是"2 Point Arc（两点圆弧）"。看来又是中文版的翻译出了问题。

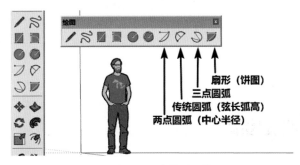

图 3.6.1 4 种圆弧工具

好在工具名称下面还有文字说明。3.5 节介绍的传统圆弧工具是根据起点、终点（弦长）和凸起部分（弧高）来绘制圆弧的。新增加的两点圆弧工具，是用中心和半径来绘制圆弧。

作者的很多学生和朋友，在使用 SketchUp 比较熟练了以后，对传统的圆弧工具，也就是用起点、终点和弧高画圆弧的方式很有意见，认为用这样的方式画圆弧，与用传统的圆规画圆弧的概念完全不同，有时很难精准定位圆弧。

这个问题确实存在。不妨回忆一下，用圆规画圆，是否都是从定位圆心开始的？

1. 两点圆弧工具

大概 SketchUp 官方也发现了同样的问题，新增的这个两点圆弧工具，就是从定位圆心开始再确定半径画圆弧的，在全部 4 个工具里，这个工具是最接近传统圆规的。知道了这一点，再来介绍这个工具的使用要领就方便了。

这个工具目前没有默认的快捷键，所以只能单击工具图标；或者在"绘图"菜单中执行相应的绘制圆弧的命令。两点圆弧工具与传统的圆弧工具，操作时的外形有很大的不同

（图 3.6.2）。

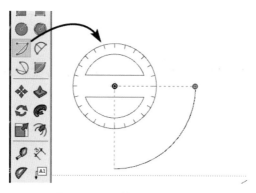

图 3.6.2　最接近圆规的工具

新工具的图标上带着一个彩色的量角器，区别很明显：这个量角器有红、绿、蓝、黑 4 种颜色。红、绿、蓝 3 种颜色分别表示当前与之垂直的坐标轴。黑色的量角器则表示当前不垂直于任何坐标轴。

用这个工具画圆弧的过程，与使用圆规画圆弧差不多。先单击圆弧中心，再确定圆弧半径，之后确定圆弧的长度或圆弧的角度。

调用工具，移动到要绘制圆弧的平面上，工具的颜色代表当前垂直于这个轴。

（1）选择工具，在圆心的位置上单击，确认圆弧的中心（假设已知圆心）。

（2）往半径方向移动，输入半径值（或单击已知点），按回车键确认圆弧的起点。

（3）再往圆弧的终点方向移动一点，输入圆弧的夹角（或已知点）并按回车键。

圆弧绘制完成，是否与用圆规的画法一样？

上面介绍了这个两点圆弧工具的使用要领，还没有交代清楚的是如何改变圆弧的片段数，其实这个问题在前 3 个视频里都有提及，这里再简单介绍一下。

单击工具后，数值框显示的是当前的片段数 12，就是用 12 条直线段拟合一个圆弧，在没有做其他操作以前，输入一个新的数字，就可以改变圆弧的精度了。

SketchUp 默认是以 12 条直线段拟合一个圆弧，对于绝大多数场合，没有必要增加。

也可以在画完圆弧后立即输入一个新的片段数，并后跟字母 s 来改变圆弧的精度。

当然，也可以在"图元信息"面板里改变圆弧的精度和其他参数。

2. 扇形工具

扇形工具，也有人称它为饼图工具，它的使用要领与前面讨论过的两点圆弧工具基本是一样的，也是首先在中心单击，然后单击第二点或者输入半径，之后单击终点或者输入角度值，按回车键后的结果与圆弧工具有一点区别：圆弧工具完成后只有圆弧，而这个工具完成圆弧的同时会自动在圆弧的两个端点向圆心添加两条直线，封闭成了一个扇形（图 3.6.3（右））。

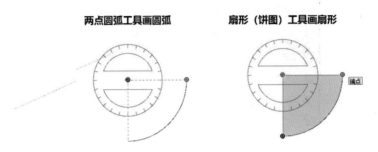

图 3.6.3　两点圆弧与饼图

3. 三点圆弧工具

顾名思义，用三点圆弧工具画圆弧的条件是要有三个关键点。其实，其他三种圆弧工具画圆弧也是用三个点，只是此三点非彼三点，各有不同含义。

使用过 AutoCAD 的人都知道，在 AutoCAD 里可以画三点圆弧，在讲这个工具前，先复习一下有关的平面几何知识。

（1）三点可以决定一个平面。

（2）任意不共线的三点，可以确定一个圆弧。

（3）由三点确定的圆弧，其圆心在三角形的垂直平分线上。

创建一个平面，再随便画上三个点，以 A、B、C 来分别命名三个点（图 3.6.4（左一）），复制出另外三份，现在可以调用三点圆弧工具了。

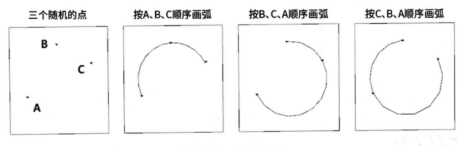

图 3.6.4　三点圆弧

第一个从 A 点开始，接着 B 点、C 点，形成了第一个圆弧。

第二个从 B 点开始，接着 C 点、A 点，形成了第二个圆弧。

第三个从 C 点开始，接着 A 点、B 点，形成了第三个圆弧。

打开"图元信息"面板，分别单击三个圆弧，可见到这三个圆弧的半径相等。

那么，这样画出的圆弧，它们的圆弧中心到底在什么位置呢?

下面告诉你一个诀窍：想要知道任何圆或圆弧的中心在什么位置，只要把任何绘图工具（如直线工具、圆或多边形工具等）移动到圆或圆弧的边线上停留 1 ~ 2 秒，然后把工具慢慢往大概是中心的位置移动，当接近中心时，工具会被吸附到中心上去。

总结一下：本节介绍了以下三种新的圆弧工具。

（1）两点圆弧工具是最接近于圆规的，先单击圆心，再确定圆弧起点和圆弧角度，与使用圆规一样。

（2）画扇形的工具，用法与两点圆弧工具一样，区别是自动成面，形成饼图。

（3）三点圆弧的用法与 AutoCAD 里的一样，用三点来确定一个圆弧。

如何在建模过程中用好它们，就是你的事情了，课后自行练习熟悉一下。

3.7 手绘线工具

本节要讨论手绘线工具，这个工具在老版的 SketchUp 里也称为徒手线工具。这个工具的功能非常简单，就是用来画不规则的类似手绘的线条。它不是常用工具，所以没有默认的快捷键。用手绘线工具可以绘制两种不同属性的手绘线。

1. 有实体属性的手绘线

有实体属性的手绘线与使用其他绘图工具绘制的结果没有什么本质的区别。

手绘线工具的使用方法非常简单：调用手绘线工具后，光标变成带有一小段手绘线的铅笔形状，移动到起点并单击，确定手绘线的起点位置；按住鼠标左键随意拖动光标，手绘线就产生了（图 3.7.1（左））。

手绘线可以绘制在原有的面上，也可以单独存在。

如果想获得一个由手绘线围合的平面，只要在绘制时在手绘线的末端，把光标移动到手绘线的起点附近，工具会自动捕捉到起点，松开鼠标后就产生了一个新的不规则平面（图 3.7.1（中））。

图 3.7.1　手绘线工具

手绘线是由若干条连接在一起的直线段构成的。通过"图元信息"面板可以看到构成手绘线的线段数量和总长度（图 3.7.2）。

单击由手绘线围成的平面，在"图元信息"面板里还可以看到这个平面的面积（图 3.7.3）。

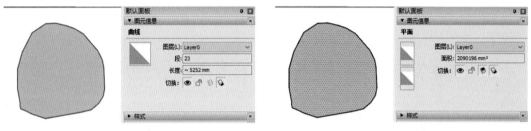

图 3.7.2　手绘线的片段数　　　　　　图 3.7.3　手绘线闭合后的面积

用手绘线工具绘制的线条和以手绘线为基础形成的实体，具有用其他工具创建的实体一样的属性。

（1）手绘线本身和由它形成的实体可以用缩放工具进行缩放。

（2）手绘线本身和由它形成的实体可以用偏移工具进行偏移。

（3）由手绘线形成的平面也可以进行后续推拉。

（4）手绘线中的每条直线段都有两个端点和一个中点，与其他工具绘制的线条一样。

（5）用分解曲线的功能炸开手绘线，原来连成一体的线条就分成了一个个小线段。

（6）炸开后的手绘线还可以进一步细分成更多的小线段。

（7）炸开后的手绘线还可以用移动工具进行顶点编辑（图 3.7.4（右））。

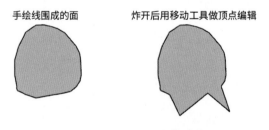

图 3.7.4　手绘线的部分特性

2．没有实体属性的手绘线

用手绘线工具还可以创建另一种手绘线，因为它没有实体属性，所以只能用来作为标记或装饰用；想要绘制这种没有实体属性的手绘线，只要在绘制时按住 Shift 键移动光标即可。

这样画出的手绘线就失去了常规几何体的属性，即使首尾相接也不能形成新的平面（图 3.7.5（左））。

这种没有实体属性的手绘线，只能用来作为装饰、标示等用途，不能做后续的编辑。但是，如果把这些线条炸开，就可以恢复成正常的几何体属性（图 3.7.5（中））。用直线工具描绘图 3.7.5 中边线的任一小段，即可成面（图 3.7.5（右））。

图 3.7.5　两种性质的手绘线

3．编辑没有实体属性的手绘线

注意，这种没有实体属性的手绘线不能用选择工具通过单击来选择，也不能用自右向左画方框的方式来选择。在以前学习过的 14 种选择方式中，只有一种选择方式可用，就是从左往右画框的全选方式。选中这条手绘线后，按照常规，只要右击，在右键菜单里选择"分解曲线"命令就可以炸开这条线。但是，只要单击右键，选择就会自动被取消。想要炸开这条没有实体属性的手绘线，正确的操作如下。

（1）用画方框全选的办法来选中它，但是不能用右键菜单里的"分解曲线"命令。

（2）到"编辑"菜单最下面，找到"三维折线"命令，里面有个分解（或炸开模型），单击它就可以了（图 3.7.5（中））。

一条手绘线有没有实体属性一看便知：没有实体属性的手绘线要细很多，有实体属性的线条较粗（图 3.7.5（左）（中）对比）。

如果不能成面，只要找到断开的位置，用新的线段连接起来就能形成新的面。

上面讲的就是两种手绘线的绘制方法及其区别，还有属性变换。至于手绘线的用途和应用方面的技巧，将在《SketchUp 建模思路与技巧》一书中用几个应用实例来介绍。

请你亲自体会一下，特别是刚才讲的，没有实体属性的手绘线如何选择、如何炸开？恢复成普通曲线的方法很容易忘记。

3.8 偏移工具

本节介绍偏移工具。偏移工具的功能比较简单，如果能熟练掌握并灵活应用，可加快建模的速度。

偏移工具的功能只是偏移，它可以在一个指定平面上偏移出新的平面，也可以在已有线段组的基础上，偏移出新的线段组，这些偏移可以是粗略的，也可以是精确的。

偏移工具比较常用，所以有自己的默认快捷键，用字母 F。

1. 偏移面的边线

调用偏移工具，把工具靠近需要偏移的平面，这个平面被自动选中，在这个平面的边线上会吸附一个小红点（图 3.8.1（中）），这个小红点所在的位置就是当前偏移操作的起点，稍微移动一下光标，确认偏移的方向（图 3.8.1（中）），显示的是往圆形的外部偏移，可以看到一条新的边线，如果不需要精确的偏移，觉得差不多了就可以松开鼠标，偏移出了一个新的平面（图 3.8.1（右））。如果需要精确的偏移，在移动光标并确认偏移方向后，输入偏移的距离后按回车键即可。

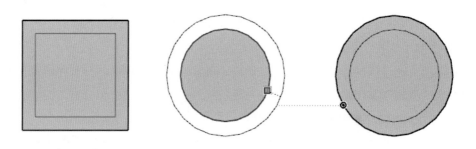

图 3.8.1　自由与精确偏移

2. 偏移工具的记忆功能

偏移工具与 SketchUp 里的很多工具一样，也有记忆功能。只要成功完成了第一次偏移，无论是随意的偏移还是有精确尺寸的偏移，工具就记住了偏移的方向和偏移量。想要做同样的偏移只要把工具靠近对象,待自动选中边线后双击即可。

图 3.8.2 的上部是 3 个原始平面,下部是偏移后的情况,3 个图形共做了 6 次偏移,只有在第一次指定了偏移的方向(朝外)和偏移量(200mm),其余的 5 次偏移只要把工具移到待偏移的边线上,鼠标双击就完成了一次定向、定量的偏移。

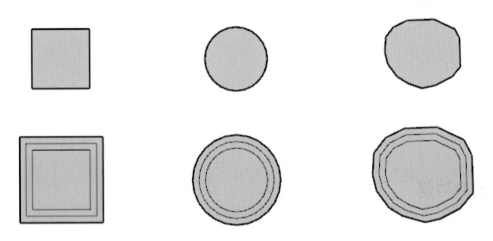

图 3.8.2　偏移工具的记忆功能

3. 线段的偏移

偏移工具可以对已经成面对象做偏移(图 3.8.1 和图 3.8.2),还可以对各种线段进行偏移。

图 3.8.3 上部有一些线段,包括圆弧、组合的直线段和徒手线,都可以用偏移工具偏移出新的线段(图 3.8.3 下部)。

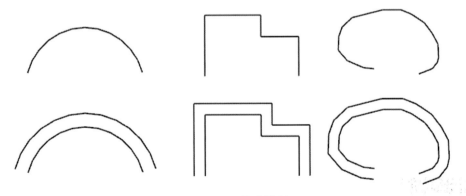

图 3.8.3　偏移线段

好了,用好了偏移工具,是不是很省事?去动手试试吧!

3.9 删除工具

下面介绍删除工具，有时也可以把它形象地称为橡皮擦工具。

虽然删除工具也在第 3 章，但它并不能绘制图形，它只能用来修改已有的图形，并且二维、三维对象通用。

删除工具（橡皮擦工具）是 SketchUp 最常用的工具之一，它至少有 4 个不同的功能，所以它也是一个多用途的工具。如果不能非常熟练地掌握它的使用技巧，将会严重影响建模的速度。因为它是常用工具，所以拥有自己的默认快捷键，即字母 E。

1．删除功能

删除工具虽然拥有 4 个不同的功能，但是它最基本的功能还是删除。删除工具可以直接删除绘图窗口中的边线、辅助线以及群组和组件。

注意，删除工具不能删除平面。想要删除模型中的平面，必须用选择工具选择好平面后，再用 Delete 键删除。

删除工具的基本应用要领如下。

单击删除工具，或者按快捷键 E，然后把工具移动到需要删除的几何体上，单击。如果有大量需要删除的对象，也可以按住鼠标不放，然后在那些要删除的物体上拖过，被选中的物体会亮显，松开鼠标就可以全部删除。

如果你偶然选中了不想删除的几何体，可以在删除之前按 Esc 键取消这次删除操作。如果鼠标移动过快，可能会漏掉一些线，把鼠标移动得慢一点，重复拖曳的操作，就像真的用橡皮擦那样。

要删除大量的线，更快的做法是：先用选择工具进行选择，然后按键盘上的 Delete 键删除。用删除工具删除群组或组件，只要把工具移动到想要删除的对象上，单击即可删除。删除辅助线与删除其他线条一样，可以单次单击，也可以用拖曳的办法。

2．隐藏功能

删除工具的第二个功能是隐藏边线，操作要领如下。

在使用删除工具时，按住 Shift 键，就不再是删除几何体，而是隐藏边线。

已经被隐藏的边线，还可以恢复显示，方法如下：

在"编辑"菜单里找到"取消隐藏"命令，然后你自己决定是取消最后隐藏的那部分，还是把所有的隐藏都恢复显示。

3. 柔化功能

删除工具的第三个功能是柔化边线，操作要领如下。

在使用删除工具时，按住 Ctrl 键，这样就不是在删除几何体，而是在柔化边线。

所谓柔化边线是在隐藏边线的同时，还自动对几何体进行平滑处理，从而可以让表面均匀地过渡渐变。使有折线、折面的模型看起来显得圆润光滑；柔化的边线虽然被隐藏，但还在模型中，必要时还可以全部或者局部恢复显示。

4. 恢复功能

删除工具的第四个功能，就是恢复已经柔化的边线，操作要领如下。

在使用删除工具的同时，按住 Ctrl 键和 Shift 键，就可以取消边线的柔化。

注意，这个方法对于隐藏的边线无效。

5. 隐藏边线与柔化边线的区别

（1）隐藏边线，通常是为建模过程中的临时需要，可以随时恢复显示。

（2）柔化边线，是为了美化模型，虽然可以恢复，但通常是不打算恢复的。

（3）隐藏边线和柔化边线是有明显区别的，隐藏的对象，仅仅是没有了边线，曲折的表面依然看得出来（图3.9.1（中））；柔化的对象，有均匀的过渡渐变，显得圆润光滑（图3.9.1（右））。

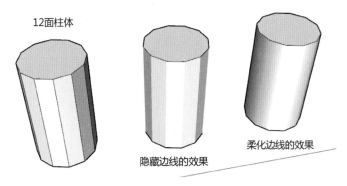

图 3.9.1　隐藏与柔化的边线

最后提示一下，用 SketchUp 建模，有一个很方便的特点，就是可以随时随地利用周围的参考点来定位或产生需要的点，如果早早地就把模型做了柔化，失去了本可以利用的这些参考点，后续建模时，可能会不太方便。

总结一下删除工具 4 种用法的使用要领。

（1）删除，用工具单击对象或用工具拖曳释放的办法。

（2）隐藏，用工具的同时，按住 Shift 键。

（3）柔化，用工具的同时，按住 Ctrl 键。

（4）取消柔化，用工具的同时，按住 Shift 和 Ctrl 两个键。

（5）删除工具不能删除面，想要删除面必须预选后按 Delete 键。

（6）删除大量废线、废面也可以预选后按 Delete 键。

扫码下载本章教学视频及附件

第 4 章

造型工具

本章主要介绍 6 种工具，其中有 3 种能把二维图形变成三维立体，它们是推拉工具、路径跟随、沙箱工具。还有两种能够用原有的几何体生成新的几何体，它们是模型交错（无工具图标）和实体（布尔）工具。还有一种三维文字工具，不需要平面就可以生成立体的对象。这些工具因为有"造型"的功能，所以都是"造型工具"。

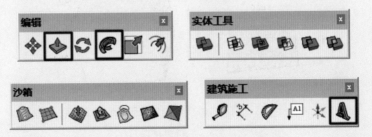

4.1 推拉工具

推拉工具是一种可以把平面变成立体的造型工具。推拉工具可以用来产生体积、增加体积，也可以减少对象的体积，还可以用来在对象上挖出孔洞、槽口和复制平面。

推拉工具是常用工具，所以有默认的键盘快捷键字母，即 P。

1. 推拉工具基础用法

推拉工具最基础的用法如下。

（1）调用推拉工具，把工具靠近需要操作的平面，这个平面通常都会被自动选中。

（2）按下鼠标左键，向平面的垂直方向移动光标，就可以看到平面变成了立体。

（3）如果想要创建一个 1m 长、1m 宽、1m 高的立方体，可以先用矩形工具画一个 1m 见方的矩形（图 4.1.1（左）），再用推拉工具把这个矩形拉出 1m 的高度（图 4.1.1（右））。要获得准确的推拉尺寸，可以在看到平面已经变成立体后，输入高度数据 1000，按回车键，这个立方体就创建完成了（图 4.1.1 右下角）。

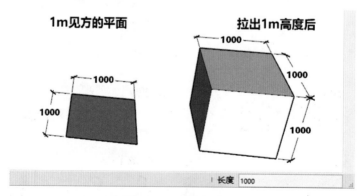

图 4.1.1 精确地推拉

如果临时改变主意，立方体只想要 500 mm 高了，也是允许的，可以接着输入 500，按回车键。

如果还不满意，可以接连输入其他数据，一直到满意为止。

用不断输入新的数据逐步逼近想要的结果，这一功能给设计师推敲方案提供了莫大的方便。顺便说一下，SketchUp 中的很多工具都可以用不断输入新数据逐步逼近理想状态的功能，它们是直线工具、矩形工具、画圆工具、多边形工具、偏移工具、推拉工具、卷尺工具、量角器工具、移动工具、缩放工具等，这种功能在推敲方案时可以充分利用。

2．推拉工具的记忆功能（重复推拉）

建模实践中经常会碰到，有很多平面需要做同样的推拉操作。

例如，要把一批布置好的圆形做成同样的柱子，高度是4m（图4.1.2）。

有以下两种方法可以免除频繁地输入尺寸。

第一种方法：用上面介绍过的方法，只要拉出一点后，输入4000，再按回车键就可以了。推拉工具有记忆功能，这时它已经记住了这一次推拉操作的方向和数据，再次操作时，只要在新的平面上用鼠标双击就可以了（图4.1.2）。

第二种方法：创建好第一根柱子，4m高。要拉出其余柱子的高度，在新的平面上单击，再把工具移动到已知高度的柱子端部，见到有绿色参考点出现时，再次单击确认即可，非常方便。

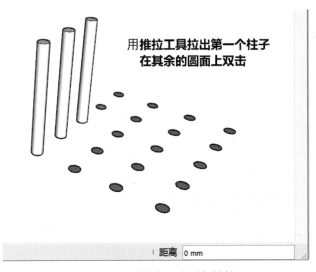

图4.1.2　对齐与双击重复推拉

3．用推拉工具挖洞

在建模过程中，时常需要为安置门和窗在墙上挖洞，这个工作也可以由推拉工具来完成。

（1）现在来创建一堵墙，用推拉工具拉出它的厚度，250mm。

（2）画出窗户的轮廓线，再复制出一些同样的窗户（图4.1.3）。

（3）现在把这些窗户所在的位置挖出窗洞，调用推拉工具。

（4）移动到某个窗洞的位置，按下鼠标左键，往里推进去一点；输入250，然后按回车键。一个窗洞就完成了，再把推拉工具移到另一些窗洞位置，双击鼠标左键，墙洞就形成了。

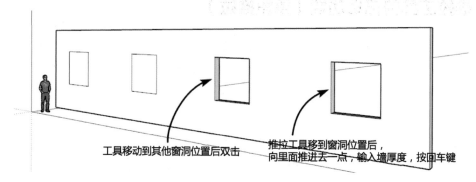

图 4.1.3　用推拉工具挖洞

4. 反方向操作挖洞

有时候，往里面推进去有困难，也可以拉出来，输入数据时，前面加一个负号，可以得到同样的结果（图4.1.4）。

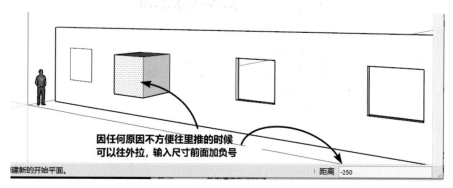

图 4.1.4　反向推拉

5. 对齐已知的特征点挖洞

刚才用推拉工具开墙洞的条件是已经知道了墙的厚度，如果事先并不知道墙的厚度，可以用以下方法来操作。

把推拉工具靠近对象位置，对象被自动选中；按下鼠标左键，不要松开，把光标移动到能够代表厚度的任何一点，再松开鼠标，墙洞照样可以完成。

6. 复制推拉

推拉工具还有复制平面的功能，现在来创建三个几何体，如图 4.1.5 所示。

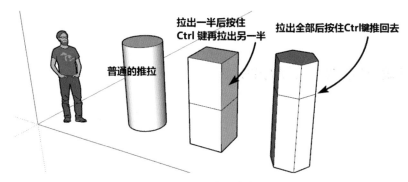

图 4.1.5　复制推拉

用推拉工具可以改变它的体积，这些我们都已经知道了，如果在运用推拉工具时，按住 Ctrl 键，推拉工具上就多了个加号，这个加号提示你现在的推拉工具还有复制的功能，再次移动推拉工具，它的表现就与原来不同了。

按住 Ctrl 键以后再移动推拉工具，相当于把选中的面复制了一个副本到新的位置，复制过程中也可以用键盘输入尺寸，得到精确的副本。这个功能在建模时也很有用。

好了，上面讨论了推拉工具的使用要领，使用推拉工具可以增加或者减少对象的体量，还可以减去对象的体量，说得通俗点就是还能挖洞；用推拉工具在做推拉操作的同时还可以复制平面。

在 SketchUp 里造型有三大宝贝，推拉工具是其中的一个，其余两个是路径跟随和模型交错。下面两节就要介绍另外两个宝贝了，用活了这三件宝贝，你的建模功夫至少可以上三个台阶。

4.2　路径跟随工具

路径跟随工具是 SketchUp 的重要造型工具。

不同于绘图工具，造型工具可以把平面变成立体，甚至可以无中生有，还能用来修改立体的形状。

SketchUp 里面的路径跟随工具、推拉工具和实体工具等都是造型用的工具；还有一个模型交错，它是一个菜单命令，没有工具图标，但它也是一个重要的造型手段，这些工具都很重要，需要熟练掌握。

"路径跟随"其实是一个动词，这 4 个字放在"工具"之前，就组合成了名词，说的是一种工具，所以为了避免混淆，当"路径跟随"是动词时，也可以沿用其他软件里的术语称之为"放样"。路径跟随工具的应用方法非常灵活，需要设计师充分发挥想象力。

1．完成"路径跟随"的必要条件

完成一次"路径跟随（放样）"的必要条件有两个，见图 4.2.1。

（1）要有一条连续的放样路径，放样路径可以是单条曲线或直线，也可以是曲线与曲线、曲线与直线的组合，唯一的要求是必须要首尾相接的连续线。

（2）要有一个垂直于放样路径的"放样截面"，放样截面可以是简单或复杂的几何图形，唯一的要求是要与放样路径垂直。如果放样截面与放样路径不垂直，仍然可以完成放样，但放样结果将会变形。

除了以上两个必要条件外还有一个注意点，就是要注意放样截面与放样路径的相对位置，例如一个圆的放样截面与放样路径就有无数种不同的位置组合，通常要把放样截面的圆心对齐放样路径的端部，其他形状的放样截面也有同样的问题需要注意。

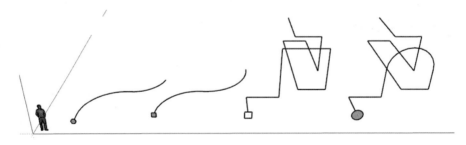

图 4.2.1　路径跟随的两个条件

2．沿路径手动放样

SketchUp 的"默认面板"上有一个"工具向导"，单击路径跟随工具后会播放一个小动画展示其使用方法，如图 4.2.2 所示。这种方法可以称为"沿路径手动放样"。

调用路径跟随工具，把工具靠近放样截面，这个平面被自动选中。按住鼠标左键，工具顺着放样路径慢慢移动，在移动的过程中，如果看到路径变成红色就说明当前的路径可用，工具顺着红色的路径移动到头，放样就完成了。

试过这样放样的人都知道，用小动画里的方法做路径跟随不是很方便、可靠，适用范围仅限制在图 4.2.2 所示的理想状态，而实际操作中经常会失败。

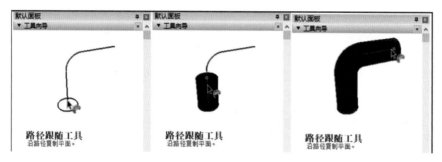

图 4.2.2　小动画的手动放样

提到这个工具向导里的小动画，还有个笑话：有不少无师自通的 SketchUp 老用户告诉我，他们基本都是看着这些小动画学的 SketchUp，平时使用 SketchUp 的技巧也就局限于这些小动画所教会他们的这些；自从看过作者发布在互联网上的视频教程，特别是关于路径跟随的一些教程后，他们用"恍然大悟"来形容。原来这么多年，他们在 SketchUp 里的操作居然一直是错的，错的源头就是这些工具向导里的小动画，还有一位玩 SketchUp 七八年的老用户笑说这些小视频"罪恶滔天"，害他走了这么多年的弯路……

下面要介绍的 3 种方法就是让他们"恍然大悟"的放样方法。

3.　沿路径自动放样

仍然对这些对象来做放样操作，本书方法如下。

（1）选择好全部放样路径，如果放样路径是由很多线段组成的，它们必须是首尾相连的连续线。

（2）调用路径跟随工具，把工具移动到放样截面上单击，放样就完成了（图 4.2.3）。

这种方法是不是要比小动画里的办法更快、更好一些呢？

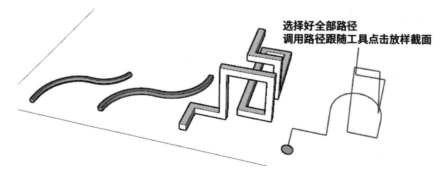

图 4.2.3　沿路径自动放样（路径放样）

4. 旋转放样与循边放样

（1）旋转放样同样需要放样路径和放样截面，图 4.2.4 左侧的 4 个图是做旋转放样的准备工作。

（2）在垂直面上画出放样的截面并截取一半（不截取也可以）。

（3）沿中心线往下，在水平面上画出旋转放样的形状，要与放样截面相同或小一些。

（4）选择下部的面（所有边线默认为放样路径），调用路径跟随工具，单击放样截面即成。

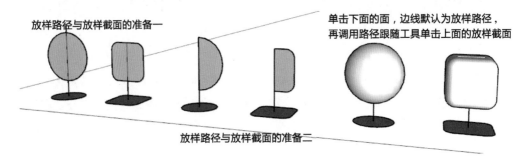

图 4.2.4　旋转放样

图 4.2.5 左边 4 个图是另一些准备好要做旋转放样的对象；图 4.2.5 右边 4 个图是准备做循边放样的对象。

循边放样的方法：单击"循边"的平面，调用路径跟随工具，单击放样截面。

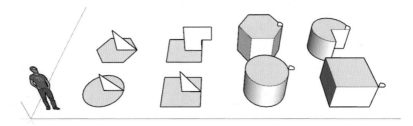

图 4.2.5　旋转放样与循边放样准备

图 4.2.6 是旋转放样与循边放样的成品，注意其区别。

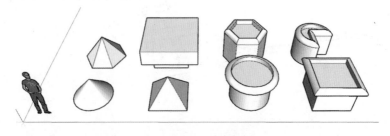

图 4.2.6　旋转放样与循边放样的结果

5. Alt 键配合放样

在"默认面板"的工具向导小动画下面，对于路径跟随工具介绍了一个功能键：Alt = 将平面周长作为路径。

这句话实在是含含糊糊，很少有人一下子就能看得懂，经过多次摸索，终于搞懂了，请看图 4.2.7。

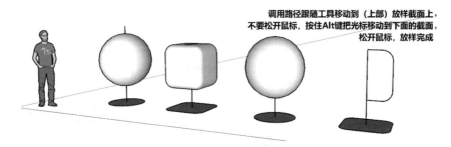

图 4.2.7　Alt 键配合放样的结果

放样截面（垂直面）和放样路径（水平面）的准备工作如前。

调用路径跟随工具，把工具移动到垂直的放样截面上，按住 Alt 键，把放样工具移动到水平的平面上，松开鼠标，放样成功。

用这个办法做放样操作，比第一种方法快了不少，但需要有点技巧，要练习一下。

6. 旋转放样的扩展应用

下面来看各种各样的形状。虽然形状不同，来源都一样，它们全都是来源于路径跟随工具的旋转放样用法。

图 4.2.8 中上排垂直面上的就是准备好的放样截面，躺在地面上的这些就是用作放样路径用的面，有圆形的、矩形的，还有梅花形的，放样路径的形状与放样截面一起，决定了放样后的形状。

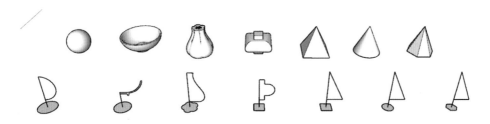

图 4.2.8　旋转放样示例

操作方法：选中水平的面（默认的边线为路径），调用路径跟随工具，单击垂直的面（放样截面）即成。

7. 特殊情况下的放样

有一些特殊的情况，如图 4.2.9 右侧所示，要在某些结构的凹入部分做出线脚形状；可以在图 4.2.9（中）的位置画出放样截面（如位置受限，也可以在其他地方画好后移动过来），然后要做的仍然是预选作为放样路径的平面，调用路径跟随工具，单击放样截面即可。

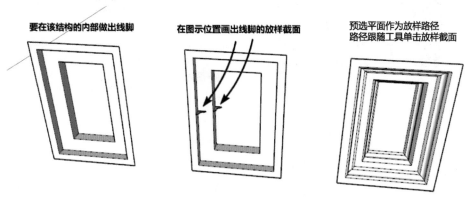

要在该结构的内部做出线脚　　在图示位置画出线脚的放样截面　　预选平面作为放样路径
路径跟随工具单击放样截面

图 4.2.9　特殊的循边放样示例

8. 路径跟随的局限性

最后还要提醒一下，虽然路径跟随工具功能强大，但还是有它的局限性。

图 4.2.10 是一些相同的螺旋线，螺旋线的端部有一些不同的放样截面，一个圆形、一个缺角矩形、一个矩形。

现在来做放样操作，先选择好放样路径，再调用路径跟随工具，单击放样截面。

圆形放样截面得到的结果与所预料是一样的，即一个弹簧。

另外两个惨不忍睹，螺旋线是一样的，就因为放样截面换成了矩形和缺了一个角的矩形，你想到会有这么大的区别吗？ 这个结果显然不是想要的，放样的截面扭转了差不多 180°，这就是路径跟随工具先天的缺陷。想要解决这个问题也不难，在系列教程的插件应用专题里，将会介绍几个插件和解决办法（图 4.2.11）。

好了，本节学习了 SketchUp 的路径跟随工具应用要领，包括"沿路径手动放样""沿路径自动放样""旋转放样""循边放样""Alt 键配合放样"及其扩展应用，还有路径跟随工具的局限性。

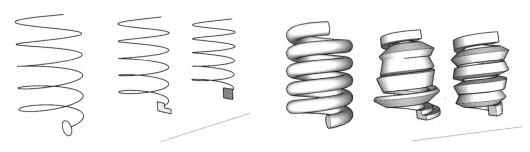

图 4.2.10　路径跟随准备　　　　　　　　图 4.2.11　路径跟随缺陷

　　路径跟随工具和它的活用，是学习 SketchUp 建模非常重要的内容，一定要动手练习一下，本节附件里有练习用的模型。

4.3　模型交错功能

　　为什么说模型交错的"功能"，而不是模型交错的"工具"？

　　因为 SketchUp 的模型交错没有工具图标，只有在条件符合时才允许做这个操作，所以只能说它是 SketchUp 里的一项功能。

　　虽然模型交错没有工具图标，但丝毫不影响它成为 SketchUp 建模过程中的一个重要造型手段。为说明这个功能，还需要提到另外一个老牌三维建模软件 3ds Max。

　　在 3ds Max 中有一个重要的造型手段，叫作布尔。

　　什么是布尔？它是一种逻辑运算方式的名称。

　　这是数学的一个分支——逻辑代数，也叫作布尔代数，由英国数学家乔治·布尔于 1849 年创立。在布尔代数中，所有可能出现的数字只有两个，即 0 和 1；基本的运算只有"与""或""非"3 种。我们使用的计算机里面，此时正不断飞快地进行着这样的运算。

　　3ds Max 里面的布尔工具所进行的操作和操作结果，与布尔运算有相似之处，所以借用了这个名词。3ds Max 的布尔工具可以把两个或更多的三维实体，通过布尔运算的并集、交集和差集，生成新的实体，这些并集、交集和差集正是布尔代数里面的与、或、非。

　　从 SketchUp 8.0 版开始，就拥有了与 3ds Max 功能相同的布尔工具，在 SketchUp 中，称为实体工具，要在 4.4 节里详细讨论。

　　模型交错功能是 SketchUp 一直都有的造型工具；模型交错虽然没有 3ds Max 里面的布尔工具强大，但也可以实现相似的功能，并且比 3ds Max 的布尔功能更直观。

　　SketchUp 8.0 以后的版本虽然都有了专门进行布尔操作用的实体工具，但因为实体工具对几何体的要求太高、操作不太直观而少有人用。所以，直到现在，模型交错仍然是 SketchUp

一个非常高效、实用、直观的造型工具。

正如你所知道的，在 SketchUp 中，绘图和造型工具都很简单，只使用不多的绘图工具和造型工具，能够创建的模型形状非常有限，而如果善于用模型交错功能，就可以创造出更多复杂的几何体。

1. 模型交错的基本概念

图 4.3.1 的左侧有两个不同的几何体，把它们移动重叠在一起后，二者相交的位置没有边线（图 4.3.1 左二），模型交错可以对重叠的不同几何体，在相交处创造出新的边线和面，用这种办法创造出新的几何体。二者相交处出现的边线，是模型交错已经成功的特征（图 4.3.1 左三）。

分解模型交错后的两个几何体，可见已经变成了 3 个新的几何体（图 4.3.1 右侧）。

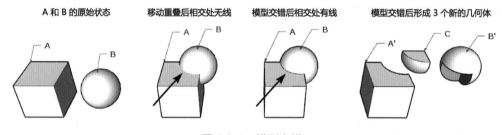

图 4.3.1 模型交错

2. 模型交错的注意事项

（1）如果参与模型交错的是群组或组件，必须先炸开（模型交错功能对群组与组件无效）。

（2）模型交错的操作：全选参与交错的几何体，单击右键，选择弹出菜单中的"模型交错"→"只对选择对象交错"命令，如图 4.3.2 所示，即可完成操作。

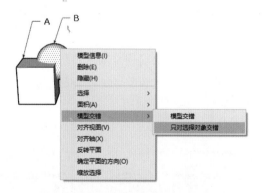

图 4.3.2 永远只选下面的那个命令

3. 对上面两点的补充说明

为什么要炸开后做模型交错？

因为只有把它们炸开后，才能完成后续的模型交错操作。这是 SketchUp 的模型交错功能提出的要求。

为什么要选择右键菜单里的"只对选择对象交错"命令？

作者要给你一个忠告：请你永远选择下面的这个"只对选择对象交错"命令，永远不要选择上面那个"模型交错"命令。因为上面的那个命令是对 SketchUp 里所有的实体做模型交错。而事实上，几乎永远不需要对模型中的所有实体都来一次模型交错；如果选择了第一个命令，就会对模型中并不需要交错的部分也进行了交错操作，造成的结果，当时可能难以发现，但到了某个特定时刻，麻烦就来了，还有可能是灾难性的。

另外，如果当前的模型很大，你又选择了对模型里所有实体做模型交错，这样就需要消耗大量 SketchUp 和计算机硬件资源，会造成死机或者 SketchUp 崩溃退出，可能造成损失。

所以，要再重复一遍忠告："任何时候、任何情况下，都不要选择上面的命令，试图对模型里所有的实体进行交错。"

4. 模型交错与布尔运算

模型交错功能，除了在右键菜单里可以找到外，在"编辑"菜单里也有，条件不符合时，它呈灰色的不可用状态，一旦条件满足，它就变成可使用的状态了，使用方法是一样的。

图 4.3.3 是重复上面的操作，让我们好好看看得到了些什么。

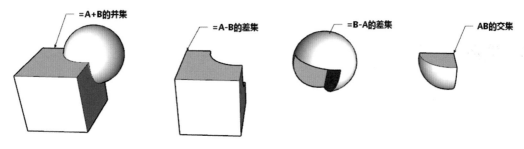

图 4.3.3　模型交错的 4 种结果

现在得到了 4 种不同的组合，如果把立方体看成实体 A，球体看成实体 B，那么，左边第一个是 A 和 B 并在一起的，相当于布尔运算的并集。

第二个是从实体 A 减去实体 B 的差；右侧的那个则相反，是从实体 B 减去实体 A 的差。它们两个相当于布尔运算的差集。最后这个，是实体 A 和实体 B 重叠相交的部分，所以是布尔运算的交集。

关于这方面的问题，在下面实体工具一节还有详细的讨论。

最后，我们来小结一下。

（1）善用模型交错来配合建模，可创建用其他方法不能完成的复杂几何体。

（2）参与模型交错的所有实体都不能是群组或组件，如果是，则需要炸开后交错。

（3）对群组和组件做模型交错，可以在被动一方上产生相交线。

（4）任何情况下都选择"只对选择对象交错"命令，千万不要试图对整个模型做交错。

至于模型交错在建模中的应用实例，会在 SketchUp（中国）授权培训中心组织编写的《SketchUp 建模思路与技巧》中结合大量实例展开讨论和演示。

4.4 实体（布尔）工具

本节来讨论 SketchUp 的实体工具。

"实体工具"工具条上共有 6 个不同的工具，各版本的 SketchUp 对它们的命名有点不同，在最新的 SketchUp 2021 里，它们的名称分别是实体外壳、相交、联合、减去、剪辑和拆分。

SketchUp 实体工具中的部分功能，有点像 3ds Max 里的布尔运算，在实体工具出现以前，SketchUp 的这些功能是通过 4.3 节里介绍的模型交错功能来直接或间接实现的。

3ds Max 的布尔运算项目有 4 个，即并集、交集、差集和合集。SketchUp 实体工具的相交、联合、减去、剪辑和拆分与它们有相同或类似的功能。

1. 实体

先来了解一下什么是"实体"。根据 SketchUp 官方网站上的定义："实体是任何具有有限封闭体积的三维模型（组件或组），SketchUp 实体不能有任何裂缝（平面缺失或平面间存在缝隙）。"

有点拗口吧？下面还是来看一些实际的例子以加深理解。

图 4.4.1 里有 4 个立方体和 3 个球体，这 7 个几何体都已经创建成了群组。

现在，打开"图元信息"面板。

单击第一个立方体，可以看到，它的身份是"实体组"，在"图元信息"面板中还能看到它的体积。

单击同样的第二个立方体，它的身份是"组"，实体信息里没有出现体积的数据。

单击第三个和第四个立方体，也是"组"，也看不到体积是多大。

再来单击第一个球体，它是"实体组"，可以看到它的体积。

单击第二个和第三个球体，都是"组"，体积数据也不出现了。

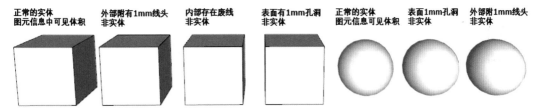

图 4.4.1　看起来一样的几何体

为什么看起来完全一样的几何体，在实体信息里却有这么大的区别？

图 4.4.1 上的文字已经揭开了这个谜团，例如，第二个立方体要放大很多倍以后才能发现有一段非常小的线头，是因为太小而没有清除的废线，尽管它只有 1mm 长，但已不被认可是实体了，只要删除这一小段线，它在图元信息里就被确认为是实体。

第三个立方体的问题在立方体内部有一条废线，只有在 X 光模式下才能看到。可以在"线框模式"下删除立方体内部的线，同样可以成为实体。

再看第四个立方体，即便打开了 X 光模式，也看不出有什么问题，放大很多倍以后，发现在角落里有一个 1mm 大的小洞，补起来后它也是实体。

第一个球体，能在"实体信息"里看到它的体积，所以它是实体。

现在再看第二个球体，找它的毛病也不容易，放大很多倍以后发现有一点点破面，小于 1mm。补起来后它就是实体。

第三个球体的毛病是仅仅多了一点点小线头，只有 1mm 长。

以上 7 个几何体文件保存在本节课的附件里，你可以亲自体会一下。

通过以上试验，可以得出以下一些结论。

（1）只有在"图元信息"面板里被认可为实体组，并且能够看到体积数据的几何体才是实体，它应该是封闭的空间。

（2）就算是密闭的几何体，无论在几何体外还是几何体内，有废线没有清理干净，它就不是实体，哪怕只有 1mm。

（3）任何破面的几何体，哪怕只破了针眼那么一点点，只要漏气，它就不是实体。

SketchUp 的实体工具如此挑剔，好像很难对付，其实也不用怕它。在建模的过程中一定要认真严谨，该清理的就要及时清理，该修复的就要及时修复，建模时，一定不要拖泥带水、邋里邋遢、马马虎虎养成坏习惯。

此外，在 SketchUp（中国）授权培训中心组织编写的《SketchUp 建模思路与技巧》中会结合大量实例介绍一些对付它的方法。

2. 外壳工具

明白了什么是实体后，开始介绍这组工具条中的第一个工具——外壳工具。

图 4.4.2 的左侧是新创建的立方体（中间挖空 X 光显示），并且分别创建了群组。因为它们不漏气、不漏水，也没有多余的短线头等垃圾，所以是实体，选中它们后，在实体信息里可以看到它们的体积（这很重要）。现在复制、移动这两个实体到重叠的位置，全选后图元信息显示"两个实体"（图 4.4.2（左二））。

复制一些到旁边留作对比，现在，同时选择第二组的两个工具，单击外壳工具后可以看到它的外形发生了变化，打开 X 光模式，内部也有了变化（图 4.4.2（左三）），几何体重叠的部分被删除了。

再来把这些几何体堆起来（图 4.4.2 的右侧），全部选中后，单击外壳工具，它被加工过后打开 X 光模式，可以看到中间重叠的部分已经被删除并且合并在一起。

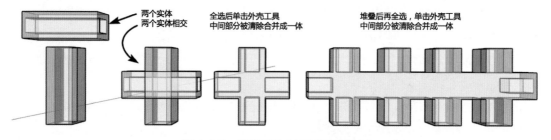

图 4.4.2　外壳工具（X 光显示模式）

经过前面的试验可以看出，外壳工具用于删除清理组或组件内部交叠部位的线、面，只保留所有的外表面。可以利用它来清理模型，提高模型的性能。外壳工具可以对两个或多个实体进行外壳操作，如图 4.4.2 所示。外壳操作也称为加壳。

3. 实体的身份与命名

成功进行外壳操作后的几何体，在"图元信息"面板上的正式身份是"实体组"，以区别于普通的"组"。

成功进行外壳操作后的几何体，其临时名称是"实体外壳"（图4.4.3）。

请注意一个细节，在使用外壳工具之前，先选中这些几何体，虽然它是实体，但它们是没有名字的，执行完外壳操作以后，它们有了名字，在"图元信息"面板里它叫作"实体外壳"（图4.4.3）。也可以在这里给它重新命名，就像为新生儿申报户籍，千万不要偷懒。

对每个实体起个有实际意义又不重复的名字还有更加重要的作用，往近处说，这么做本来就是个好习惯，方便你管理自己的模型，提高建模水平，还方便团队合作。往远处说，BIM和Trimble Connect方面的应用，非但必须有名字，还要指定其IFC类型。

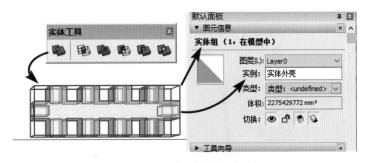

图 4.4.3　实体的默认名称

4. 试验标本的准备

下面介绍另外几个工具。为了试验，先来创建一个几何体，再创建群组，如图4.4.4最左边所示。它符合实体的要求。

然后，复制出一个，旋转90度，移动到两个模型相接，其中有一部分是重叠的（如图4.4.4中间），打开X光模式可以看到重叠的部分（图4.4.4右侧）。

后面我们将要用这两个实体做一系列试验。

图 4.4.4　试验标本

5. 相交工具

调用相交工具，移动鼠标，可以看到光标旁边有个禁止通行的标志，说明没有选择到实体，移动到实体上时，光标旁边会有个数字，还有实体组的文字提示，说明已经选择到实体。光标移动到被破坏的实体时会提示"不是实体"。

用相交工具单击图 4.4.5 所示的一个实体，再单击另一个实体，虽然变化得很快，看不到过程，但结果是明确的，只有两个实体相交，也就是相重叠的部分被保留下来了，其余的部分不翼而飞，这就是相交工具的功劳。相交工具相当于 3ds Max 里的交集运算。

图 4.4.5　相交的结果

按 Ctrl + Z 组合键退回到开始的状态，现在预选这两个实体，再单击相交工具，结果与分别单击一样，这是相交工具的另一种用法。

小结：当两个实体交叠时，相交工具只保留交叠部分，其余的部分被删除。

相交操作如下：

（1）调用相交工具分别单击重叠在一起的实体。

（2）或者预选所有参与相交的实体后单击相交工具。

（3）如果两个实体没有重叠的部分，执行相交功能以后的结果是二者全部被删除。

6. 联合（并集）工具

联合工具在以前的版本中曾经是并集工具，它的功能相当于 3ds Max 里的并集运算，听名称就猜得出来，它是把两个实体合并在一起。

调用并集工具，在第一个实体上单击，再到第二个实体上单击，从外部看，两个实体合并在了一起（图 4.4.6（右））。打开 X 光模式可以看到内部重叠的部分被删除。

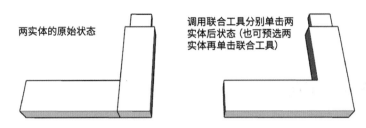

图 4.4.6　联合的结果

也可以预选好所有参加合并的实体，再单击联合工具，结果是一样的。

7.　减去工具

图 4.4.7（左）是两组相同的实体，调用减去工具，先单击左边的 A，光标上显示 1，再单击右边的 B，光标上显示 2，得到的结果如图 4.4.7(右)所示，两个实体重叠的部分被去除了。注意，留下的是实体 2，已经被实体 1 的形状所改变了。实体 1 在执行完减去操作后被删除。

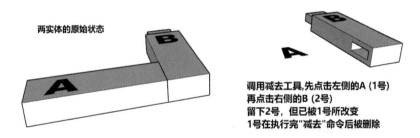

图 4.4.7　减去的结果

现在换一个单击的顺序。先单击右边的实体 B，它现在变成实体 1 了，再单击左边的实体 A，它现在是实体 2，看起来结果与前面这个试验完全不同。其实，结果还是一样的，留下的仍然是实体 2，留下的部分被实体 1 所改变（图 4.4.8）。

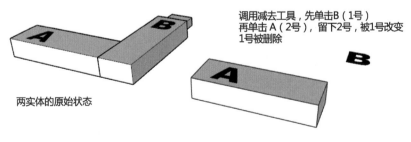

图 4.4.8　不同的结果

小结：减去工具将一个组或组件的几何体与另一个组或组件的几何体合并，然后从结果中删除第一个组或组件，所以要注意选择的顺序。

8. 剪辑（修剪）工具

调用修剪工具，单击左边的实体 A，它是第一个实体，再单击右边的第二个实体 B，从外部看不出什么变化，把它们分开一点，第一个实体 A 没有变化，第二个实体 B 按交叠处的形状被修剪出了一个孔，两个实体仍然保留。这个功能用来做家具的榫卯结构太美妙了（图 4.4.9）。

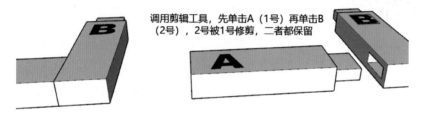

图 4.4.9 修剪的结果

现在，换一个顺序操作，先单击右边的实体，再单击左边的实体，移开看一下，中间相重叠的部分没有了（图 4.4.10）。修剪工具类似于前一个去除工具，区别是参与修剪的两个实体都保留下来了。

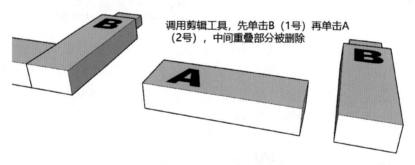

图 4.4.10 相反的结果

小结：修剪是把一个组或组件的交叠几何图形与另一个组或组件的几何图形进行合并。与去除功能不同的是，第一个组或组件会保留在修剪的结果中。只能对两个交叠的组或组件执行修剪。所产生的修剪结果还要取决于组或组件的选择顺序。

9. 拆分工具

需要用另一个小模型来做试验：建立一个圆柱体创建群组，旋转复制出另一个。

调用缩放工具，按住 Ctrl 键做中心缩放，缩小其中的一个（图 4.4.11（左））。

全选后单击拆分工具，结果有点像模型交错工具，相交的面上多了些边线（图4.4.11（中间））。

用移动工具把它们分开，可以看到两个实体做拆分操作以后变成了 3 个，其中两个的名称是 Difference 1 和 Difference 2，Difference 是差分的意思，也就是相减后的差，中间的这个名称是相交，也就是两个实体的重叠部分。

拆分工具是把交叠的几何体拆分成相减后的差和重叠的部分。

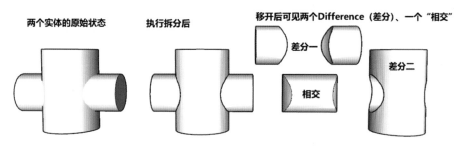

图 4.4.11　拆分的结果

实体工具的概念有点儿抽象，区别不明显，还有点儿绕人，很容易弄错，现在归纳一下。

实体，不同于群组和组件，今后 SketchUp 的发展可能会建立在以实体为基础之上，所以，要对它有所了解。简单地说，实体是一个不漏气的几何体，也不能有多余的线面，创建实体需要有严谨的建模习惯，并且要创建成群组或组件。

（1）外壳工具把重叠在一起的几个实体去除重叠部分后生成一个外壳，可用来精简模型。

（2）当两个实体交叠时，相交工具只保留交叠部分，其余的部分被删除。

（3）联合工具把重叠的几何体合并在一起，删除重叠的部分。

（4）减去工具去除的是实体 1 和实体 2 重叠的部分，同时删除实体 1。

（5）剪辑工具是用实体 1 去修剪实体 2，两个实体都保留下来。

（6）拆分工具把重叠的两个几何体拆分成两个相减后的差，以及重叠部分。

最后，提醒一下，要掌握像实体工具这种比较绕人的概念和操作要领，要多动手练习，多体会才能加深记忆。

4.5 沙箱工具（一）

本节介绍"沙箱"工具条上的 5 个工具。

SketchUp 里的这套工具，功能非常强大，在 SketchUp 刚安装好时，如果看不到这个工具条，要到"视图"菜单的"工具栏"中去找"沙箱"；如果在这里也找不到，选择"窗口"菜单里的"扩展程序管理器"选项，在打开的对话框里找到沙盒工具并打开它，如图 4.5.1 所示。

这个工具的功能虽然强大，但它是以扩展程序（插件）的形式提供给用户的，所以我们可以在扩展程序管理器里找到它。它对大多数 SketchUp 用户来说不是常用工具，所以没有默认的快捷键。

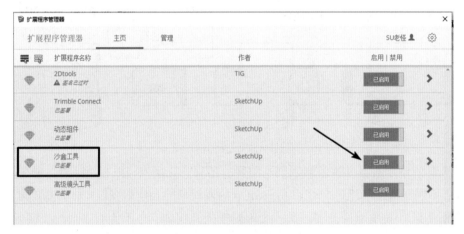

图 4.5.1　找到沙盒工具

沙箱工具，在以前的老版本中也叫作地形工具、沙盒工具；在这个教程里混合使用沙盒工具和地形工具这两种称呼。

地形工具的主要功能当然是用来处理与地形有关的操作，但也不全是，如果能把这组工具用活了，也可以组合出地形以外的大量曲面建模特技。

这组工具有造型的功能，所以把它归类到造型工具来介绍。

这个工具条共有 7 个工具，分别是"根据等高线创建""根据网格创建""曲面起伏""曲面平整""曲面投射""添加细部""对调角线"。其中，"曲面平整"和"曲面投射"两个工具将在 4.6 节中讨论。其余 5 个工具的使用方法请看以下的介绍。

本节的附件里有几个实例，如附件 01，著名的流水别墅模型里的小山坡，就是用地形工具制作的。还有附件 02，一个度假村模型里的山体，也是用地形工具制作的。

1. 根据等高线创建工具

工具条上的第一个工具就是"根据等高线创建"，创建什么，用等高线当然是创建地形。什么是等高线？在这节的附件03里有一个真实项目的等高线 dwg 图形,本是一个很大的工程,有山有水非常壮观。现在简单地复习一下等高线的知识。

把地面上海拔高度相同的点连成的闭合曲线垂直投影到一个标准面上，并按比例缩小画在图纸上，就得到等高线，如图 4.5.2 所示。

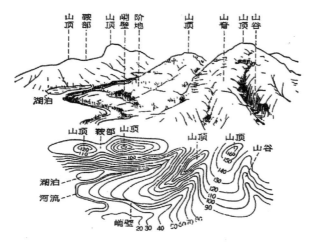

图 4.5.2　等高线与原理

通常，每条等高线都标有指定的高度，等高线上还有一些符号，指出地形变化的方向。地形图上的等高线，可以正确地表示地面上各点的海拔高度、坡度大小及地貌形态等地理要素。根据等高线可以计算地面坡度、估算水库库容、平整土地、设计道路及建筑等，有很高的实用价值。

本节附件 03 是一个真实的等高线项目，设计中的项目有山有水非常壮观。

本节附件 05 里还有一个等高线和用这个等高线创建的地形，如图 4.5.3 所示 。

下面介绍如何以等高线为基础来创建地形。

用等高线创建的地形模型通常是真实的，也比较精确，但必须事先获得等高线图形。

等高线图形可以由建设规划部门提供，也可以用全站仪等设备自行测绘获得。

为了节约时间，这里截取图 4.5.3 等高线右上角的一小部分，演示一下如何在 SketchUp 里用等高线生成模型。

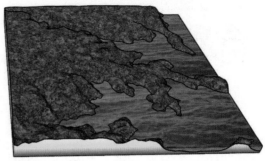

图 4.5.3　等高线与地形

在 SketchUp 里导入附件 06 里的等高线。注意在导入时选项里的单位设置。

图 4.5.4 左侧就是导入后的等高线，导入后，它是一个群组，双击进入群组编辑；如果对象的规模不大，也可以干脆炸开进行后续的操作。

假设最外面一条等高线的标高是 0.00m，也就是地面的高度；再假设相邻的每两条等高线的高度差是 10m。

因为第一条等高线是地面，不要管它。用连续单击鼠标左键 3 次的方法，全选第二条等高线，向上移动 10m，移动时可以用上、下箭头键锁定在蓝轴方向。

再选择第三条等高线，向上移动 20m，选择时，除了连续单击 3 次外，也可以按住 Ctrl 键做加选。再选择第四条等高线，向上移动 30m。其余的线条以此类推。

图 4.5.4 右侧是全部移动到位后的等高线。

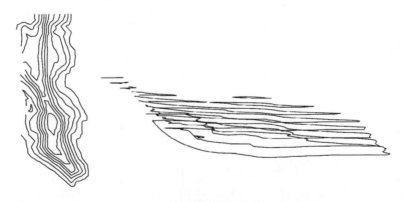

图 4.5.4　等高线与高程

接着就可以用等高线生成地形了，全选图 4.5.5（中）所有的等高线，单击地形工具的第一个工具，稍等片刻，地形就会生成。可以移出已经生成的地形，等高线依旧在原处，留给你进一步修改等高线的可能。图4.5.5左侧是处理前的等高线，图4.5.5中间是按高程移动后的等高线，图4.5.5右侧是生成的地形。

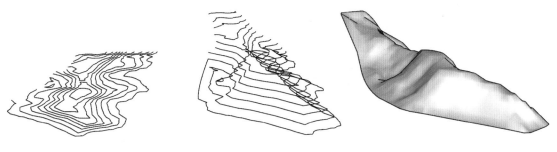

图4.5.5　生成等高线

2．根据网格创建工具

上面演示的是用等高线生成地形的方法。如果没有等高线，能不能做出地形呢？可以的，可以用网格的方法，人为地做出地形模型，当然，这样做出的地形一定不会是精确的。

第二个工具的名字叫"根据网格创建"，其实这个工具只能生成网格，并没有创建地形或沙盒的功能，所以应该改为"创建网格"。这个工具除了用于生成地形外，还有很多其他的用途。

单击这个工具后，注意右下角的数值框里显示了一个默认的数字：3000，这个数字代表的意义是，即将生成3m见方的网格；如果不想要默认的3m，例如，想要绘制5m见方的网格，可以立即输入新的网格间距，现在输入5000mm，按回车键。

工具移动到起点单击以后，移动鼠标，可以看到一条虚线，上面有些短线的标记，每个标记代表刚才输入的网格间距5m。

认好方向以后，再次单击，确认方向，接着输入网格在这个方向上的总尺寸，现在输入75m并按回车键以后，可以看到总长度为75m的一条虚线，每5m有一个标记。

再次移动鼠标，确定网格的另一个方向，键盘输入另一个总长度，现在输入150m，按回车键后就可以看到一个75m宽、150m长的网格已经生成（图4.5.6）。刚生成的网格是个群组，可以双击进入群组进行下一步操作，也可以干脆炸开后再操作。

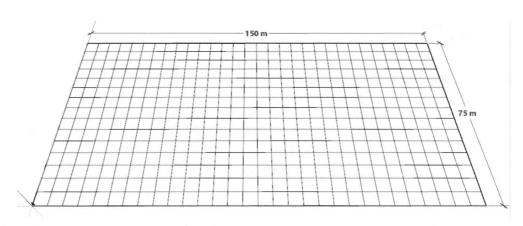

图 4.5.6　生成网格

3. 曲面起伏工具

单击该工具，移动到网格上以后，会出现一个红色的圆圈，这个圆圈代表了曲面起伏工具的作用范围，默认是半径 10m，可以输入新的尺寸，如 20m，按回车键后，可以看到红色圆圈的尺寸变化了，也就是这个工具的作用范围变成了半径 20m。

把这个红圈移动到目标位置，按下鼠标左键后，微微向上移动，可以看到网格开始变形，此时，也可以通过键盘输入偏移的距离。

在使用这个工具时应注意，当移动工具时，网格上会出现 3 种不同的选择，分别是拉伸边线、拉伸对角线、拉伸顶点，可以根据需要来选用。

你可以随心所欲地进行推拉，直到做出满意的地形为止。

除了做出山地外，也可以向下推，做出池塘、峡谷、河流等地形地貌（图 4.5.7）。

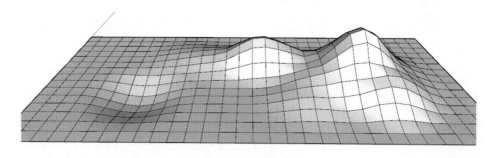

图 4.5.7　曲面起伏

4. 添加细部工具

如果需要在某个局部增加细节，可以在选择这个局部后，单击第6个工具添加细节，增加细节后，还可以进一步调整曲面推拉的范围，进行细节的操作（图4.5.8（左））。

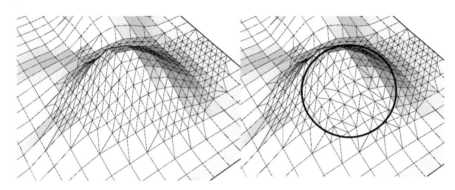

图4.5.8　添加细节

5. 对调角线工具

最后一个工具是用来转换三角形边线方向的，单击它以后，移动到对角线上，单击就可以改变三角形的方向，为做出更精细的模型创造了条件。

图4.5.8右侧圆形位置里的部分线条已经转换了方向（请与左侧对比），全部操作都满意后，全选并右键单击，选择弹出菜单中的"柔化"命令，地形完成（图4.5.9）。

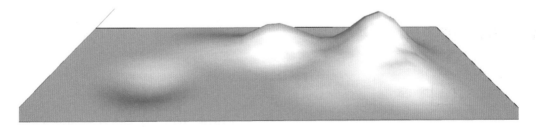

图4.5.9　地形模型

前面介绍了"沙箱"工具条上左边的 3 个工具和右边两个工具。

第一个工具可以用现有的等高线生成地形。

用另外 4 个工具可以凭空创建一个自己需要的地形或曲面。

这两种方法都不限于创建地形,在后面的篇幅中会看到一些灵活运用的实例。

本节附件里保存上面演示用的所有文件,课后请自行练习。

4.6　沙箱工具(二)

在 4.5 节里介绍了"沙箱"工具条上的 5 个工具。本节要介绍"沙箱"工具条上剩下的两个工具,即曲面平整和曲面投射。这两个工具同样神通广大,在建模时,如果能够灵活应用它们,将能够得到额外的惊喜。

图 4.6.1 左侧是一个随便创建的等高线,只用了圆弧工具和偏移工具,还用了移动工具把它们分别移动到不同的高度,算是已经处理好的,可以用它来生成地形。

正如 4.5 节介绍过的,只要全选所有等高线,单击根据等高线创建工具,一瞬间, 地形就生成了。为了看得更清楚些,可以先为它随便上点颜色(图 4.6.1(右))。

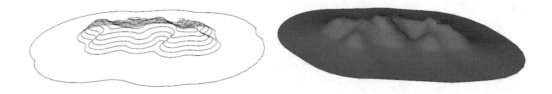

图 4.6.1　等高线与地形

如果图 4.6.1(右)最边缘处算是 0.00m 标高,最高处就是 24m 左右。

1.　曲面平整工具

现在想要在一个小山坡上平整出一片场地,东西方向 24m、南北方向 16m,先画一个 22m 长、14m 宽的矩形。为什么长度和宽度都要缩小两米,等一会你就知道了。

创建群组后移动到合适的位置，如果移动有困难，可以借助箭头键配合。注意，要把这个矩形往上移动到离开山体（图 4.6.2（左））。下面要开始平整土地了。

（1）选择该矩形，注意它必须是群组。

（2）单击工具条上的曲面平整工具；在矩形周围会出现一圈红线，这是预置的地基扩展范围。默认的地基扩展范围是四周向外扩展一米。现在你明白了吧，这就是刚才画矩形时特意在长度和宽度上都缩小两米的原因。

（3）单击下方的地形（若是群组不用炸开），可以看到，在地形上出现了一个与红线一样大的土墩，这就是要平整的地基范围，鼠标上下微微移动，一直到满意时，再次单击鼠标确认，地基就完成了，该挖的挖掉了，该填的也填平了，用 SketchUp 施工真的很爽（图 4.6.2（右））。

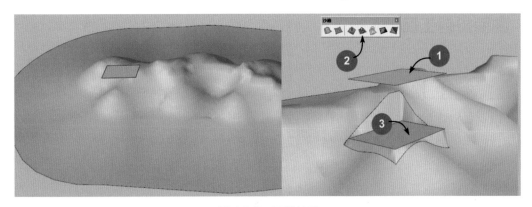

图 4.6.2　平整地基

下面要在山坡上布置一个亭子，大概在图 4.6.3（左）所示的位置，坐南朝北，冬暖夏凉，背后有靠山，视野又宽阔，从工程的角度考虑，首先想到的就是平整地基，该挖的挖，该填的填，用这个工具就可以轻易完成地基的平整。

先把预先做好的简单小亭子移动到位，然后再向上移动到腾空的状态（图 4.6.3（左））。

（1）选择好亭子。

（2）再单击曲面平整工具，在亭子的周围会出现一圈红线，刚才介绍过了，这是预置的地基范围。默认的地基范围，是在建筑物四周向外扩展 1m。如果嫌太小可以通过键盘输入新的数据，现在输入 2m，按回车键后可以看到，红色的地基范围扩大了。

（3）单击下方的地形，可以看到在地形上出现了一个与建筑物和地基一样大的土墩，这就是地基的范围，鼠标上下微移，一直到满意时，再次单击鼠标确认，地基就完成了，该挖的挖掉了，该填的也填平了（图 4.6.3（中））。

最后，只要把地基上的线条柔化掉，亭子移动到做好的地基上就可以了（图 4.6.3（右））。

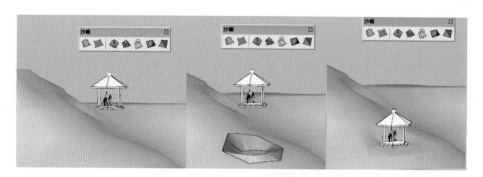

图 4.6.3 平整地基与摆放建筑物

2. 曲面投射工具

在山坡上做建筑的问题解决了，下面创建道路。

把视图调整到顶视图，相机调整到平行投影（图 4.6.4（左上））。

把预先做好的道路形状的一个平面，群组后移动到山体的上面（图 4.6.4（右上））。

确定位置后，恢复到透视图（图 4.6.4（左下））。

选择道路平面，单击曲面投射工具，再单击山体，就出现了道路投影（图 4.6.4（右下））。

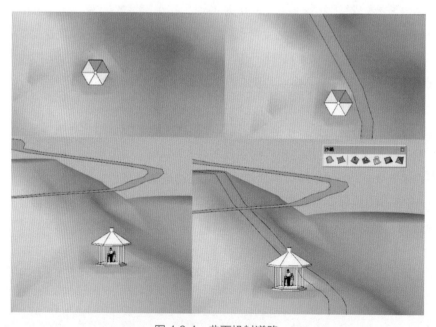

图 4.6.4 曲面投射道路

现在，你可以对山体、道路、地基等赋予不同的材质（图 4.6.5）。

图 4.6.5　赋予材质后

刚才创建道路时用的曲面投影工具还有很多其他的用途，例如，可以把这些文字投影到山上，在很远的地方就能看到（图 4.6.6）。

图 4.6.6　投射文字与图案

前面共做了 3 个练习，介绍了曲面平整和曲面投影这两个工具的基本用法。曲面平整工具可以用来在不规则的地形上开挖、平整地基；曲面投影工具的用途也很多，在不规则地形上修筑道路只是最简单的应用。这是两个功能非常强大的工具。

前面演示用的模型都保存在附件里，你也可以去试试，体会一下移山填海的快感。

4.7　三维文字工具

本节介绍三维文字工具。在一些老版本中，它曾经被称为三维文本工具。

三维文字工具的功能是用来创建立体的三维文字，所以它也是 SketchUp 里拥有造型功能的工具之一。三维文字工具也可以用来创建平面或线框文字。

这个工具不是常用的，所以没有默认的快捷键。

1．创建三维文字

调用三维文字工具会弹出一个对话框，可以在最上面的输入框里输入目标文字；如果需要，还可以对字体、文字对齐形式、文字的高度和厚度等做进一步调整。高度和厚度的尺寸单位就是当前你设置好的建模单位，通常是毫米。

单击"放置"按钮后，三维文字就粘在了你的光标上，光标变成了移动工具，在移动过程中，三维文字工具能自动识别放置的方向。例如，移动到地面或者水平的平面上，文字就乖乖躺下；移动到立面的位置，它还会自动站立起来。移动三维文字到合适的位置，单击确认放置，三维文字就被放置在了指定的位置（图 4.7.1）。

图 4.7.1　创建三维文字

创建完成的三维文字还可以像模型中的其他几何体一样，使用移动、旋转、缩放、推拉等工具进行再加工，也可以用材质工具对它赋予颜色或材质（图 4.7.2）。

2．创建竖向的立体文字

输入文字以后，按 Enter 键，把文字排列成图 4.7.3 所示的样式，即可获得竖向排列的三维文字。

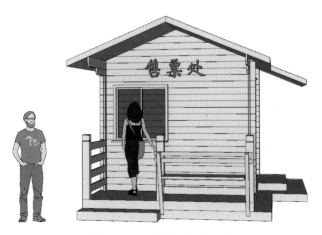

图 4.7.2　三维文字应用例一

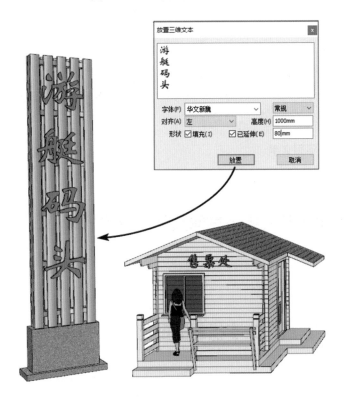

图 4.7.3　三维文字应用例二

3.　创建平面文字

　　除了创建立体的三维文字外，还可以用三维文字工具创建平面的文字和线框文字，在单击"放置"按钮之前，取消对"已延伸"复选框的勾选，保留对"填充"复选框的勾选，生成的就是平面的文字（图 4.7.4（左））。

4. 创建线框文字

在单击"放置"按钮之前，取消对"已延伸"和"填充"这两个复选框的勾选，生成的就是线框文字（图 4.7.4（右））。

图 4.7.4　平面文字与线框文字

5. 平面文字和线框文字与其他几何体融合

只要把线框文字或平面文字移动到某个平面上，然后炸开，文字和这个平面就融合成为一体了，方便进行后续的操作。

6. 把平面文字和线框文字投射到曲面上

借用"沙箱"工具条上的曲面投射工具，还可以把线框文字或平面文字投射到曲面上。4.6 节中的图 4.6.6 介绍的一个实例，把文字投影到山体上所用的就是线框文字。

上面讨论了三维文字工具的使用要领，创建了立体的三维文字，还可以创建平面文字和线框文字及其用途，课后你也该动手体会一下。

扫码下载本章教学视频及附件

第 5 章

辅助工具

    在此之前，我们学习了 SketchUp 的 8 种绘图工具、6 种造型工具。绘图工具主要用来创建二维图形；造型工具可以把平面变成立体或生成新的立体。

    本章要介绍的 10 种工具，既不能绘制平面的图形，又不能创建立体，但是它们仍然是 SketchUp 里不可或缺的重要工具，即卷尺工具、量角器工具、移动工具、旋转工具、缩放工具、坐标轴工具、尺寸标注工具、文字标注工具、剖面工具及漫游工具组。我们把这 10 种工具统称为"辅助工具"。在建模过程中，它们虽然是配角，却身负重任。

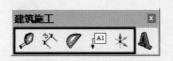

5.1　卷尺工具

卷尺工具在以往的版本中也曾经称为度量工具、测量工具。

SketchUp 的工具不多，但很多工具都有不止一种功能，用起来很称心。卷尺工具也是一种多功能工具，可以用它来测量距离，创建辅助线和辅助点，按尺寸的绝对值调整模型的大小等。

卷尺工具是常用工具，所以有默认的快捷键，即字母 T。

1．卷尺工具的测量功能

卷尺工具的最基本应用当然就是测量距离。要测量两点间的距离，调用卷尺工具；或者按快捷键 T，光标变为卷尺状，单击测量的起点，朝要测量的方向移动工具。移动过程中，右下角的数值框里会显示实时变动的尺寸数据，到达终点后，工具旁边显示两点间的距离。

把卷尺工具向空间移动，可以看到工具的尾部有一条所谓的推导线，推导线可能是红、绿、蓝和黑色，红、绿、蓝三色分别表示推导线与 X、Y、Z 三轴平行，黑色的推导线则提示当前不与任何轴平行。不同颜色的推导线对于下面要介绍的创建辅助线和辅助点有非常重要的意义。

2．用卷尺工具创建辅助线

卷尺工具的第二个功能是创建辅助线。辅助线也叫参考线，用卷尺工具创建辅助线和辅助点是一种常用的技巧，非常重要。

调用卷尺工具，把工具移动到红、绿、蓝三轴的任何一个轴上，单击，或者单击后不要松开，移动工具就可以拉出辅助线；如果需要拉出一条有精确距离的辅助线，输入尺寸数据后应立即按回车键。

下面需要在地面上创建一系列的辅助线，这是一种最常规的操作。

调用卷尺工具，在绿轴上单击，拉出第一条辅助线。

◎ 注

虽然卷尺工具可以从任何平面的边线上拉出辅助线，但是在要求辅助线与红、绿、蓝轴严格平行的场合，最好直接从红、绿、蓝轴拉出辅助线。

用卷尺工具单击第一条辅助线，再移动光标，输入偏移的距离 250，按回车键后第二条辅助线就创建完毕了（图 5.1.1）。这样就获得了有精确间隔的两条辅助线。

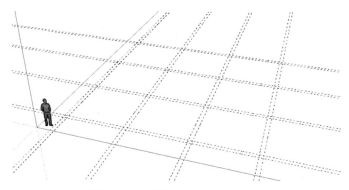

图 5.1.1　用卷尺工具生成辅助线

　　接着还可以像对待普通直线一样，用移动工具对辅助线做移动和复制操作，选中这两条辅助线，调用移动工具，偏移 4m 复制一份；再复制出另外两份。另一个方向也做同样的操作（图 5.1.1）。

　　除了可以移动和复制外，辅助线也可以用旋转工具进行旋转和旋转复制。

Q 注

　　关于移动和移动复制、旋转和旋转复制的内容将在下面的两个小节里详细介绍。

　　这样，就得到了一个辅助线的矩阵；类似这种辅助线矩阵对于建筑业的设计师有非常重要的意义，它可以成为整个设计排兵布阵的开始。

3. 利用辅助线矩阵创建墙壁

　　用矩形工具沿着辅助线矩阵中墙壁的位置画矩形，生成墙壁轮廓线和地面（图 5.1.2）。

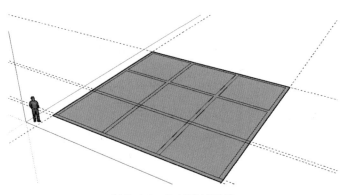

图 5.1.2　依辅助线描绘

再用推拉工具拉出墙壁（图 5.1.3 ）。

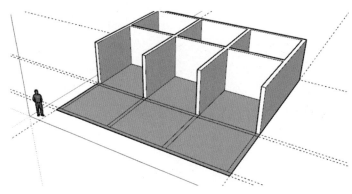

图 5.1.3　推拉出实体

4.　利用辅助线矩阵布置立柱和墙壁

在任一立柱位置画柱子的截面，创建组件。在任一墙壁的位置绘出墙壁截面，创建组件。移动复制到所有立柱和墙壁的位置，如图 5.1.4 所示。

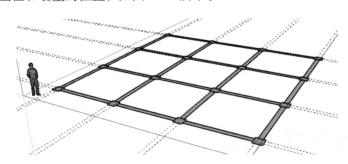

图 5.1.4　用辅助线阵列布置对象

双击进入任一立柱的组件，拉出柱子的高度，如图 5.1.5 所示。

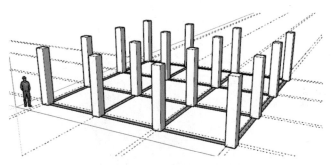

图 5.1.5　改变组件形状一

双击进入任一墙壁的组件，拉出高度后删除不需要的部分，如图 5.1.6 所示。

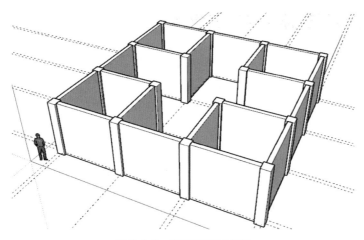

图 5.1.6　改变组件形状二

5. 隐藏与复显辅助线

如果需要隐藏某些辅助线，有多种办法，最简单的是选中需要隐藏的辅助线后，在右键的关联菜单里选择"隐藏"命令。

想要恢复隐藏的辅助线，可以到"编辑"菜单里，找到"取消隐藏"命令并执行即可。

6. 用图层管理辅助线

某些重要的辅助线是不能丢失的，上面介绍的隐藏和显示辅助线方法有很大的局限性，最好的办法如下。

创建一个图层，命名为"辅助线"，然后把所有需要保存的辅助线放到这个图层里，需要时就打开这个图层，不需要时就关闭它。

> **注**
>
> 关于图层和图层的运用，在后面的章节中会有详细的讨论。

7. 删除辅助线

某些辅助线用过以后就不再需要了，可以用橡皮擦工具个别删除，也可以预先选中需要删除的辅助线，按 Delete 键，进行批量删除。

如果需要一次删除模型中所有的辅助线，可以在"编辑"菜单中选择"删除参考线"命令，删除辅助线。

8. 用卷尺工具创建辅助点及其应用

SketchUp 没有专门用来画点的工具，其实画点的任务也可以由卷尺工具来完成。

前面，画辅助线是从单击红、绿、蓝轴线或任何几何体的边线开始的，现在要画辅助点，可以从单击模型中的任何一个端点开始（包括坐标原点）。

单击一个端点后，移动光标，确认方向，通过键盘输入尺寸并按回车键，一个辅助点就完成了。

创建辅助点也可从单击坐标原点开始，甚至用输入绝对坐标或相对坐标的方法创建一系列辅助点。至于与绝对坐标、相对坐标有关的内容可查阅本节的附件，里面有图文说明。

现在来创建一系列辅助点，这些辅助点可以作为建模的基准点（图 5.1.7）。

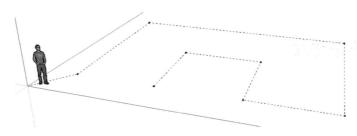

图 5.1.7 创建辅助点

用直线工具连接所有的辅助点后形成地面（图 5.1.8）。

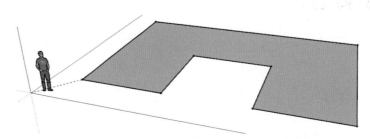

图 5.1.8 实线连接辅助点后

偏移工具在地面上偏移出墙壁的厚度（图 5.1.9）。

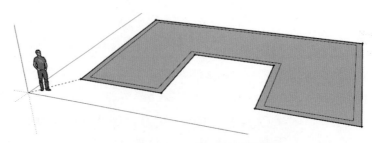

图 5.1.9 偏移出墙壁厚度

用推拉工具拉出墙壁高度（图 5.1.10）。

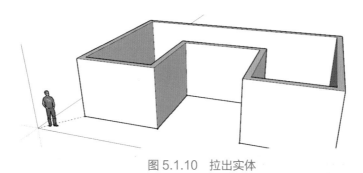

图 5.1.10　拉出实体

9.　删除辅助点

要删除某些辅助点，可以用橡皮擦工具，也可以选中后按 Delete 键，或者执行"编辑"菜单里的"删除参考线"命令来批量删除。

10.　用卷尺工具调整模型的尺寸

卷尺工具还有一个了不起的功能，就是可以用它来调整整个模型或部分模型的尺寸。

例如，想要把一幅图片作为创建模型的底图，可以把图片拉到 SketchUp 的工作窗口中，然后用卷尺工具把图片调整到 1 : 1 大小。

想要把一幅图片当作建模用的 1 : 1 的底图，请记住下面的办法。

① 把图片拉到工作窗口后，右键单击图片，选择关联菜单中的"炸开"命令。

② 重新选择图片和所有边线，创建群组。

③ 双击进入群组。记住图片上的一个尺寸，然后尽可能放大图片；用直线工具在两端的尺寸线上各描出一条直线段（图 5.1.11）。

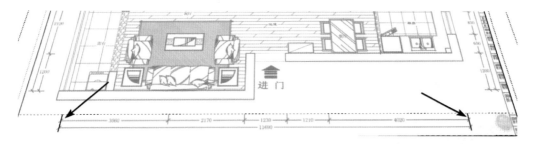

图 5.1.11　调整图纸尺寸到 1 : 1 —

下面就要用卷尺工具来调整这幅图片的尺寸了，应注意下面所述的操作过程。

④ 调用卷尺工具，在左边的尺寸线上单击；顺着红色的轴，把卷尺工具移动到右边的尺寸线上，再单击；通过键盘输入刚才记下的尺寸。记住，后面一定要带上尺寸单位，即 mm（图 5.1.12）。

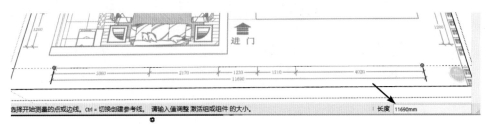

图 5.1.12　调整图纸尺寸到 1∶1 二

SketchUp 在弹出的对话框里询问是否要改变组的大小。当然，这正是我们需要的，单击"是"按钮，如图 5.1.13 所示。

图 5.1.13　调整图纸尺寸到 1∶1 三

现在来测量一下图片上两点间的尺寸，已经变成 1∶1 了（误差小于 1‰）。随后就可以用它为底图建模了。

注

　　用这个方法调整指定的对象，一定要在群组或组件内操作，否则就是对整个模型进行调整，大多数场合下是不允许的，请一定注意。

　　上面讲的就是卷尺工具的几个不同功能：测量；创建辅助线和辅助点；调整全部或者部分模型到精确的尺寸。

　　请在课后进行练习，特别是创建辅助线、辅助点和用卷尺工具调整对象的尺寸，这些都是常用的技巧，一定要掌握。

5.2　量角器工具

量角器工具可以用来测量角度和创建角度辅助线。因为这个工具不是常用工具，所以没

有默认的快捷键。

1. 测量角度

下面来看用量角器工具测量角度的方法。假设需要测量出图 5.2.1 中屋顶交叉处的角度。

先调用量角器工具,并且将它的中心放到角的顶点(图 5.2.1 ①),单击确认顶点;接着往这个角的一条边移动,第二次单击鼠标,确认测量的起点(图 5.2.1 ②)。

最后把工具向另一条边移动。注意,在移动的过程中,右下角的数值框里显示的是当前的角度数据,当工具移动到终点时,不要单击鼠标,数值框里显示的就是这个角的角度值(图 5.2.1 ③和右下角的数值框)。

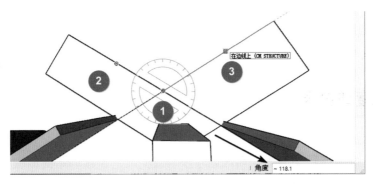

图 5.2.1 测量角度的操作

2. 调整测量精度

如果在到达图 5.2.1 ③号点时,单击,这个位置上就会产生一条角度辅助线。

SketchUp 默认的角度测量精度是一位小数,这个精度对于大多数的应用已经足够;如果需要更高精度的测量数据,可以通过"窗口"菜单打开"模型信息"面板,把"角度"单位的精确度从一位小数提高到两位或三位小数(图 5.2.2)。

现在重新测量这个角度,测量结果的精度就提高了(图 5.2.3 右下角)。

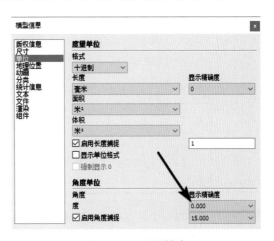

图 5.2.2 设置精度

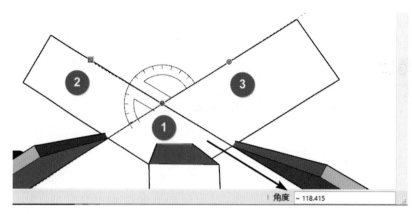

图 5.2.3　测量角度

另外，还要注意，量角器工具放在不同的位置会显示不同的颜色，看到工具呈现红、绿、蓝 3 种颜色时，表示当前工具与红、绿、蓝三轴垂直，当工具呈现黑色时，提示你当前工具不与任何轴垂直。

3．创建角度辅助线

量角器工具除了可以用来测量角度外，还可以用它来创建角度辅助线。

假设要在图 5.2.4 所示立方体的顶部创建一个双面坡的屋顶，每面的坡度是 26°，需要画出辅助线。

①调用量角器工具，在一个角上单击，确认顶点。

②然后移动工具，在水平线上第二次单击，确认角度的起点。

③再往需要产生辅助线的方向移动一点，确认角度的方向。注意不要单击鼠标，通过键盘输入 26 并按回车键，一条 26°夹角的辅助线就产生了（图 5.2.4（左））。

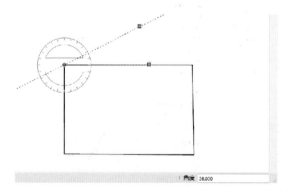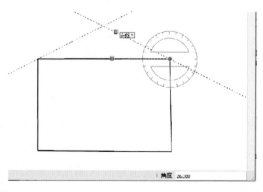

图 5.2.4　角度辅助线

另外一边做同样的操作。

① 单击确认顶点。

② 单击确认角度的起点。

③ 移动光标确认方向，输入角度值后按回车键。

有了这两条辅助线，创建屋面就方便了（图5.2.4（右））。

4. 重复输入不同数据逐步逼近理想值

当不能确认什么角度最合适时，创建角度辅助线时可以重复输入不同的角度值进行推敲；可以先输入一个大致的角度后按回车键试验一下，在做下一步操作之前，可以反复输入新的数据，直到满意为止。这个方法在推敲方案时相当有用。

5. 输入坡度值、斜率

用量角器工具创建辅助线时，可以输入带小数的角度，还可以输入工程中经常用到的坡度或者斜率值（图5.2.5）。

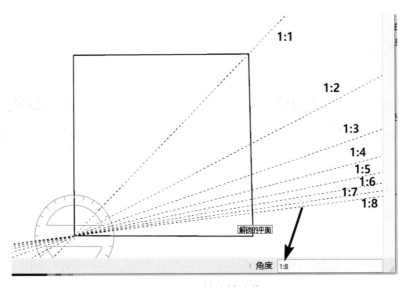

图 5.2.5 坡度辅助线

再用量角器分别测量这些角度，就可以得到坡度和角度的转换表了。

量角器工具可以用来测量角度，还可以创建角度辅助线，当创建角度辅助线时，可以输入角度或坡度数据。课后请动手体会一下。

5.3 移动工具

移动工具也是一种多用途的工具，有些功能甚至可称为"神奇"，务必要熟练掌握。

移动工具可移动、拉伸和复制，折叠、缩放几何图形，还可以旋转组或组件。

移动工具作为常用工具，拥有默认的快捷键，即字母 M。

1. 移动与精确移动

首先来演示一下移动单个的几何体。如图 5.3.1 左侧所示，有两人在做晨练，一个年轻点的在打太极拳，另一位老大爷在舞大刀，他们俩靠得太近了，有危险，我们要把他们分开一点，就可以用移动工具来操作：选择移动工具或者按快捷键 M，此时光标变成四方向的箭头形状；把工具靠近需要移动的对象，该对象自动被选中，按下鼠标左键，移动光标，所选中的几何体将跟随光标的移动而移动；再次单击，就完成了移动操作（图 5.3.1（右））。

图 5.3.1 移动对象

注意，可以在未选择任何几何体时先激活移动工具，然后用移动工具去选择要移动的单个几何体；选择时单击的位置就是移动操作的基点，选择正确的基点对移动操作的速度和精确度都非常重要。例如，以树的根部为基点来移动树到新的位置就会很顺利，如果单击了树的其他部分作为移动的基点，移动将会很麻烦，还可能失败，如图 5.3.2 所示。

当前已经移动的距离也显示在右下角的数值框中。如果需要把对象移动一个精确的距离，可以在向目标方向稍微移动一点后输入一个具体的尺寸，再按回车键。

例如，现在要把这棵树向右边移动 3m，可以向这个方向移动一点后，输入 3000 并按回车键；也可以输入 3m，按回车键，结果是相同的。

还可以用反复输入不同数据的方法逐步逼近你心中的理想值。

图 5.3.2　移动的抓取点

2．移动工具的其他使用诀窍

要同时移动多个几何体，需要预先选择好所有要移动的对象；然后单击移动工具图标（或按快捷键 M），选择好移动的基点后，在移动对象的基点上单击，移动鼠标即可移动几何体。所选的几何体将跟随鼠标的移动而移动。

移动时，如果有意识地选择一个特征点，去对齐另一个特征点，移动就会比较容易。例如，要对齐橱柜的不同部分时，选择组件的角作为移动的基点，再选择另外一个角作为移动的目标，这样就很容易对齐。

移动时，充分利用红、绿、蓝三色的推导线移动，可把对象准确移动到三维空间中的位置。有时想往某个方向移动几何体，可它总是往其他方向跑，碰到这种情况，可以用键盘上的方向键锁定到需要移动的方向。

在移动时按住向上的箭头键是把移动方向锁定在蓝轴上，按住左箭头就锁定了绿轴，右箭头锁定红轴。另外，当刚开始移动时，看见已经对准了移动轴线时，按住 Shift 键就可以将移动操作锁定到这个轴上。

3．移动复制（外部阵列）

移动工具的第二个功能是可以用来复制几何体。

我们回到图 5.3.3 所示的模型，现在选中了这棵树，前面已经讲了，可以移动它。

如果在移动时，按住 Ctrl 键，注意，移动工具上就多了个加号，提示现在是移动加复制的状态；再移动光标就可以看到复制出了一个副本，不过，现在的移动是不精确的。如果需要精确移动，可以马上输入一个尺寸，如输入 3000，按回车键，两棵树的距离就是 3m。

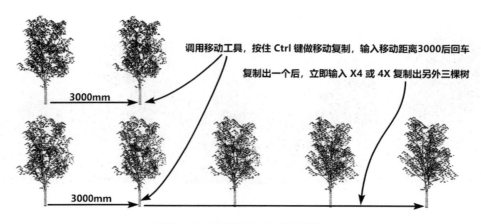

调用移动工具，按住 Ctrl 键做移动复制，输入移动距离3000后回车

复制出一个后，立即输入 X4 或 4X 复制出另外三棵树

3000mm

3000mm

图 5.3.3　移动复制（外部阵列）

如果还需要更多的树，例如共要有 5 棵树，每棵树的间隔都是 3m，现在要输入 4X 或者 X4，按回车键后，就有了相隔 3m 的 5 棵树，为什么输入的是 4 而不是 5？因为原先就有了一棵树，所以再复制 4 棵就够了。

为什么输入数字 4 的前面或后面要加一个 X？X 在 9 的前面就是乘以 9 的意思。而 X 在 9 的后面，当然就是 9 倍的意思，所以，X 放在数字的前面或后面结果是一样的。

前面讲了以相同的距离种植指定数量的树，这种方法称为"移动复制（外部阵列）"。

4. 移动复制（内部阵列）

现在把问题变化一下。我们已经有了一个总的长度，这个长度就是图 5.3.4 上的一条线，我们不知道它到底是多长，想要在这个长度里平均分布种植 5 棵树，按照常规来做，需要预先测量出总的长度，算出相邻两棵树的间隔距离，很麻烦；但是在 SketchUp 里用移动工具来做就非常方便了。

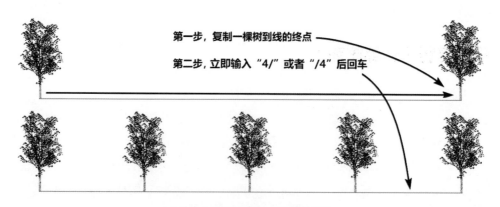

第一步，复制一棵树到线的终点

第二步，立即输入 "4/" 或者 "/4" 后回车

图 5.3.4　移动复制（内部阵列）

把第一棵树移动复制到直线的另一头；完成复制后立即在键盘上输入"4/"或"/4"，按回车键后，5棵树的平均分布就完成了。这个操作叫作"移动复制（内部阵列）"。

刚才为什么输入"4/"或"/4"？斜杠又可以当作四则运算的除号，"/4"就是除以4，或者4等分的意思。

图5.3.4所示的内部阵列，有一条直线作为总长度的参考，如果没有这条直线同样可以进行内部阵列。

假设想要在23.45m的长度里平均种植8棵树，步骤如下。

① 用移动工具对第一棵树做移动复制，输入总长度23.45m，按回车键。

② 接着马上输入"/7"，也就是7等分，算上两头就是8，按回车键后，内部阵列完成。

这种操作在布置栏杆、桥梁、书架、柱子等类似对象时，可以免除计算和分布，特别有用。

5. 移动工具的旋转功能

把移动工具移到群组或组件上时，可以看到彩色的圆形量角器和上、下、左、右方向的4个十字形标记，量角器的中心就是旋转中心，把光标移到某个十字光标处，移动鼠标就可以做旋转操作；也可以在微微旋转对象，确定旋转的方向后，输入角度值并按回车键，得到精确的旋转。

不过，SketchUp里面有专门的旋转工具，做起旋转操作来比这个工具更专业。所以，很少有人用移动工具勉强地做不专业的旋转操作（图5.3.5）。

图5.3.5 移动工具的旋转功能

6. 用移动工具推拉折叠几何体

把移动工具靠近面，它就会被自动选中，接着就可以移动这个面，这一操作有点像推拉工具。把移动工具靠近几何体的边线，可以用移动单条线的方法来拉伸对象，变成了类似倾斜的屋顶（图5.3.6下）。把移动工具靠近端点，可以拉出尖角（图5.3.6下）。

如果在移动或拉伸操作时产生非共面的平面，则SketchUp将自动折叠平面。可以用这个方法来获得一些意想不到的有趣效果，请看图 5.3.6 下左、右所示图形。

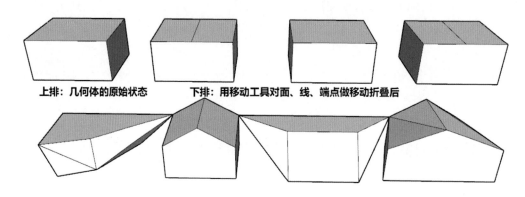

图 5.3.6　用移动工具做折叠

移动工具还可以改变圆形、圆弧的大小。图 5.3.7 是用移动工具对圆弧做折叠的结果。

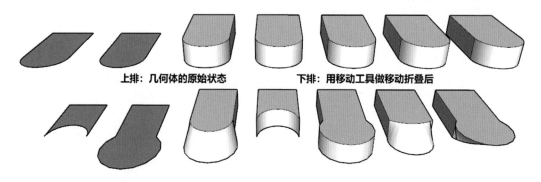

图 5.3.7　移动工具做局部缩放

上面讲了移动工具的多种使用方法，它们是精确和不精确的移动；移动复制的内部阵列和外部阵列；移动工具还可以按照绝对坐标和相对坐标进行移动，因为这个功能在建模实践中几乎用不着，所以这里就不提了（附件里有说明）。用移动工具还可以做拉伸和折叠等一些非主流的有趣操作，这些都会在《SketchUp 建模思路与技巧》一书里结合实例来讨论。

5.4　旋转工具

旋转工具与移动工具一样，也有不止一种功能，需要熟练掌握。使用旋转工具，可沿圆形路径旋转、拉伸、扭曲或复制图元。旋转工具的默认快捷键是字母 Q。

1. 旋转工具的基本用法

如果需要旋转的是线条这样的简单几何体，只要调用旋转工具，把工具移动到需要旋转的几何体附近，工具就会自动找到端点或中心点，单击确定旋转的中心，接着移动光标，单击鼠标左键确定旋转的半径方向，再移动鼠标，就可以执行旋转操作了。图 5.4.1 所示为分别以线段的端点和中点为圆心做旋转操作。

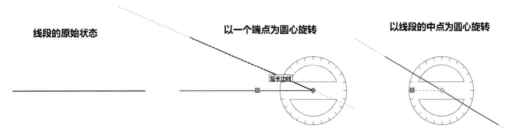

图 5.4.1　旋转工具基本用法一

对于像组合的线条、单个平面这样的对象，需要预先选择好，然后进行旋转（图 5.4.2）。

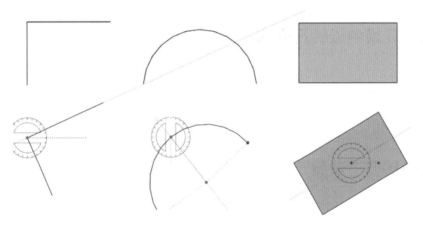

图 5.4.2　旋转工具基本用法二

2. 寻找旋转对象的中心点

旋转某些对象时，不一定要找到对象的中心点作为旋转的中心，也可以用任何点作为旋转中心，但是这样的旋转，对象一定会偏离原来的位置。

用旋转工具旋转圆形、多边形时，往往需要寻找它们的中心，大多数时候，当旋转工具靠近时，中心的参考点会自动显示出来；如果中心参考点不显示，也不要紧，只要把工具在多边形或圆形的边缘停留一两秒，告诉 SketchUp 你的意图，再把工具往中心方向移动，在靠近中心时，工具就会自动吸附上去。

寻找矩形的中心点稍微麻烦一点，众所周知，每条直线段都有两个端点和一个中点，可以利用相邻两条边的中心点来寻找矩形的中心点，如图 5.4.3 所示。

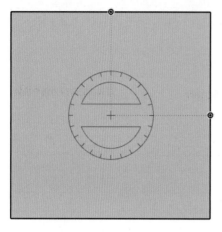 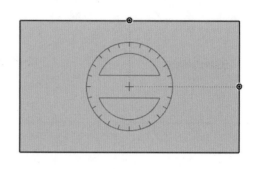

图 5.4.3　寻找矩形的旋转中心

3. 在 3D 环境中旋转几何体

在三维空间中，旋转工具有 4 种不同的颜色，正如你所知道的，红、绿、蓝 3 种颜色表示当前旋转的方向与红、绿、蓝三轴垂直，若工具变成黑色就表示当前旋转方向不垂直于任何轴，这在大多数情况下是需要避免的。

4. 一次旋转多个对象

预先选择好参与旋转的对象；第一次单击设置旋转的中心，向半径方向移动工具后第二次单击，然后向旋转方向移动光标，第三次单击确认旋转的结果。

5. 精确地旋转

如果需要精确地旋转，要预先选择好参与旋转的对象。第一次单击设置旋转的中心，向半径方向移动工具，在看到已经旋转后，立即输入旋转的角度，如输入 40，按回车键后对象就获得了 40° 的精确旋转。

在还没有做下一步操作之前，还可以改变主意，如重新输入 35 并按回车键，或输入 45 并按回车键，或输入 55 并按回车键，可以一直修改直到满意为止。

6. 反方向旋转

如果想要向反方向旋转，只要在角度值的前面加一个负号，如输入"-55"并按回车键即可。

7. 坡度与斜率

在设计实践中，有时并不知道旋转的角度，只知道斜率。

想要用斜率值来指示旋转的角度，要输入两个值，以比号隔开，如输入8比12（8 ： 12）按回车键。

8. 旋转工具小窍门

当初，我们在"模型信息"面板的"单位"界面中，勾选了"启用角度捕捉"复选框，并且指定了捕捉的角度是15°。现在就要来体会一下什么是角度捕捉。

当用旋转工具旋转一个对象时，会出现一个像量角器一样的光标，如果做旋转操作时，光标指针处在量角器的外面，可以自由旋转。

如果把光标移到量角器的内部时，就会引发角度捕捉，移动光标时，每隔15°，工具会稍微停顿一下，免得频繁输入常用的角度数据。

在操作过程中，可以随时按 Esc 键，重新开始操作。

9. 旋转折叠

选择整个六棱柱后，用旋转工具执行旋转，六棱柱整体旋转，这是旋转工具的常规用法（图5.4.4（左））。

但是换个方式结果就不同了，如果只选择了六棱柱顶部的一个面，再用旋转工具就只旋转了一个面，结果就如你所看到的，底部的那个六边形没有跟着旋转，侧面就随着旋转动作导致了扭曲，变成了麻花状（图5.4.4（左二））。

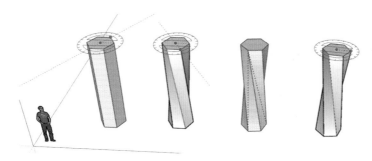

图 5.4.4　旋转折叠示例

用选择工具连续 3 次单击它, 暴露出隐藏的边线后, 可以看到原来的一个矩形的面被折叠成了两个三角形 (图 5.4.4 (左三))。

用旋转工具的自动折叠功能时, 还可以用输入旋转角度的方法获得精确的变形; 图 5.4.4 (左二) 所示的六棱柱是做了旋转 60° 的折叠。

旋转折叠的角度并不是没有上限, 太大的旋转角度会造成失真和破面, 最好不要超过 75°, 图 5.4.4 (右一) 就是旋转了 75° 的六棱柱。

如果需要超过 75° 的旋转, 可以分段完成后再接起来。

10. 旋转复制

旋转工具的第三大功能是制作旋转副本, 也就是通常所说的旋转复制。

例如, 要旋转图 5.4.5 所示的向日葵, 可以先选择它, 再调用旋转工具。

在旋转中心单击, 以确定旋转的中心, 将光标移到对象上 (或合适的位置), 第二次单击, 确认选择的起点。为了要在旋转的同时进行复制, 按住 Ctrl 键, 工具光标点就多了一个小小的加号, 说明后续的操作还有复制的功能; 然后再移动光标, 就可以看到复制出了一个副本, 输入旋转的角度, 如 45, 按回车键后就完成了一次旋转复制。这是普通的旋转复制操作 (图 5.4.5 (左))。

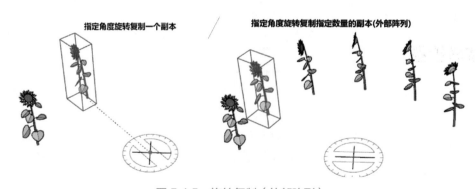

图 5.4.5　旋转复制 (外部阵列)

11. 旋转复制的外部阵列

如果想要再旋转复制出 6 个副本, 相邻两副本相隔 30°, 操作就有一点不同了。

还是从选择对象开始, 然后调用旋转工具, 第一次单击可选中心, 第二次单击以确定旋转的起点 (可以是向日葵的根部或其他方便的地方)。现在按住 Ctrl 键进行复制; 然后再移动光标, 就可以看到复制出了一个副本, 输入旋转的角度 30 并按回车键, 复制出了第一个;

接着再输入 5X 或 X5 再次按回车键，旋转复制完成。这种操作叫作"旋转复制外部阵列"（图5.4.5（右））。

为什么要输入 5 而不是 6？因为原来就有一棵，所以只要再复制出 5 棵就够了。

为什么要在 5 的前面或后面加一个 X？ X 加在 5 的前面代表乘以 5，X 加在 5 的后面代表是 5 倍。

12. 旋转复制的内部阵列

图 5.4.5（右）所示为已知相邻两个对象间的角度和复制的数量，这样的旋转复制叫作"外部阵列"。

换个题目：如果想在某已知角度内复制出指定数量的副本，这叫作内部阵列，例如想在图 5.4.6（左）所示的扇形上沿圆弧分布 10 棵向日葵，可以在一个端点栽上第一棵；然后调用旋转工具，把第一棵复制到圆弧的终点；现在起点和终点都有了一棵，然后在键盘上输入斜杠 9，或者 9 斜杠（/9 或 9/），按回车键后，10 棵向日葵就复制完成了（图 5.4.6（左））。

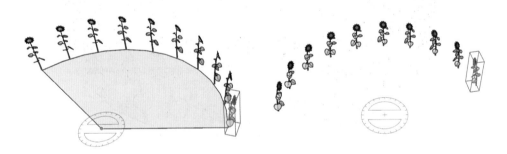

图 5.4.6　旋转复制（内部阵列）

为什么是 9 而不是 10，不用回答了吧。为什么是斜杠 9 或 9 斜杠，斜杠就是四则运算里的除号，除以 9 就是 9 等分，算上两头，就是 10。

图 5.4.6(左)所示的那个演示，有个扇形，如果没有扇形，只知道一个总的角度，如何操作？

假设想在 155° 的弧形里平均分布设置 10 棵向日葵。选择好对象，调用旋转工具，在旋转中心单击确认；第二次单击确认旋转的起点，现在要按住 Ctrl 键，告诉 SketchUp 现在要做旋转复制，工具移动一点，再告诉 SketchUp 旋转的方向；立即输入总的旋转角度 155 并按回车键。

这样在起点和终点就有了两棵向日葵，相隔 155°；接着输入 9 斜杠或斜杠 9，旋转复制的内部阵列就完成了。

13. 再换一个题目：我们想要在 360° 的圆形上种植 33 棵向日葵，如何操作？

其实操作方法与上面是一样的，先在圆周的任一点栽上第一棵，选择它，调用旋转工具，在旋转中心单击以确认；第二次单击确认旋转的起点，按住 Ctrl 键，告诉 SketchUp 现在要做旋转复制，工具移动一点，告诉 SketchUp 旋转的方向，立即输入总的旋转角度 360，按回车键后，看起来并没有什么变化，其实，360° 的起点就是终点，这里已经有了两棵向日葵重叠在了一起（图 5.4.7 箭头所指处）；接着输入 32 斜杠或斜杠 32，旋转复制的内部阵列就完成了。

不过，事情还没有完，刚才重叠的两棵向日葵要删除一个，因为重复的一棵当前是被选中的状态（图 5.4.7），所以直接按 Delete 键就可以了。

图 5.4.7 旋转复制（360° 阵列）

好了，上面讨论了旋转工具的几种不同功能和操作要领，包括旋转和精确旋转、旋转折叠、旋转复制、旋转复制的外部阵列、旋转复制的内部阵列。请在课后照样操作体会一下。

5.5 缩放工具

需要说明一下，这个工具在以往的不同版本里有过至少 3 种不同的名称，大多数是错误的或不贴切的，现在的"缩放"才是准确的命名。

使用这个工具，可以对模型中指定的几何体、组或组件进行整体等比例缩放，单个方向的缩放，也可以输入具体的尺寸进行精确的缩放，还可以用它来做镜像操作。它的主要功能就是缩放，所以现在称它为缩放工具是准确的。

缩放工具有自己默认的快捷键，即字母 S。

1．二维的比例缩放

首先看一下缩放工具最基础的应用。

图 5.5.1 左侧的矩形，其长度和宽度相等，都是 1 米，是个正方形，现在选中它。调用缩放工具，此时对象的四周出现了一个包围框，还有 8 个绿色的小点，绿色的小点通常称为控制手柄。

把光标移动到任意一个角上，这个角和对角之间产生一条虚线，表示缩放的方向，手柄变成红色，表示可以进行缩放操作，微微移动光标，几何体跟着放大和收缩（图 5.5.1（左二））。

注意，在任何对角线上的操作，无论是缩还是放，长度和宽度的比例都是相等的，所以，这种缩放称为"等比例缩放"。

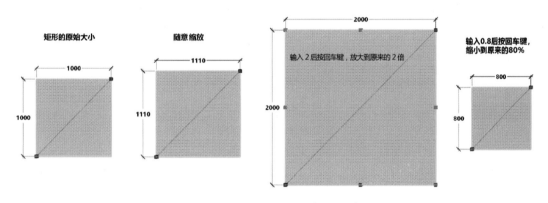

图 5.5.1　缩放平面（等比例）

2．三维的比例缩放

上面是用一个平面作为标本，现在再来看一下对球体的缩放。选中它们以后，调用缩放工具，出现的包围框是立体的，有 26 个绿色的控制手柄，把光标分别移动到 8 个角点上，可以看到对面的角点同时被选中，变成红色。

出现的虚线表示缩放的方向，此时按住左键移动光标，可以看到 3 个方向是同步缩放的，3 个方向的比例始终不变，这样的缩放也是"等比例缩放"。

如果现在通过键盘输入缩放的倍率，可以获得快速和准确的缩放。

例如，想把图 5.5.2（左）所示的球形放大 1.5 倍，确定缩放的方向后，从键盘输入 1.5，按回车键，这个球形就放大到原来的 150%（图 5.5.2（中））。

如果输入一个小于 1 的数字，如 0.75，按回车键，球形就缩小到了原来的 75%（图 5.5.2（右））。

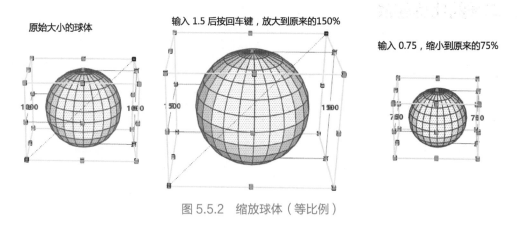

图 5.5.2　缩放球体（等比例）

3. 单向缩放

上面讨论的无论是平面还是立体，都是等比例缩放，操作时用的都是角上的控制手柄。

如果只想缩放某一个方向，其他方向保持不变，如想把图 5.5.3（左）所示的圆形（直径为 1000）改造成椭圆形（2000×1000），可以用水平方向的缩放手柄操作（图 5.5.3）。

SketchUp 没有画椭圆的工具，想要绘制椭圆，用缩放工具是唯一的选择。

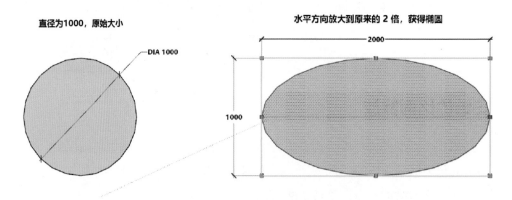

图 5.5.3　单方向缩放（平面）

下面把这个 1m 直径的正球形改成 1m 宽、2m 长的椭圆球体。

选中这个正球形，调用缩放工具，把光标移动到对象上，应注意这次没有把光标移动到角上。对边上的两个控制手柄被激活，变成红色，按住鼠标左键稍微移动，从键盘上输入 2 并按回车键，正球形就变成了椭圆的球形，尺寸也是所需要的（图 5.5.4（中））。

如果输入的是一个小数 0.7，球体水平方向就缩小到原来的 70%（图 5.5.4（右））。

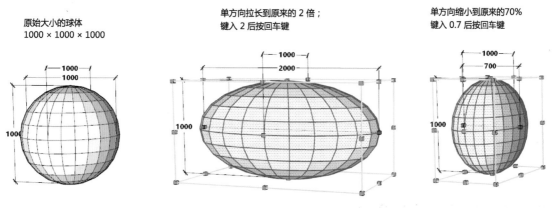

图 5.5.4　单方向缩放（球体）

对于立方体或其他的形状，其操作方法也是一样。全选后调用缩放工具，稍微移动后输入缩放的倍数，按回车键就可以了。

4．中心缩放

前面的演示，都是从一个角往对角的方向收缩或放大，或者在水平方向往另一边缩放，有时希望四面往中心收缩或放大，做这样的操作，只要在缩放时按住 Ctrl 键，可以看到原先在对角的红色控制手柄移动到了中间，并提示当前是"中心缩放"（图 5.5.5）。

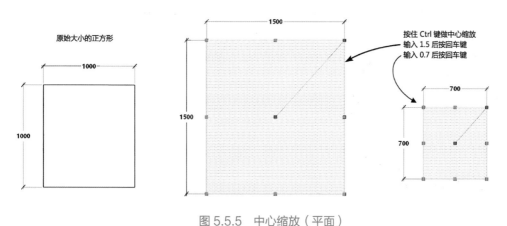

图 5.5.5　中心缩放（平面）

图 5.5.6（中）是对三维对象在水平方向上做中心缩放；图 5.5.6（右）是在对角线方向做中心缩放。

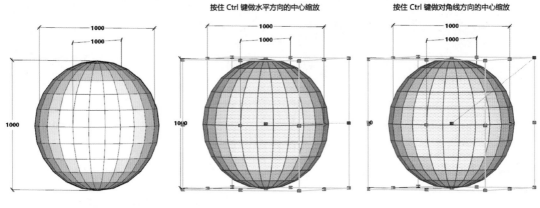

图 5.5.6　中心缩放（球体）

5. 输入尺寸的精确缩放

到现在为止，做的演示全部都是按比例缩放。它们的特点是：输入的数字就是缩放的比例，数字大于 1 就是放大，小于 1 就是缩小。

那么，能否按照需要，把对象精确缩放到指定尺寸呢？

当然可以，办法是：在输入精确尺寸后，接着输入尺寸的单位，再按回车键。

如果要把图 5.5.7（左）所示的球体，在水平方向上改变成 1.5m，只要输入 1500，后面再加上 mm，按回车键后目的就达到了。

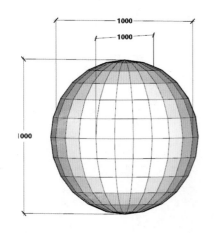 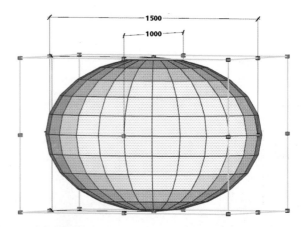

图 5.5.7　精确缩放

这就是用缩放工具做精确尺寸缩放的办法，它与比例缩放的区别是：比例缩放只要输入缩放的倍数，精确缩放在输入尺寸数据后，还要输入尺寸的单位。

6. 用缩放工具做镜像

下面要讲一下在 SketchUp 里做镜像操作的两种方法。

第一种方法是用 SketchUp 自带的翻转方向的功能来做镜像。

图 5.5.8（左一）是一个中式门部件的一半，另一半可以用镜像的方法获得，把两者拼起来就成了整体。

选中对象，移动复制一个到旁边（图 5.5.8（中间）），然后在"编辑"菜单的最下面可以找到当前可用的所有操作；其中有一个是"翻转方向"，这个命令就可以用来做镜像；在右侧的展开子菜单里，还有 3 个子命令，分别是"组的红轴""组的绿轴"和"组的蓝轴"，现在要对这半边门做左右方向的镜像，所以选择红轴；对象就翻转过来了。

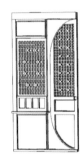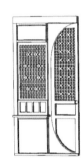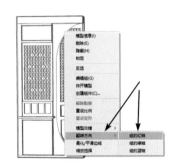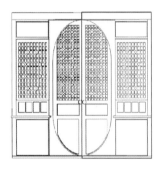

图 5.5.8　镜像一

做同样的操作，还有一个更简便的方法。右击对象，在右键菜单里同样列出了当前所有的可操作项目，这个菜单称为右键关联菜单，简称关联菜单，里面同样有翻转方向的可选项，单击"组的红轴"子命令，结果是一样的（图 5.5.8 中间）。

现在只要用移动工具把两个半边连在一起，一组中式的门就完整了（图 5.5.8（右））。

问题来了，现在的操作环境是理想的状态，红、绿、蓝方向看得很清楚，但是，真正的建模环境要比现在复杂很多，大多时候是看不到坐标轴的，所以也就无法确定准确的翻转方向，这时就要用到下面所讲的，用缩放工具来做镜像的方法，见图 5.5.9，同样，用移动工具复制一个到旁边（图 5.5.9（左））。

选中复制出来的这个副本，调用缩放工具，注意现在选择的操作手柄是中间的；移动一点光标，确定镜像的方向，键盘输入：负一（-1）按回车键，镜像完成（图 5.5.9（中））；

用移动工具把两个半边接在一起，删除接口处多余的线条即成。

应注意，做镜像操作，输入的数据是 -1。

图 5.5.9　镜像二

7.　输入数据改变整体

前文介绍过，SketchUp 没有画椭圆的工具，想要绘制椭圆，用缩放工具是唯一的选择。同时介绍了一些简单的方法。

如果想要画一个短径为 1m、长径为 2m 的椭圆，先画一个直径为 1m 的圆形，用缩放工具，把其中的一个方向放大一倍，这是第一种方法；也可以画一个直径为 2m 的圆，用缩放工具，把其中一个方向的尺寸缩小到一半，这是第二种方法。

现在要介绍第三种画椭圆的方法，是输入多个比例或多个精确数据进行缩放的方法。

先随便画个圆形，选中后调用缩放工具，稍微移动一下光标，随即输入 1000mm、2000mm，按回车键以后，便得到了一个椭圆，短轴是 1m，长轴是 2m。

应注意，图 5.5.10 中右下角输入的数据。

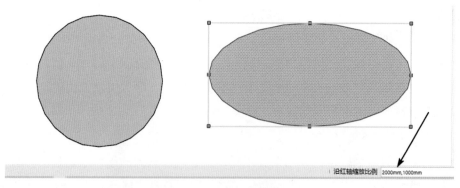

图 5.5.10　缩放成精确的椭圆

现在再对图 5.5.11 左侧的立方体做类似的操作。

输入的数据是 2000mm、1000mm、500mm，然后按回车键（图 5.5.11 右下角）。

现在，原先每边长 1m 的立方体变成了这个扁平的形状。

请仔细看：首先输入的 2000，是红轴，也是 X 轴的尺寸。

第二个输入的 1000，是绿轴，也就是 Y 轴的尺寸。

最后输入的 500，是蓝轴，也就是 Z 轴的尺寸。

应记住，输入成组数据时，一定要按照 X、Y、Z 的顺序。

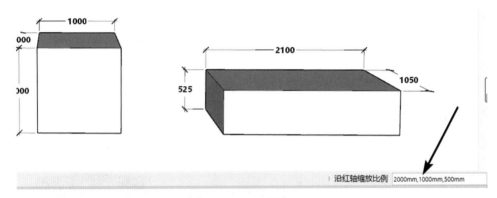

图 5.5.11　缩放到精确的尺寸

8. 用缩放工具改变组件的形状

用缩放工具可以改变普通的几何体形状，也可以改变组和组件的形状。

在组件约束框外面使用缩放工具，只能改变当前个别组件的尺寸形状，如果想同时改变所有相同组件的尺寸和形状，必须双击其中的一个组件，进入组件内部进行组件编辑。

这部分的内容，后面还要详细讨论。

上面讨论了缩放工具的使用要领，包括按比例缩放、按尺寸精确缩放、用缩放工具做镜像和二维 / 三维的精确缩放。请课后自己动手，操作体会一下。

5.6　坐标轴工具

轴工具，在以往的版本中也曾被称为"坐标轴工具"，似乎更确切。

轴工具的作用就是产生一个临时的用户坐标系，这个工具有两个用途。

① 在创建、编辑组件或组时指定它的"插入点"。

② 为了在各种倾斜面上创建模型提供方便。

轴工具不是常用工具，所以没有默认的快捷键。

众所周知，SketchUp 的红、绿、蓝 3 条线就是它默认的坐标系，这个坐标系统也可以称为世界坐标系，我们建模，大多数时候就是在它默认的坐标系里操作的，非常方便；但是，偶尔也有不顺手时。

像图 5.6.1 这样一个常见的装车用的斜坡，如果想在这个斜坡上画一个立方体，它在 3 个方向都与 SketchUp 默认的红、绿、蓝三轴不平行，如果仍然用 SketchUp 默认的坐标系创建模型，应该有很多种不同的方法，比如，可以在平地上做好后，旋转到同斜坡一样的角度，然后再移动到斜坡上去。但是，最简单的方法莫过于直接在斜坡上创建一个临时的用户坐标（图 5.6.2）。

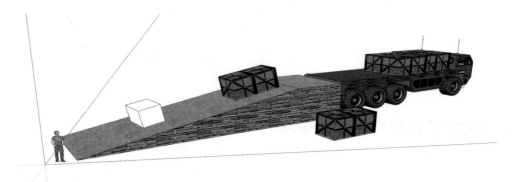

图 5.6.1　坐标轴工具应用示例

（1）调用坐标轴工具，把工具移动到斜面上，在设想的新的坐标原点上单击，以确认新的原点。

（2）沿着新的红轴移动光标，再次单击，以确认新的红轴，图 5.6.1 是沿斜坡方向。

（3）沿着新的绿轴移动光标，第三次单击，以确认新的绿轴。这样，一个新的坐标系就产生了，利用这个新的坐标系在斜坡上绘图建模就方便了很多。

在斜坡上的任务完成后，当然要恢复到原来的世界坐标系，很多人到了此时就不知所措了，还有多年前的同学打长途电话来问，着急得不得了，说是回不到原来的坐标系去了，为了免得你也着急，下面的操作请你务必牢记：你只要在新的坐标系随便什么颜色的线上右击，然后在弹出的关联菜单里选择"重设"命令，就可以把坐标轴恢复到默认的位置。请你一定要记住哦。

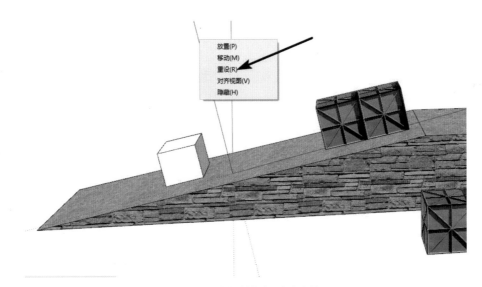

图 5.6.2　坐标轴恢复到默认位置

现在退回去，刚才在右键菜单里，还有几个命令也一起介绍一下（图 5.6.2）。

（1）"放置"也就是重新设置一个用户坐标系。

（2）"移动"，在图 5.6.3 所示的对话框里输入数据，就可以精确地移动和旋转用户坐标系，但是建议还是保留默认的 0 为好。

（3）"重设"，刚才已经讲过了，是恢复到 SketchUp 默认的世界坐标系。

（4）"对齐视图"，单击就知道了，作用是把倾斜的面调整到与屏幕平行。

（5）"隐藏"就不用多说了，需要解释的是，把坐标轴隐藏以后，想要恢复显示，要到"视图"菜单里去找"坐标轴"，勾选它就恢复了显示。

图 5.6.2 所示坐标轴右键菜单的 5 个命令，在默认的坐标轴上也能找到，内容是一样的，只是很少有人去关心它而已。

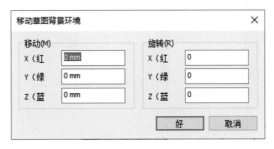

图 5.6.3　坐标工具设置（建议不改）

5.7 尺寸标注工具

这个工具在以往的版本中称为"尺寸标注工具",似乎更为准确,现在的名称很容易与"小皮尺"的尺寸测量功能产生混淆,应注意区分。在本教程中,仍然沿用"尺寸标注工具"的称呼。

尺寸标注工具的功能是在模型中标注线性尺寸、直径和半径。

这个工具也不是常用工具,所以没有默认的快捷键。

想要标注出符合制图标准而又干净利索的尺寸,需要提前在"模型信息"面板的"尺寸"界面中进行设置并另存为一个模板。这些设置对模型中所有尺寸都有效(图 5.7.1)。

更详细的信息可参阅 1.5 节"重要设置"里的有关内容。

图 5.7.1 尺寸标注设置

1. 尺寸标注工具的基本用法

尺寸工具的使用非常简单(见图 5.7.2)。

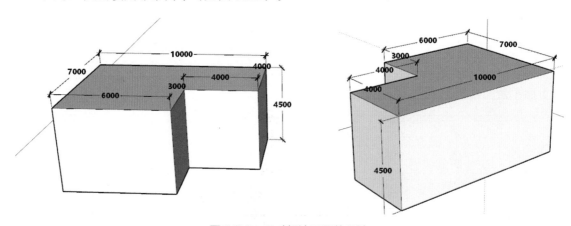

图 5.7.2 尺寸标注工具的用法

调用尺寸标注工具,单击尺寸的起点,再单击尺寸的终点,移动光标,把尺寸字符移动到合适的位置,第三次单击,确认尺寸放置的位置。用同样的方法,做出模型中其他的尺寸标注。

要对模型中单条的边线标注尺寸，只需把工具靠近边线，看到这条边线被选中后，直接单击并移动光标，这条线的尺寸标注就完成了。

2．半径标注

这是一些圆弧线，要对它做半径标注。调用尺寸标注工具，光标从黑色的箭头变成白色的箭头。靠近对象圆弧，当看到圆弧变成蓝色被选中后，单击，移动光标，拉出尺寸标注。还可以继续移动光标，把尺寸标注放置在最合适的位置（见图 5.7.3）。

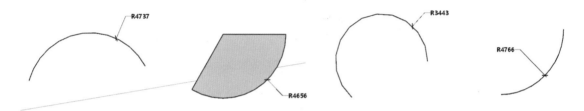

图 5.7.3　尺寸标注工具标注半径

3．直径标注

调用尺寸标注工具，光标从黑色的箭头变成白色的箭头。靠近对象，当看到对象变成蓝色被选中后，单击，移动光标，拉出尺寸标注。还可以继续移动光标，把尺寸标注放置在最合适的位置（图 5.7.4）。

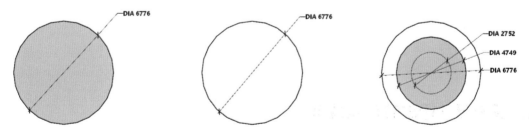

图 5.7.4　尺寸标注工具标注直径

如果对已有标注的位置不满意，还可以把光标靠近这些标注，光标变成类似移动工具一样的四向箭头形状时，可以对这些尺寸标注的位置进行精细调整。

4. 改变半径、直径标注的前缀

半径尺寸前面的字母 R，是英文单词弧度 radian 的第一个字母大写。

直径前面的 DIA 是英文单词直径 diameter 的前 3 个字母大写。

如果不想显示这两个前缀，可以在"模型信息"面板"尺寸"界面的"高级尺寸设置"里取消显示，如图 5.7.5 所示。

图 5.7.5　改变直径、半径的前缀

如果想要对标注的文字做编辑修改，只要在标注文字上双击，就进入编辑模式，此时可以随便修改文字标注，如把前缀 R 改成半径、把 DIA 改成直径等。

5. 尺寸标注的实时联动更新

已经标注好的尺寸与几何体对象密切关联，尺寸标注能随着模型的更改而自动更新。

这个立方体上已经标注出了长、宽、高 3 组数据，现在以任何方式改变这个立方体的形状，其尺寸标注会随着一起改变。

尺寸标注的这个特性，为推敲设计中的方案提供了很大的方便。

6. 关于尺寸标注的几点提示

（1）可以在"模型信息"面板中取消或勾选"显示单位格式"复选框，免得每个尺寸都带上两个字母 m，这样也更符合国家制图标准。

（2）根据我国的制图标准，建筑、景观、规划和室内设计等行业的尺寸起止符号是短粗线斜杠而不是箭头；机械、电子等行业的尺寸起止符号是宽长比为 1：4 的箭头而不是斜杠。可以在"模型信息"面板的"尺寸"界面里切换修改，SketchUp 自带的斜杠长度太大，但勉强可用；但是自带的箭头，无论是闭合的还是开放的，都不符合我国制图标准，如果要用该模型出图纸，应谨慎使用。

（3）在建模时或者在模型用于展示时，为了能够看清尺寸，可以让所有的尺寸平行于屏幕，无论如何旋转模型，都可以清楚地看到尺寸。但是如果要把模型导出成图纸时，就要把尺寸与尺寸线对齐，可以根据本行业的制图标准，在"模型信息"面板的"尺寸"界面里修改，包括尺寸在尺寸线上的位置。

（4）如果模型中有一些很小的尺寸，可以勾选图 5.7.5 高级尺寸设置中的"太短时隐藏"，当尺寸很小时自动隐藏，可以让模型看起来干净、整洁。

（5）SketchUp 的尺寸标注工具没有角度标注的功能，这是非常遗憾的事情，不过很早就有人编写了一些插件，可以标注角度，将在第 10 章进行介绍。

（6）如果你经常要做标注尺寸的工作，可以设置个快捷键，关于快捷键的问题将在第 10 章介绍。

前面讨论了 SketchUp 的尺寸标注工具，包括：标注线性尺寸；标注半径与直径；修改半径、直径的前缀；利用标注好的尺寸推敲设计方案等内容，还有一些相关的提示。课后请动手体验一下。

5.8　文字标注工具

现在的"文字"工具，在以往也曾经被称为"文本工具"。汉语中，"文本"和"文字"有很大的区别，把"文字"改成"文本"是个错误，现在把"文本"改回"文字"是对的，但是取消了"标注"二字，仍然容易引起误解，需注意。

现在的"文字"工具是一个多用途的工具，可以用它来创建引线文字和屏幕文字，还可以用来计算和标示面积，标注组件的名称、坐标位置等。

但是，上面所说的这些用途没有一样是常用功能，所以它没有默认的快捷键。

要想获得符合制图标准又称心如意的文字标注，应提前在"模型信息"面板中做好设置，如图 5.8.1 所示。

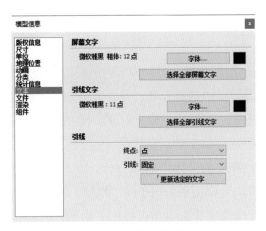

图 5.8.1　设置"模型信息"面板

1.　创建引线文字标注

调用文字标注工具，光标变成一个有着字母 A1 的箭头形状，A 和 1，代表可以用它来标注文字和数字，包括中文汉字。

把工具移动到需要标注的对象上，单击确认；继续移动光标，拉出引线，再移动光标，调整要放置文字的位置。

需注意，此时，显示的标注文字内容与单击鼠标时的位置有关，如图 5.8.2 所示。

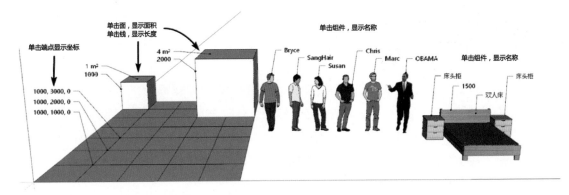

图 5.8.2　坐标位置与显示的标注文字内容有关

如果初次单击的是一个端点，那么显示的将是这个点的坐标值。以前曾经不止一次提到，SketchUp 里面的坐标位置是按照 X、Y、Z，也就是红、绿、蓝的顺序排列的；图 5.8.2 左侧每个点的坐标都有 3 个数字，中间用逗号隔开。

如果开始时单击了一个线段，显示的是这个线段的长度；如果开始时单击了一个平面，显示的就是这个平面的面积。

如果单击的是一个组件，显示的文字将是这个组件的名称；图 5.8.1 所示的这几位是 SketchUp 开发小组的成员，曾经在各个不同版本的 SketchUp 里辛辛苦苦站岗；最右边的那位就不必说了，地球人都认识他。

如果不想要这些默认的文字，想要输入自己的文字，可以在编辑状态下删除默认的文字后再输入新的文字。也可以在已有的文字标注上双击，进入编辑状态后，再输入新的文字。

标注文字、引线和箭头的形态，可以在"模型信息"面板里进行修改（图 5.8.3），这部分内容可查阅 1.5 节的相关内容。

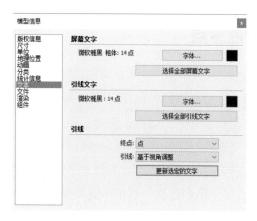

图 5.8.3　修改"文本"界面

2．屏幕标注文字

引线文字标注，在旋转模型时，会始终与我们的视线相垂直，观察起来很方便。与引线文字不同，还有另一种"文字标注"，叫作"屏幕文字"，它固定在屏幕上的指定位置，并且不跟随模型的旋转移动而改变，如图 5.8.4 所示。

图 5.8.4　引线文字与屏幕文字的区别

调用文字标注工具，在屏幕上想要放置文字的地方单击，单击的位置一定不能有任何几何体；否则就变成了引线文字。看到"输入文本"的提示以后，就可以输入文字了。

输入文字时，可以使用标点符号、空格和换行，也可以使用复制和粘贴。输入完毕后，工具在屏幕空白处单击，退出工具，屏幕文字标注完成。双击屏幕文字，就可以进入编辑状态，可以对它进行编辑修改。如果需要移动屏幕文字的位置，只能使用移动工具。屏幕标注文字时常被用来作为模型的名称和必要的说明。而引线标注文字，几乎全部被作为对细节的描述。善用文字标注，可让你的设计更容易被理解和接受。

3. 关于文字标注的注意点

（1）在"模型信息"面板里，引线的终点有 4 种选择。

"无"，就是引线的起点没有特别的标识，保持直线形态。

"点"，就是在引线的起始点有一个圆点来突出标示。

上面这两种引线都符合我国的制图标准，可以使用。

至于两种箭头：闭合的箭头勉强可用；开放的箭头不符合我国制图标准，应谨慎使用。

（2）引线文字的引线，在"模型信息"面板中有两个不太引人注意的选项，一个是"固定"，另一个是"基于视角调整"，见图 5.8.5。

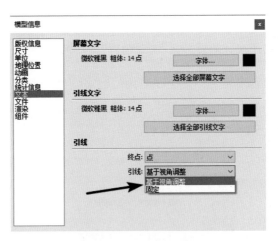

图 5.8.5　基于视角调整

它们之间的区别是：基于视角的调整，引线会随着模型转动；固定的引线则不会随着模型转动。二者之间有一点细微的区别，还是基于视角调整更好些。

（3）根据我国制图标准，图样上的文字只允许使用宋体、仿宋体和黑体，请不要使用其他字体。尤其是用模型直接输出图纸时更需注意。建议在用投影仪展示时用加粗的黑体，输出图纸时用仿宋体。

（4）在模型用于投影仪展示时，为了能够看清必要的文字说明，可以适当加大文字的尺寸。而同一个模型用于导出图纸时就要注意遵守制图标准里对文字尺寸的规定。

前面介绍文字标注工具的应用，它可以用来标注指定点的精确坐标位置、标注面积、创建引线文字、创建屏幕文字、标注组件信息，用途多多。课后去动手熟悉一下。

5.9 剖面（截面）工具

在正式讨论之前，要花几分钟对经常被混淆的几个概念做一些澄清，方便后面的讨论。

第一个需要认真指出的是，这组工具以往的老版本里曾经称为"剖面工具"，是准确的，在 8.0 版中被莫名其妙地改成了"截平面工具"，现在又变成了"截面工具"；无论从什么角度解释，把这一组工具命名为"截面"都是不正确的。

1. "截面"与"剖面"

下面复习一下制图理论中关于截面和剖面的区别。

"截面图"只有所截开部分的投影，其形状只表示被截开部分，如被截开的墙体楼板等，至于没有被截到的部分，如楼梯家具等部分就不必画出来。

"剖面图"就不同了，是把对象剖开后向某一方向的投影，朝这个方向看过去，能看到的所有部分都要画出来，如剖开的墙体楼板要画出来，没有被剖切到的楼梯和家具，只要剖开后能看到的也要画出来，剖面图包含了上面所述的截面图。换句话讲，截面图只是剖面图的一个部分。

下面准备了同一个模型的 3 幅不同图片。图 5.9.1 是截面图；图 5.9.2 是剖面图；图 5.9.3 是用剖面工具对 SketchUp 剖开后的剖面图。一比较就清楚了：根据上面所引述的制图理论以及相关的标准规范，用 SketchUp 的这一组工具创建的图形显然符合剖面图的特征。所以，这一组工具的准确定义应该是"剖面工具"，而不应该是"截面工具"。

顺便说一下，中国现行的制图理论是从西方引进的，中国和西方一直都在应用和传承，并没有中西之间的区别，也没有新旧的概念。无论是丁字尺三角板的年代，还是当今的计算机辅助设计，剖面和截面的定义都没有变化，我国的相关标准和规程中还对剖面、截面的画法、所包含的内容，甚至线条的粗细都有明确的规定，建议对此概念不清的设计师们去复习（学习）一下相关的知识。

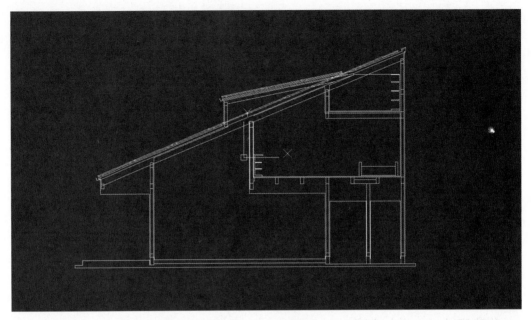

图 5.9.1　截面图

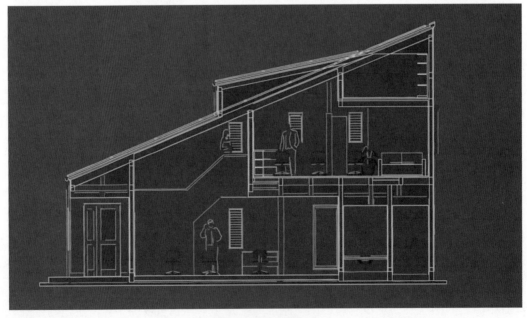

图 5.9.2　剖面图

图 5.9.3　模型的剖面

因为上面说过的理由，在本套教程的讲述中，对这一组工具还是称为"剖面工具"，而不是工具上标示的"截面"，特此提示，敬请注意。

2. "剖面"与"剖切"

现在开始讨论剖面工具，想要讲清楚剖面工具，就得把这一组工具的几大件放在一起来讲。先来看一下，SketchUp 对这 4 个工具的命名分别是剖切面、显示剖切面、显示剖面切割、显示剖切面填充。下面要讨论"剖面"和"剖切"的概念和区别，它们经常被混淆，这是第二个需要澄清的重要概念。

单击工具条上最左边第一个工具以后，光标上会粘有一个平面，它可能有 4 种不同颜色的边线，与其他工具一样的是，红、绿、蓝 3 种颜色提示工具与红、绿、蓝轴垂直；不一样的是，用橙色而不是黑色来表示不垂直于任何轴（图 5.9.4）。

这个面的 4 个角上都有十字形的箭头。应注意：这个东西的正式名称叫作"剖切"，或者叫作"剖切工具"更容易记忆和理解，而不是工具栏上的"剖切面"，这个叫作"剖切"的东西是下一步要获得剖面的工具，所以，还是称呼它为"剖切工具"更为确切（图 5.9.4）。

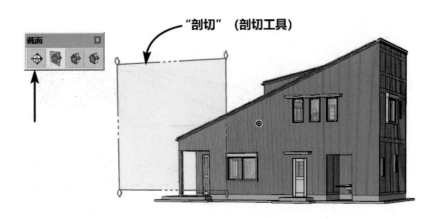

图 5.9.4　剖切（剖切工具）

3. 设置一个"剖切"

　　现在就可以用这个叫作"剖切"的工具来创建一个"剖面"了。移动剖切工具到一个平面上，单击，剖切工具就吸附在了这个平面上。在弹出的小面板上可以给这个"剖切"命名，指定一个符号；若接受 SketchUp 给出的默认名称和符号，可以直接单击"好"按钮确认（图 5.9.5）。

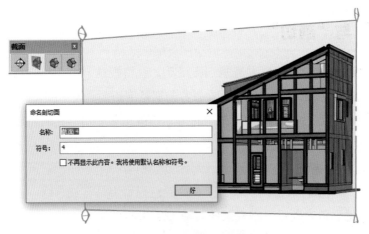

图 5.9.5　设置一个剖切

　　注意，剖切工具的作用范围将扩展到覆盖当前模型中的所有几何体，如果图 5.9.5 所示的建筑旁边还有其他几何体，剖切工具将自动扩展到覆盖全部模型。

　　本节后面还有如何把剖切限制在一定范围内的讨论。

4. 得到一个"剖面"

现在剖切工具是橙色的，说明它还不在激活状态，只有激活了某个"剖切"它才能起作用。单击这个"剖切"就可以激活它；激活后的剖切显示蓝色的边框。

如果不能通过单击来激活剖切，还可以右击剖切面，然后在弹出菜单里选择"显示剖切"命令，只有剖切工具变成蓝色，这个"剖切"才是激活的状态。剖切工具四角的箭头指向要剖切的方向；右键菜单里的"显示剖切"命令在以往的版本中，它的名称是"激活剖切"，似乎更能体现它的功能，此处特别说明一下。

见到剖切工具呈现蓝色，就可以换用移动工具对剖切工具重新定位（图 5.9.6）。

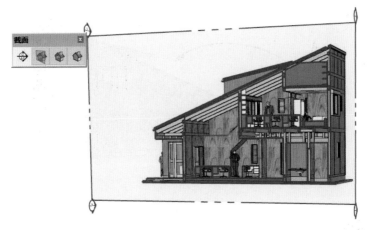

图 5.9.6　得到剖面

在移动剖切工具的过程中，可以看到剖切工具在一系列不同位置获得的"剖面"；也可以用旋转工具对激活的剖切进行定位。

至此，第二个需要明确的概念现在应该很清楚了，橙色或蓝色边框的这个东西就是剖切工具，简称剖切；它是用来剖开模型的工具。模型被剖开后呈现的就是剖面，它包括被剖切到的部分和没有被剖切到但是仍然能看到的部分。

5. 隐藏和显示"剖切""剖面""剖面填充"

现在介绍这组工具的另外 3 个按钮。

第二个按钮是"显示剖切面"，用于显示和隐藏剖切工具（图 5.9.7）。第三个按钮用来显示和隐藏"剖面"（图 5.9.8）。最右边的按钮用来显示和隐藏剖面填充，关于剖面填充，后面还要深入讨论。可以根据实际需要，组合使用这 3 个按钮。

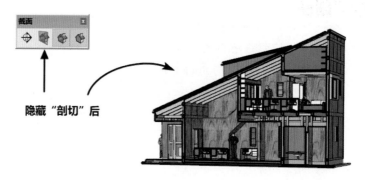

图 5.9.7　隐藏"剖切"后

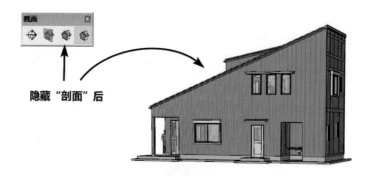

图 5.9.8　隐藏"剖面"后

6.　双向的剖面

使用同一个剖切，可以获得双向的剖面。方法是：右击剖切工具，并从弹出菜单中选择"翻转"命令，即可翻转剖面的方向（图5.9.9）。

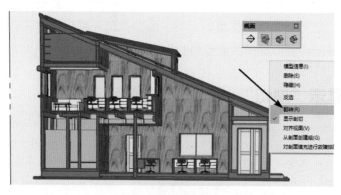

图 5.9.9　双向的剖面

7. 剖面对齐视图

使用右键菜单里的"对齐视图"命令，可以快速调整模型的视角，使剖面与屏幕平行，也就是与我们的视线垂直（图 5.9.10）。

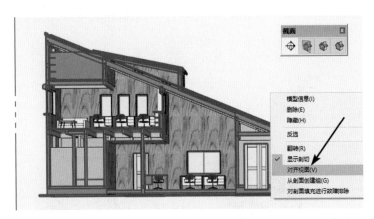

图 5.9.10　剖面对齐视图

8. 设置多个"剖切"

在同一个模型里还可以放置若干"剖切"。

图 5.9.11 中已经有了 3 个剖切，但是只能激活其中的一个。

有两种方法可以激活某个剖切。第一种方法是，鼠标在需要激活的剖切上双击；第二种方法是，右击需要激活的剖切，然后在弹出菜单里选择"显示剖切"命令。

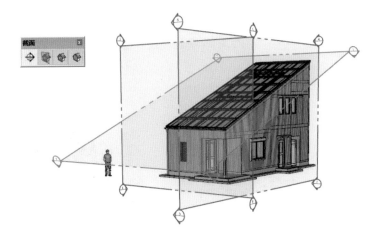

图 5.9.11　设置多个剖切

9. 同时激活多个"剖切"

现在讨论在同一个模型中同时激活多个剖切的技巧。

图 5.9.12 中有两座建筑，如果想要同时激活它们不同的剖切，必须提前把它们分别做成不同的群组，然后分别进入群组内放置剖切工具。每个群组里可以设置若干剖切，各激活一个（图 5.9.12）。

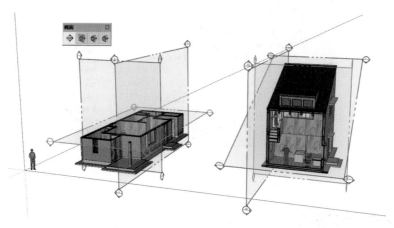

图 5.9.12 同时激活多个剖切

10. 剖切的嵌套

把图 5.9.12 所示的两个独立的群组合并成一个大群组。现在可以在大群组的外面再设置若干剖切并激活其中的一个，图 5.9.13 中的情况就是在大群组外和每个小群组内各激活了一个剖切的实况。这种做法叫作"剖切的嵌套"，就像群组和组件的嵌套一样，嵌套的层次不能太多，最好不要超过 2 ～ 3 层。图 5.9.13 中是两层。

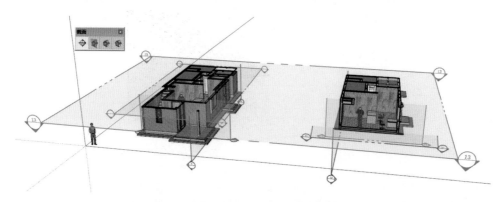

图 5.9.13 剖切的嵌套

11. 剖面填充

接着来介绍关于剖面填充的有关问题。

剖面填充是新版 SketchUp 才有的功能，在没有这个功能之前，把模型剖开后的位置只能看到对象的轮廓线，也叫作剖面线，见图 5.9.14（左）。现在有了这个工具就可以获得所谓"剖面填充"的效果了。

SketchUp 默认用黑色做剖面的填充色，见图 5.9.14（中），大多数时候并不合适，但是可以改变剖面填充的颜色，请记住下面介绍的具体操作。

① 打开"默认面板"中的"样式"面板，这里有 5 项，即未激活的剖切面、激活的剖切面、剖面填充、剖切线、剖面线的宽度。前面两项建议保持默认，后面 3 项可以适当调整。

② 单击剖面填充右边的小色块，就可以调整剖面颜色了，建议选用一种浅一点的灰色或制图标准允许的图形（图 5.9.14（右））。

至于剖切线的颜色，也可以单击小色块进行调整，不过还是保持默认的黑色比较好。

剖面线宽度可改变剖面线的粗细，默认是 3 像素宽，也建议保持默认值。

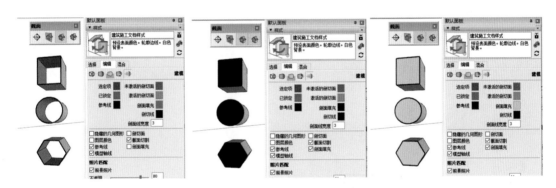

图 5.9.14　剖面填充调整

下面再介绍一个偶然发现的"旁门左道"：剖面工具居然还可以用来切割模型，这个功能在需要切割繁杂的模型时尤其可贵。

创建一个圆形，拉出一个圆柱（图 5.9.15 ①）。现在要用剖切工具把这个圆柱体斜切成上下两个部分。

第一步，在圆柱体的顶部放置一个剖切（图 5.9.15 ②）。

第二步，用移动工具往下移动和旋转工具旋转这个剖切（图 5.9.15 ③）。

第三步，右击这个剖切，在关联菜单里选择"从剖面创建组"命令（图 5.9.15 ④）。

可以看到，剖面线已经单独成为一个群组，这个群组也可以移动和旋转（图 5.9.15 ⑤）。

如果想把这个圆柱分割成上、下两段，只要炸开这个群组就可以（图 5.9.15 ⑥）。

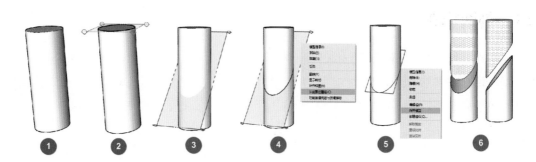

图 5.9.15　用剖切分割模型

用这个办法可以创建穿过任何复杂形状的剖面，这是一个很有用的技巧，在后面的实例中还会进行详细讨论。

另外，还可以用剖面工具来获得一种叫作"剖面动画"的表现形式，如果对制作剖面动画的内容感兴趣，可参阅本系列教程的动画专题。

SketchUp 还可以把剖面导出为二维位图、二维矢量图和三维模型，这部分内容放在后面的"文件交换（导入导出）"一节中详细讨论。

本节先澄清一些错误的名称和概念，即"截面"与"剖面"以及"剖切"与"剖面"；讨论了剖面工具的应用要领；用剖面工具切割模型的方法，嵌套的剖面，更改剖面填充和剖面线的颜色、粗细等内容。课后请动手体会一下。

5.10　漫游工具组

它没有独立的工具条，只在"相机"工具条上占有 3 个图标，在大工具集的最下面也占有一席之地。漫游工具组包括 3 个工具，即定位相机、漫游和绕轴旋转。

漫游工具组的主要作用是：把镜头固定在某一特定位置、特定高度、特定的视角，以互动方式让我们在模型内部或围绕模型行走，得到身临其境的感受，检验我们的设计。

这 3 个工具必须配合起来使用才能完成漫游；漫游工具还时常在创建动画时使用。本节所讨论的内容很难用"图文方式"讲清楚，需用配套的视频教程配合学习。

在下面的讨论中，要用图 5.10.1 所示的模型作为标本，先来大略看一下全貌。

这是一个揭开了屋顶的大厅，共有 3 层，其中最下面的一层有一个平台，可以通过两侧的斜坡上下；二层是一个长廊，三面都能走通；第三层是一个平台，室外还有一条马路，可以通过敞开的大门进入室内（请查看附件里的模型）。

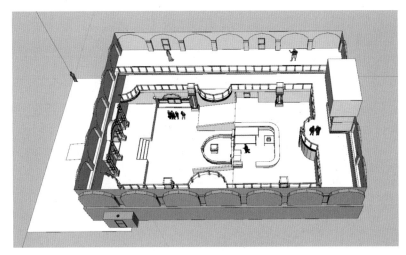

图 5.10.1　练习用模型

　　使用漫游工具的第一步，通常是从"定位镜头"开始的。定位镜头工具可以将镜头，也可以理解为人的眼睛，放置在模型中的特定位置，还可以确定眼睛的高度和视角，以便查看模型或在模型中漫游。

　　有下面两种方法可以定位镜头。

　　第一种定位镜头的方法是：调用定位镜头工具，移动工具到你希望站立观察的位置，单击鼠标左键，相当于你已经站在了这个位置，此时，右下角的数值框里显示的是当前的眼睛高度，如果你现在是站在地面上，数值框里显示 1676mm，这是西方人的平均眼睛高度，你可以输入新的值来改变眼睛的高度。

　　当你已经站在一个新的位置时，工具自动变成了一只眼睛，你可以移动这只眼睛，向左移动眼睛，相当于扭头向左看；向右移动眼睛，相当于向右看；还可以向上仰视；也可以向下俯视。

　　第二种方法是将镜头置于某一特定点，同时面向特定方向。

　　调用定位相机工具，单击你想站立的位置（图 5.10.2 中的①号点），不要松开鼠标，将光标拖动到想要观察的部位（图 5.10.2 中的②号点），从站立点到观察点之间有一条虚线，松开鼠标左键，镜头就定位在了你想观察的位置。当然，看够了预定的目标后，仍然可以移动"眼睛"四处观察浏览。

　　如果站在一个地方四处看看还不过瘾的话，可以单击像鞋底的漫游工具，四处游荡；单击它以后，光标就变成了一双鞋底的模样，经常被忽视的是，这双鞋底中间还有个十字形的标记，按住鼠标左键，微微移动光标后看到的情景就像是我们在现场走动。

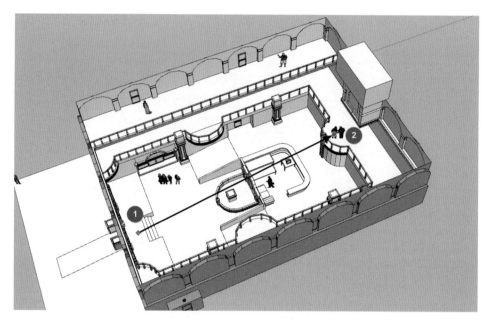

图 5.10.2　定位镜头

　　鞋底在十字标记的前面就是往前走；把鞋底调整到十字标记的左边或右边就是往左或往右运动；把鞋底的标记移动到十字标记的下面，就是倒退着走；鞋底离开十字标记越远，走的速度就越快；漫游工具还会自动上、下楼梯或斜坡，同时保持眼睛高度不变。

　　初学者刚开始就像小孩子学走路，不要走得太快；否则，可能不太好操作。

　　现在，我们用漫游工具来走一圈，走的过程中如果不当心撞到了家具、墙壁等障碍物，可以松开鼠标，重新设置好起点后继续行程。

用 Shift 键配合漫游（升降）

　　请注意，在漫游浏览中，还有几个辅助键可以帮助我们实现一些特殊的功能：按住 Shift 键的同时向上下方向移动光标，就可上下移动，而不是前后移动。就像爬上梯子看到的效果。

用 Ctrl 键配合漫游（跑步）

　　如果你正在浏览一个很大的场景，如一个小区或一个公园，按住 Ctrl 键，可得到跑步的速度，以节约浏览的时间。

用 Alt 键配合漫游（穿墙）

　　漫游时，按住 Alt 键就可以穿过墙壁行走，哪怕比银行金库更厚的墙照样一穿而过。

关于"视角"

　　现在再来介绍一下与"视角"相关的问题。

我们在 SketchUp 工作窗口中看到的场景，可以理解为通过一个摄像机获得的视野，视野的大小，只要单击放大镜形状的缩放工具，就可以在右下角的数值框里看到当前的视角值。

35°（或 30°）是 SketchUp 默认的视野角度，可以兼顾到有足够的视野又不至于引起太大的视觉变形。如果因为任何原因改变了视角，请用过以后赶快恢复到默认的 35°（或 30°）。

关于"焦距"

如果想自己端着的摄像机上有个 90° 视角的广角镜头（焦距差不多是 20mm），这样就可以在浏览过程中有更大的视野。在用漫游工具行走之前，激活放大镜形状的"缩放"工具，输入视野的角度，如 90，按回车键后你的相机就是 90°（20mm 左右）的广角镜头了（也可以按住 Shift 键并上下拖动）。

当然，你也可以直接输入镜头的焦距"20mm"，按回车键后就拥有了 20mm 的广角镜头。

如果输入"120mm"按回车键后，你又拥有了 120mm 的长焦距镜头了（望远镜头）。

无论你曾经改变过"视角"还是"焦距"，用过之后，记得一定要把视角调回到 30° 或者 35°。（单击"放大镜"的缩放工具，立即输入 35 或 30 后按回车键）

前面已经介绍了漫游工具组 3 个工具的用法，无论你是建筑设计、园林景观设计还是室内装饰设计或城乡规划设计，做好一个方案后，总想身临其境进去走一走、看一看，找找毛病，用好、用活这一组工具，你就能如愿。

还要提醒一下，在使用这组工具时，应时刻注意当前的眼睛高度是否在合理的范围内，合理的范围就是从潘长江到姚明的身高，还要减掉一个额头的高度。

这一组工具还是制作漫游动画的重要工具，这部分内容可查阅系列教程的动画部分。

这 3 个工具的用法看起来很简单，但是想要真正用好、用活，不经过大量的实践和练习是难以掌握的。鉴于漫游工具并不是建模过程中必需的，如果当前你没有时间来练习，可以安排在有空时来做。

扫码下载本章教学视频及附件

第 6 章

模型的组织与管理

在此之前，我们学习了 SketchUp 的 6 种绘图工具、8 种造型工具和同样重要的 10 种辅助工具。本章要学习的内容不是工具，而是组织与管理的手段，比起建模，组织与管理同样重要，甚至更重要。

SketchUp 的管理手段大致有 7 种：即组（群组）和组件、动态组件、场景页面、图层、图元信息和管理目录。

其中，只有动态组件与图层有工具图标，其余的要么在右键菜单里，要么在"默认面板"上。

其中，图层与图元信息二者关系密切，将放在一起讨论。

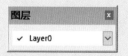

6.1 组（群组）

1. SketchUp 运行原理与特点

本节要介绍 SketchUp 在模型管理中的一个重要概念，即"组"，也叫作"群组"。

在展开讨论之前，有必要对 SketchUp 的运行原理和工作方式做一深入介绍。

正如之前的章节里说过的：SketchUp 的运行机制和原理，与 AutoCAD、3ds Max、Photoshop 等常见的辅助设计软件是完全不同的。

首先，SketchUp 的运行不是基于"图层"，这是与大多数计算机辅助设计软件不同的。

严格地讲，SketchUp 的运行是建立在"线段"基础上的。

"线段"是 SketchUp 里最基础的元素；3 条以上的线段首尾相连就成了"面"。

"面"的基础是"线"，线定义面的边界。所以，删除面的任何边线，面就被破坏，但是，删除面，边线可以独立存在，还可以方便地恢复成面。

线段、平面以及由它们组成的立体，可以统称为"几何体"或者"实体"。

SketchUp 中不会有重叠的线，即使在同一位置反复画线，所有的线也会自动合并（后面会证明）。

从使用者的角度看，它与别的软件相比，显得更智能和灵活，更接近于手绘，特别适合方案的构思、交流和设计。

2. SketchUp 不会有重叠的线

我们要用下面的实验来证明 SketchUp 里不会有重叠的线。

"模型信息"面板里有个统计功能，删除站岗的小人后，边线和平面数量都是零（图 6.1.1（左））。

画一个矩形，现在统计信息显示"边线"为 4，"平面"为 1（图 6.1.1（中））。

反复在矩形的 4 条边上画线，边线的数量不变（图 6.1.1（右））。

这就证明了在 SketchUp 的模型里，同一位置的线条自动合并，不会重叠。这是个重要的概念。

3. 统计信息的重要性

图 6.1.2 是一个普通规模的小模型，统计数据显示有 49 万条边线，近 10 万个面。

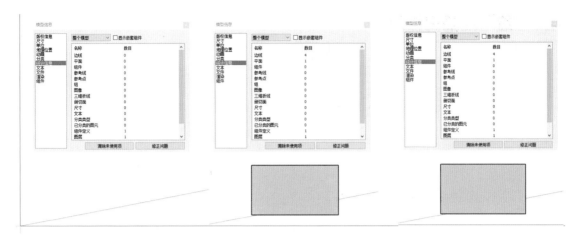

图 6.1.1　SketchUp 里不会有重叠的线

图 6.1.2　统计信息

　　如果把每个线段看作一个人，把若干线段围合成的面看作一个家庭或一个群体，那么，一个模型俨然就是一个城市、一个国家、一支军队。

　　数量如此之大的几何体，如果不能有效地组织和安顿好它们，建模效率一定高不起来，还免不了要出乱子。

　　SketchUp 对几何体管理最基础的手段是"组"，也称为"群组"。一个群组可以包含多寡不等的线和面，如果把整个模型看作一个城市，那么一个个群组就是不同的社团和群体，它们之间既有联系也互相隔离。

　　至于另外一种几何体的集合——"组件"，是一种有着特殊属性的群组。组件的特点是：相同组件之间的关联性，方便编辑和修改；组件适合在大量重复时应用。关于"组件"的内容，将在 6.2 节中讨论。

　　图 6.1.2 所示的简单模型就有两万多个组件、1000 多个组。

4. "组"的隔离作用

组（群组）最基本的作用有两个，即"隔离"和"管理"。

图 6.1.3 左侧有一些不同的几何体，当它们独立存在时，各过各的日子，相安无事。如果把它们移动到一起（图 6.1.3（中）），问题就来了，扯都扯不开（图 6.1.3（右））。

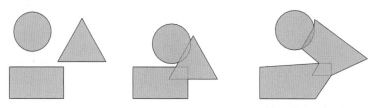

图 6.1.3　组的隔离作用（编组前）

解决的办法很简单：选择每个个体的全部线面，在右键菜单里选择"创建群组"命令（图 6.1.4（左二）），这样这些几何体就成了一个群组。单击它会有一个立体的框，群组里的所有几何体都被约束在群组里面。

现在再把它们移动到一起（图 6.1.4（左三）），就不会有刚才的麻烦了（图 6.1.4（右））。

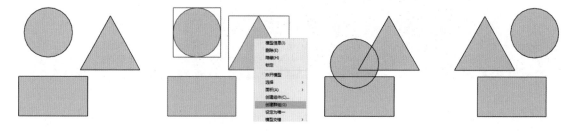

图 6.1.4　组的隔离作用（编组后）

5. 进入与退出"组"

一个群组里面所包含的内容，可以是几段线条，也可以是非常复杂的模型。

如果要对群组内的几何体进行编辑，只要在群组上双击，就可以进入群组的内部。此时，群组外无关的几何体颜色会变淡（图 6.1.5（左））。

编辑完成后，只要在群组外单击，就退出了群组编辑。

6. 炸开"组"

群组也可以通过右键的"炸开模型"命令，恢复到编组前的状态（图 6.1.5（右））。

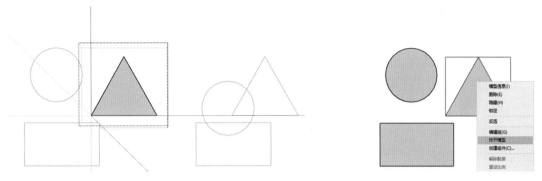

图 6.1.5　进入与退出群组

7. 以"组"创建"组件"

如果有必要，群组也可以通过右键菜单里的"创建组件"命令把群组变成组件。

8. 嵌套的群组

图 6.1.6（左）是一个公园椅的群组，双击它可以进入群组的内部（图 6.1.6（左二））。里面还包含了 4 个小的群组。随便单击一个小群组，再进入它的内部（图 6.1.6 左三），就可以看到还有更多的小群组。再双击进入一个小群组，进入内部，看到的才是最基础的几何体，即边线和面（图 6.1.6（右））。

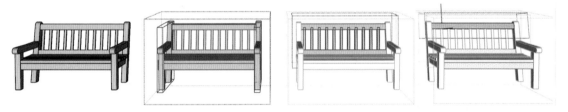

图 6.1.6　嵌套的组

这一层层的群组，叫作"群组的嵌套"或"嵌套的群组"。

用这样的方法创建模型，好处是层次清楚、速度快、方便修改。

实际上，如果不用编组和嵌套的方法，可以说，很难创建这样的模型；就算勉强折腾出来，也无法使用和修改。

如果把最大的群组看作第一层（图 6.1.6（左二）），里面的 4 个部件就是第二层（图 6.1.6（左三））。

随便进入一个部件，再里面的群组就是第三层了（图 6.1.6（右））。

所以说，图 6.1.6 所示组件的嵌套是 3 层。

为了便于日后的应用和修改，群组的嵌套最好不要超过 3 层；否则，一层层地进入，再一层层地退出，太麻烦，还很容易出错。

即使你很会建模，还是要注意模型中几何体的组织管理，这对提高建模速度、方便后续修改和团队合作非常重要。群组是 SketchUp 模型最基础的管理形式，最好在创建第一个面以后就创建群组，然后进入群组进行后续的操作。模型中最好不要存在游离于群组（组件）之外的几何体；群组的嵌套不要超过 3 层。

6.2 组件（一）

在 SketchUp 的应用中，"组件"是一个非常重要的概念，它有着无可替代的重要性。本节提到的"组件"，与 6.1 节讨论过的组（群组），在名称和概念上非常容易混淆，请注意"组"（群组）与"组件"之间，虽然有类似的地方，但也有完全不同的含义。

1．"组件"与"组"的异同

众所周知，"线"是 SketchUp 最基础的元素，3 条以上的线首尾相连可以形成面，统称"线面"。"组件"与"群组"又把若干"线面"约束在一起，构成了 SketchUp 模型最基础的部件；"组件"和"群组"一样，是建模过程中对几何体进行隔离和管理的手段，这是它们二者相同的地方。

它们二者最主要的不同是：相同组件之间具有"关联性"；充分与合理运用这种关联性，可以大大简化建模过程，加快建模速度。另外，"组件"还是用户间共享劳动成果的有效形式。在建模过程中，可以把模型中某些有代表性的部分做成"组件"，留作后用，或与他人共享。

2．相同组件间的关联性

图 6.2.1（左侧）所示的公园椅，是由几块板和一些金属构件组成的（图 6.2.1（左）），相同的木板都是相同的组件，相同的金属件也是相同的组件；只要改变相同组件中的任何一个，其余的就会跟着变化，这种现象就是组件之间的关联性。

为了说明相同组件之间的关联性，可以双击进入任意一块木板，改变它的颜色，所有公园椅的所有木板，全部改变了颜色。再改变一下形状，同样，只要改一个，其余的也会随着改变。学会合理运用相同组件间存在的关联性，可以大大降低建模的工作量和难度，所以说它非常重要。

图 6.2.1　相同组件的关联性

3. 组件面板简述

现在关注一下"默认面板"上的"组件"面板（图 6.2.2 ①）。

它其实就是 SketchUp 的"组件管理器"，是 SketchUp 里一个非常重要的管理工具，有非常强大的功能，操作者可以在这里浏览、挑选和调用计算机里保存的组件，可以在这里查看组件的各种属性或者改变它，甚至可以在这里直接访问三维模型库，搜索和下载需要的组件和模型。下面简单讨论"组件"面板的主要功能。

单击图 6.2.2 ②中小房子右边向下的三角形箭头，可以看到一下拉列表框。

应注意，2019 版之前第一行"在模型中的材料"是错的，应该是"在模型中的组件"（图 6.2.2 ②）。在这个目录中保存了当前模型中正在使用和曾经使用过的所有组件，这里也有刚刚创建的公园椅这个组件，单击它就可以看到。

这个菜单项的快捷方式就是"小房子"，单击"小房子"与单击菜单"在模型中"结果一样。"在模型中"这个部分，还有很多重要的内容，下面还要做详细讨论。

下一项是"组件"，这里有两个子目录，即"动态组件培训"和"组件取样"（图 6.2.2 ③）。说实话，这两个中文描述都有点名不副实：打开这两个文件夹，里面只有很少几个示范用的普通组件和动态组件，起不到多少"取样"和"培训"的作用。

注意，图 6.2.2 ③中最下面有两个箭头，因为它们实在太小了，经常被忽视，单击这两个小箭头，可以向前或向后翻页，在寻找组件时很方便。

"我的模型"和"我的集合"这两项（图 6.2.2 ⑤）是用来调用你或你同事已经上传到3D Warehouse，也就是 3D 仓库里的组件用的，想要使用这几个功能，必须具备下列条件。

① 你必须在 3D Warehouse 注册一个身份。

② 你已经把你现在想要用的组件上传到 3D Warehouse。

③ 或者你的同事或朋友已经把你需要的组件上传到 3D Warehouse。

④ 当前可以上网并且可以登录到 3D Warehouse。

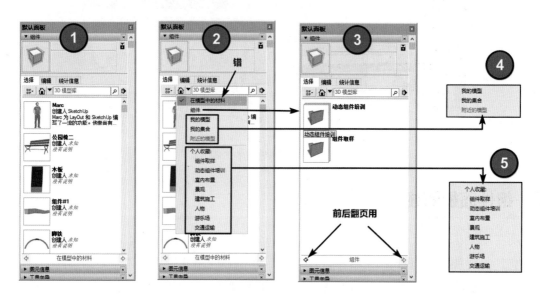

图 6.2.2　"组件"面板

换句话讲，"我的模型""我的集合""附近的模型"这 3 个功能是调用你或你朋友保存在 3D Warehouse 上的组件。

"附近的模型"（图 6.2.2 ④下）用来调用局域网内的模型，但需要提前建设好内部组件库。

再往下的这些室内布置、景观、建筑施工、人物、游乐场、交通运输等（图 6.2.2 ⑤）这些功能都需要联网，并且能访问 3D Warehouse；就算连接到了 3D Warehouse，看到的也只有很少的一点内容，查找和下载很费时间，查找到的大多数组件未必适用，所以图 6.2.2 ⑤中这一大块几乎没有什么实用价值。

4. 找寻"组件"

那么，什么是有实用价值的呢？可以先试试以下的办法。

如果你在这些默认的目录里找不到满意的组件，还可以直接在面板上部的搜索框里输入想要寻找组件的英文名称，例如，现在想找一些沙发的组件，就可以在这里输入"sofa"，然后按回车键（图 6.2.3 ①）。

按回车键后经过几秒的等待（图 6.2.3 ②）就显示出搜索的第一批结果（图 6.2.3 ③），最下面还有搜索到的总量（41972 个，这是第 1 到第 12 个）。如果这一批里面没有你喜欢的，可以单击向右的小箭头，换一批看看；如果找到了合适的对象，单击它，就可以下载这个模型，经过大概 5 ～ 6 分钟等待（图 6.2.3 ④），下载终于完成，模型就在你的光标上，可以加入到当前的模型中或者保存起来留着以后用（图 6.2.3 ⑥）。

用这个方法寻找组件的问题：缩略图太小，看不清楚。每一批可供选择的量太少，只有 12 个，等待的时间太久。

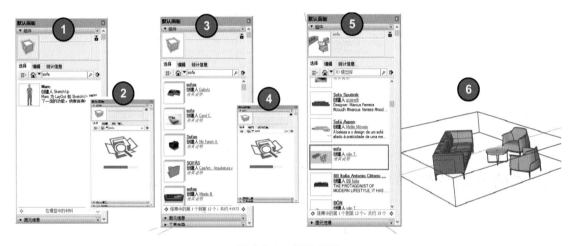

图 6.2.3　组件来源

下面告诉你真正实用的办法。

想要快速寻找大量优质的组件和模型，应在浏览器中输入网址 https://3dwarehouse.sketchup.com/，绕过 SketchUp，直接到 3D 仓库去搜索下载。

3dwarehouse 里的组件数量惊人，只要你有耐心，懂得搜索的技巧，舍得花时间，总能找到你喜欢的组件。注意：访问 3D Warehouse 只能用指定的浏览器，如 Firefox、Safari、Edge 和 Chrome。

5. 动态组件标志

注意，有些预览图片的组件上面有这样的绿色标记：一个小三角形、两个小正方形组成的标志，凡是有这种标识的组件，都是"动态组件"，其余的都是常规组件（图 6.2.4）。

关于"动态组件"后面有专门的章节做详细讨论。

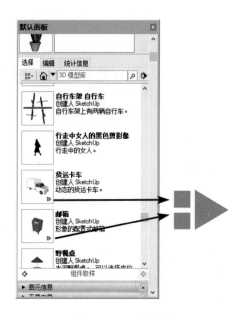

图 6.2.4　动态组件

6. 对组件的操作

现在打开一个小模型（图 6.2.5），里面有四盆仙人掌、四株向日葵、四束玫瑰花。

单击小房子（在模型中）的图标，选中它以后，下面有一些预览图，这些预览图与当前模型里的组件品种是相同的。在图 6.2.5 ①中右键单击某个预览图，利用这个右键菜单，可以进行一些重要的操作（图 6.2.5 ②③）。

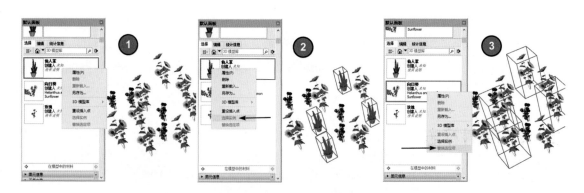

图 6.2.5　对组件的操作

"属性"：单击它以后，这里显示这个组件的一些重要属性，还可以对这个组件的属性进行修改。这部分内容将会在系列教程的建模实例专题中讨论。

"删除"：模型中有很多组件时，可以在这里删除所有同样的组件。

"重新载入"：是从组件的原始位置重新载入这个组件，如果已经在外部修改过这个组件，可以用这个命令来更新，团队合作时或许有用。

"另存为"：这个命令很重要。当你创建了一个组件或者下载了一个组件，想把它保留下来留作以后用时，就要用到这个命令了。

"重设插入点"：用来恢复组件定义的"插入点"，关于组件的"插入点"可参阅系列教程中的建模实例专题。

7. 批量选择和替换

图 6.2.5 ②③中有两个命令，即"选择实例"和"替换选定项"，非常重要。

比如这个模型中有四盆仙人掌、四株向日葵、四束玫瑰花，它们都是组件。

如果只想选择其中某一种组件时，就可以用到"选择实例"命令，例如我想选择所有的仙人掌，就可以在窗口里找到仙人掌，选择右键菜单中的"选择实例"命令，模型里的所有仙人掌就被选中了（图 6.2.5 ②），这样的操作方便进行更改、删除等后续的操作。

如果想把所有的仙人掌都更换成玫瑰花，只要在选择好仙人掌实例后，到向日葵的预览图上右键单击，选择快捷菜单中的"替换选定项"命令，四盆仙人掌即替换成了向日葵（图 6.2.5 ③）。用这个方法可以成批量地、快速地用新的组件替换不再需要的组件。

8. 调用与保存组件

注意，图 6.2.6 中箭头所指的向右的图标，里面有 5 个命令。

第一个命令是"打开或创建本地集合"，单击它可以打开自己的组件库，如果你已经有了自己的组件库，有 3 种办法可以调用库里的组件。

（1）把这个组件库保存在 U 盘或移动硬盘里，用时单击这里，打开组件库，找到需要的组件，拉到模型里来。

（2）干脆在 Windows 的"资源管理器"里打开你的组件库，选中想要用的组件，将其直接拖到 SketchUp 的工作窗口里来。

（3）把你的组件库保存到路径 C:\Users\ 用户名 \AppData\Roaming\SketchUp\SketchUp 2019\SketchUp\Components，它们就像 SketchUp 自带的默认组件一样，随时出现在这里。但是这个办法要把大量文件保存在计算机的 C 盘，不一定适合所有的计算机。

图 6.2.6 调用与保存组件

9. 批量保存组件

图 6.2.6 的第二个命令是"另存为本地集合",单击它以后,可以把当前模型中的所有组件保存在一个目录里,留作以后使用,这个功能对做室内家装设计的人特别有用。因为每个家庭装修项目要用到的组件,大致都差不多;如果每做一个设计,保存一套组件,分成中式、西式、简约、现代、传统等,以后你就不用找了,按平面尺寸拉个墙,摆摆组件就交差。第三个命令用于打开 3D 仓库,需要联网,并且需要有一个 Google 或者天宝的注册身份后才能使用。

10. 分解展开组件

前文中在讨论组(群组)时知道,一个群组里可能还包含了若干层次、若干数量的小群组,叫作嵌套的群组。组件也一样,一个组件里也可以包含若干层、若干数量的小组件。实际上,大多数组件都是嵌套的,如这棵向日葵就有多达 3 ～ 4 层的嵌套。

选中需要炸开的组件后,单击"展开"命令,就会把组件里的小组件拆开,分别展示在这里,方便进一步利用或编辑(图 6.2.7)。

图 6.2.7　分解展开组件

11．清理不再使用的组件

图 6.2.6 中的最后一个命令"清除未使用项"，非常重要。

这个模型里原来有一个男人和三盆竹子组件，把它们删除以后，它们依然存在于模型中。这说明在建模或测试的过程中，正在使用和曾经用过的所有组件都保存在模型里，方便你再次使用，这是好的一面。但是如果不把这些已经不用的组件从模型文件中删除，这些组件就成了垃圾，在文件体积增加的同时，也增加了 SketchUp 的负担。

执行"清除未使用项"命令，这些已经不用的组件就从模型文件中删除了（图 6.2.8 右）。

图 6.2.8　清理组件

组件应用技巧方面的内容非常重要，也非常多，本节只介绍了一些最基础的应用要领，在系列教程的其他部分还有大量相关内容。

小结：本节讨论了组件的概念；组件与组（群组）的区别；利用组件加快建模、简化模型结构；下载、创建、编辑、替换和清理组件；组件库与管理组件；清理不再需要的组件等内容。

6.3　组件（二）

6.2 节介绍了组件的基本特性，本节要对组件再做深入一点的讨论。

图 6.3.1 是一个拆开的公园椅，上一节已经见过它了。

1.　什么情况要创建"组件"

公园椅分解以后的所有零件，不包括螺钉，共6种零部件，即松木条、垫铁、上部的弯曲件、下部的弯曲件、连接上下弯曲件的连接块以及一根连杆。

有一个很多人关心的问题就是，模型中什么样的几何体要创建组件？其实很简单，凡是在模型中要重复使用的几何体最好都创建成组件。具体到图 6.3.1 的这一堆东西，除了连杆是单件的外，其余 5 种几何体，每一种至少有两个副本，所以除了连杆之外都要创建组件，这样做就为以后的修改和模型的管理提供了方便。

图 6.3.1　重复应用的相同对象可创建组件

2．为组件命名

在"组件"面板上可以看到（图 6.3.1），已经把这些零件都做成了组件，并且有了自己确切的名称：为群组和组件命名很重要，有人偷懒，就用创建组件时 SketchUp 给出的默认名称，或者用 ABCD、1234 这种简单的名称，当时可能感觉不出有什么不对，但是等到模型里的组件品种很多时，看着这些毫无提示意义又几乎相同的名称，根本分不清谁是谁，等于没有名字，无助于对模型的管理。像图 6.3.1 所示，对不同组件的命名就非常明确，一看就知道是什么。

3．对组件的编辑修改

另一个需要注意的是，对于组件的编辑修改，如果在组件的外部动手，就只对当前选中的组件有效。想要对模型里所有相同的组件同时进行编辑修改，必须双击进入组件的内部再操作。

4．嵌套的组件

如果把图 6.3.1 中所有木质的部分创建群组，再把所有金属部分也创建群组，注意创建的是群组而不是组件。然后再选择全部并创建组件，命名为公园椅。现在组件管理器上多了个名称为"公园椅"的组件。

想要修改编辑它们，就要双击，进入组件的内部；进入组件内部后可以看到还有两个群组（木质和金属），因为它们是群组，只对几何体起到约束作用，并无几何体之间的关联属性，想要修改，还要双击进入第二层，这里面有木条和金属部分，都是组件，再次双击就进入了第三层，这里才是可以修改编辑的对象。

刚才深入到第三层才完成了修改，现在退出去，也有 3 层。

像这样的组件，称为嵌套组件，嵌套组件包含有两层以上的结构，内部层可以是组件也可以是群组，但最外层一定是组件，以便用"组件"面板进行管理。组件的嵌套最好不要超过 3 层。

5．创建组件的面板与设定

创建一个组件，要预先选择好参与的所有对象（可以是线面、群组或组件）。

这里已经选择了图 6.3.2 中所有的零部件（图 6.3.2 右侧）。

通过鼠标右键确定创建组件后，会弹出一个面板，名称为"创建组件"（图 6.3.2 左侧）。

"创建组件"面板中共分四大部分，即常规、对齐、高级属性和最下面的可勾选项（图 6.3.2（左）），下面分别讨论这些选项。

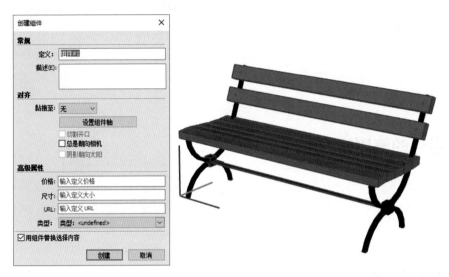

图 6.3.2 "创建组件"面板

（1）常规。

"定义"：在这里可以输入组件的名称，刚才已经讲过，每次创建一个新的组件，SketchUp 会自动提供一个默认的组件名称，用不同的编号来区别，为了后续管理的方便，尽量不要用这个默认的名称，要改成一个有意义且一目了然的名称。

"描述"：这一栏里可以输入一些必需的附加信息，如组件的材料、尺寸、重量、注意事项、组件的创建人、联系方式等重要信息，这些文字将与这个组件一起保存与分发。

（2）对齐。

"黏接至"：该下拉列表框里还有 4 个可选项，这些选项与下面的"设置组件轴"和"切割开口"主要是为创建门窗组件准备的，这方面的内容比较多，将在《SketchUp 建模思路与技巧》一书单独列出，在创建门窗组件时讨论。

"总是朝向相机"和"阴影朝向太阳"，还有已经提到过的"设置组件轴"这 3 项，主要是为了创建二维组件而准备的，也将在《SketchUp 建模思路与技巧》一书中创建植物和人物组件时讨论。

（3）高级属性。

共有 4 个可以设定的项目，即"价格""尺寸""URL"和"类型"。

之前的章节中曾经提到过，3D 仓库里可以下载到很多厂商制作的组件，如各种家具、各种厨房用品、各种摆饰件、各种用于建筑和室内外装修的材料；厂商向设计师提供现成的组件，为设计师建模提供方便，同时也为自己做了广告甚至是报价，"高级属性"部分的前 3 项——"价格""尺寸"与"URL"就起到这种既方便了设计师，又有利于厂商推销的作用。如果这个组件表达的产品被设计方甚至最终消费方看中，可以查到报价，甚至可以立即访问生产者的网站查询进一步的信息。

如果你也是某种产品的生产销售方，如家具厂、洁具厂、厨房用品厂、建材厂，也可以创建一些组件提供给设计师，在这里留下足够的信息，说不定哪一天就因此产生额外的订单。

"类型"：默认状态是 undefined，意思是还没有定义。这里是 BIM（建筑信息模型）必须设置的，关于 BIM 和"类型"，在后面将有专门的章节深入讨论。

（4）用组件替换选择内容。

很多学员反映说看不懂这是什么意思，下面就来详细说明一下。

例如已经创建好一些几何体后要把它做成组件，假设这里是勾选的，单击"创建"按钮以后，工作窗口里的这些几何体就成了组件，在"组件"面板上也可以看到这个新的组件。

现在重新开始，先取消这个勾选，然后再次单击"创建"按钮，应注意，现在的情况就不同了，"组件"面板上确实多了一个组件，但是工作窗口里的它还是原来的样子，这就是勾选与不勾选的区别。

那么这个区别有什么意义呢？意义在于它们没有改变，稍微改变一下，又可以变成另一个组件，减少了创建一系列相似组件时的工作量。如果你不想创建一批类似的组件，应勾选"用组件替换选择内容"复选框。

本节介绍了创建组件与命名；组件的编辑修改；嵌套的组件；创建"组件"面板与设定。本节的视频教程部分还有一些组件应用方面的实例。

6.4　动态组件

6.2 节和 6.3 节详细讨论了组件，现在来复习一下。

SketchUp 的组件是一些预先制作的模型，可以在 SketchUp 的模型和场景中反复使用，可以通过组件浏览器选择并且调用预先制作的组件。

我们制作的任何模型都可作为一个组件并分享。

相同的组件之间有关联性，利用组件的关联性可以简化建模的过程。

本节的附件里有下面提到的所有模型，可配合体验与练习。

1. 动态组件是什么

简而言之，动态组件是包含参数的组件。

动态组件还可以作为"参数化设计"和"BIM（建筑信息化模型）"的一部分。

2. 为什么动态组件要包含参数

为了说明这个问题，还是来看几个动态组件的实例。

下面的演示需要用到"动态组件"工具条。该工具条共有 3 个工具，第一个是互动工具，我们来看看互动工具有什么用。

这是快递小哥刚刚送来的两个纸箱，是两个孩子的新年礼物（图 6.4.1（左））。

现在调用了互动工具，在对象上移动，移动到某个位置，手指形状的光标其指尖上多了个 X 形，旁边还有文字提示——单击可激活，那就单击看看。

结果你已经看过本节的视频，就会知道图 6.4.1（右）所示的纸箱会打开和关闭，这个手指形的互动工具就是这样使用的。

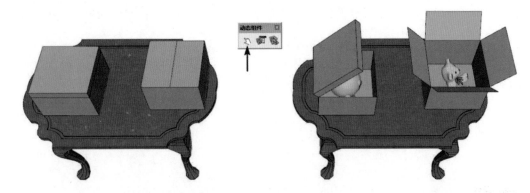

图 6.4.1　动态组件的互动工具一

请再看另外一个实例。

图 6.4.2 所示的这几位都是在各 SketchUp 版本里面站岗的人物组件，它们都是 SketchUp 开发小组成员的剪影；很多人都不知道它们都是动态组件；你要不信，就用互动工具单击它

们的各个部分，看看会发生什么变化。

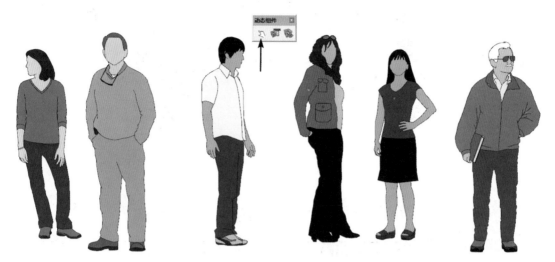

图 6.4.2 动态组件的互动工具二

前面两个例子都使用了互动工具。第三个实例要换换花样。

图 6.4.3 ①所示为一段木栏杆；测量一下，两个尖头之间的距离是 76mm，现在复制几个到右边，相隔 1.2m；然后用缩放工具把其中的一个拉长连接成一个整体，木条的数量增加了很多；再测量一下两个尖端之间的距离，仍然是 76mm（图 6.4.3 ②）。

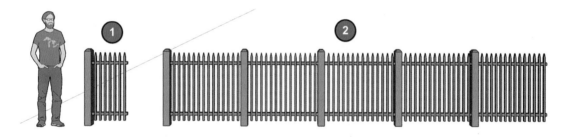

图 6.4.3 动态组件预置参数一

第四个实例是 99 朵玫瑰。图 6.4.4（左侧）有 3 支玫瑰，现在只要单击"动态组件"工具条中间的"组件选项"按钮，会弹出一个"组件选项"面板，里面有个数值框，默认数字是 3，也就是 3 支玫瑰（图 6.4.4（左）），改成 9 就成了 9 支玫瑰（图 6.4.4（中）），改成 99 就成了 99 支玫瑰（图 6.4.4（右））。注意，这些玫瑰花并不是简单的复制，而是按照一定的算法，模拟人工扎花的手法分布的。

第五个例子是一些建筑和室内设计师们感兴趣的东西，这里有两个雕花的线板（图 6.4.5①），用缩放工具把它们拉成需要的尺寸，在松开鼠标的一瞬间，雕花部分就会重新排列，花样的节距不变，数量变多了（图 6.4.5②）。

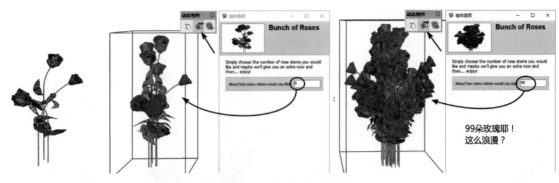

图 6.4.4　动态组件预置参数二

图 6.4.5　动态组件预置参数三

上述 5 个例子之所以与普通组件有不同的表现，是因为在创建动态组件时设置了相关的参数。

3. 动态组件的定义

看过了上面几个实例，相信你对动态组件多了一些认识，现在再来回答什么是动态组件的问题：动态组件是一种已指定了特殊属性和参数的 SketchUp 组件。

属性可以是几条简单的补充信息，如部件编号、费用、尺寸和重量、生产企业、联系方式、网址、价格等。属性中还可包含空间关系（如两个部件之间相对的位置关系）和行为（如动画和智能缩放）。一些动态组件十分简单（如带有部件编号的管道接头）。

而另一些动态组件则可能十分复杂（如刚才看到的玫瑰花和其他的实例）。

在模型中，有些动态组件只需单击它就可以获得动画效果。

现在的动态组件已经发展到参数化设计的水平，例如只要输入参数就可以改变的定制家具、自动计算和作出决策的集装箱装柜工具，还有用于 BIM 的建筑动态组件。更多的内容等待你去发现和参与。

4. 动态组件的特性

只要符合以下 5 个特征中的一个或者一个以上的，都是动态组件。

（1）动态组件的第一个特性是受约束。

动态组件可以含有被约束的值（如尺寸值），这样生成的组件就无法通过缩放工具来调整某些尺寸；或者只能按照某一特定规律调整部件的比例。

附件里有一个动态的门窗框架组件，无论怎样调整它的总尺寸，边框的尺寸都不会改变。

还有两个柜子，不允许调整任何方向的尺寸；地砖铺装，可以调整总的长度或宽度，单块地砖的尺寸不会改变；雕花线脚，被约束为只能调整长度，其他方向的尺寸不允许调整。

这些实例都有动态组件受约束的特性。

（2）动态组件的第二个特性是可重复。

在调整动态组件的大小时，可以让子组件重复复制。

例如，附件里有两个楼梯组件，在调整整体大小时会自动添加梯级的数量，而每一级梯级和它之间的尺寸不变。

（3）动态组件的第三个特性是可配置。

动态组件有一套可以由用户配置的预定义值，一些动态组件修改参数需要在"组件属性"对话框里完成，如附件里一个长沙发的长度或栅栏组件中尖桩的间距值。

有些动态组件的参数可能需要在"组件选项"对话框里完成。

（4）动态组件的第四个特性是动画化。

动态组件可以全部或部分动画化，当用户使用"互动"工具单击组件时，子组件会显示动画效果，如箱子和门窗的开和关等。

（5）动态组件的第五个特性是有附加信息。

动态组件的"组件选项"对话框可包含产品和公司信息，如联系信息、产品详情和产品网站链接等。这种包含信息的动态组件，正在成为一种新的广告和营销方式。

从 Google 时代开始，3D 仓库已经与知名厂商合作，把这些厂商的产品做成动态组件，放在 3D 仓库让人下载应用，尤其以门窗家具类居多，既为设计师节省了大量时间，又为自己做了广告，是非常聪明的办法。

5. 动态组件的 6 种函数

原则上，所有的 SketchUp 组件都可转换成动态组件。

要创建和编辑动态组件，就要熟悉下面的 6 种函数。

（1）OnClick 函数：有 7 个，都与互动工具单击组件后的动作生成动画有关。

（2）SketchUp 函数：共 14 个，与 SketchUp 操作相关的函数，如日照角度、经纬度、材料的各种属性、单位与尺寸等。

（3）逻辑函数：共 6 个，逻辑判断的条件，如与、或、非、真、假、如果…则…等。

（4）三角函数：共 12 个，与数学里的三角函数一样。

（5）数学函数：共 19 个，大多与初等数学有关。

（6）文字函数：共 18 个，与文字、数字之间的判断、转换等有关。

我已经把它们保存在本节教程的附件里，有兴趣的朋友可以去研究一下。

6. 如何到 3D 仓库去找动态组件

在 SketchUp 的组件浏览器和 3D 模型库中，动态组件具有特别的标识，就是一个小小的绿色图标，它由两个正方形和一个三角形构成（6.2 节图 6.2.4）。

虽然在 3D 仓库里可以免费获得预制好的动态组件，但还是需要有一点搜索的技巧。

在搜索的关键词中，一定要包含词语 is 冒号再加上大写的 DC，并且注意其格式，如搜索窗户的动态模型要输入 window is:DC；而搜索门的动态模型要输入 door is:DC。或者更详细一点：window is:Dynamic Component；door is:Dynamic Component。

在新版的 3D 仓库里还有一个开关，打开它可以在搜索时增加一个"动态组件"的搜索条件（图 6.4.6）。

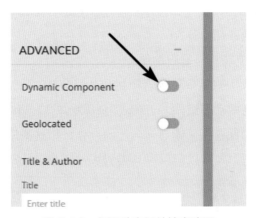

图 6.4.6　打开动态组件搜索选项

7. 对学习创建动态组件的建议

（1）想学习创建动态组件的朋友至少要具备以下条件。

① 先打好 SketchUp 的基础，至少看完本书并且能答对自测题中的 80%。

② 大致看得懂并且会用附件里的 6 种函数。

③ 有一定的英文基础，至少借助翻译工具后可理解英文技术文件。

④ 最重要的是要具备长久的钻研精神，急功近利、性格浮躁的人学不好。

（2）SketchUp "组件" 面板上有 6 个所谓 "动态组件培训" 的例题，可以把它们拉到模型里，结合附件里提供的函数列表研究一下，如果能够搞懂七八成，祝贺你可以进行下一步的学习了。

（3）SketchUp 官网有一个 Dynamic Components User's Guide（动态组件用户指南），链接是 https://help.sketchup.com/en/sketchup/dynamic-components-users-guide，你不用抄下来，已经保存在附件里了。这是一组英文的指导性文件，只能上网阅读。

动态组件用户指南

（4）SketchUp（中国）授权培训中心正在组织编写动态组件专题的相关教程，你可以经常关注一下 SketchUp（中国）授权培训中心的网站或微信公众号。

前面演示所用的全部模型、6 种函数列表等资料保存在本节教程的附件里，课后请动手体会一下。

6.5 场景页面

SketchUp 有一个重要功能，在 7.0 版本前叫作 "页面"，从 8.0 版开始变成了 "场景"；有些版本还同时出现两种称呼。应注意，页面和场景是同一回事。

在本系列教程中，混合使用 "页面" 和 "场景" 这两种称呼。

1. "场景页面" 的用途

"场景页面" 是 SketchUp 的一个重要功能，它至少有以下几个用途。

（1）在建模过程中，可以快速切换到模型的操作位置，避免频繁地调整模型，加快建模的速度，在复杂场景中尤其有用。

（2）在不同的页面中，给予不同的日照、渲染模式、背景、图层等设置，使每个页面都具有不同的价值。通过页面切换，实现不同方案的分析、比较和展示。

（3）以页面作为关键帧来创建动画。

在本节中，只讨论"页面"的第（1）个用途。第（2）个和第（3）个用途将在《SketchUp 建模思路与技巧》和《SketchUp 动画创建技法》等书中讨论。

2．用场景页面解决模型遮挡问题

请结合附件里的模型对照学习。

室内设计师在使用 SketchUp 的过程中，时常会抱怨，创建了天花板以后，再想进入到室内操作会很困难，为了方便操作，只能退而求其次。不难发现，大多数室内设计师创建的模型，要么拆掉了一面墙，要么干脆没有天花板，模型的表达效果就打了个大大的折扣。从网络下载的室内设计模型，几乎无一例外地缺墙或缺顶。

有些模型，即便天花板没有封闭，因为空间狭小，很难到达操作所需的位置，稍微一动，操作位置就被遮挡了。虽然有很多办法可以解决这些问题，如关闭部分碍事的图层、暂时隐藏部分模型等，但最后总是免不了要观察模型各部分的关系和总体效果。

解决这个问题的方法是，针对各视角和模型位置，创建一定数量的页面，只要单击页面标签，不用反复调整，就可以快速到达指定的位置。

3．设置页面

对于初学者，页面的设置可以在天花板封闭之前预先做好。

移开天花板（群组），用相机位置工具单击模型中的观察点，必要时修改眼睛的高度。再用环视工具，也就是绕轴旋转，找到合适的视角，还可以用旋转和平移、缩放等相机工具，进一步获得最好的视角。调整好了就可以添加第一个页面。

添加页面有以下两种方法。

（1）在"视图"菜单里执行"动画"→"添加场景"命令（或按 Alt + D 组合键），之后工作窗口的上面就多了个页面标签（图 6.5.1 ①）。

（2）在"默认面板"的场景管理器中单击加号，添加一个页面（图 6.5.1 ②）。

再用同样的方法，调整好视角和位置。调整好以后，就可以添加第二个页面了。

因为已经有了一个页面，再添加其余的页面，只要在现有页面标签上单击右键，选择、添加就可以了。

为了更加直观、快捷，可以给每个页面命名（图 6.5.1 ③）。打开"默认面板"里的场景管理器，可以在场景"名称"文本框中为这个页面命名。

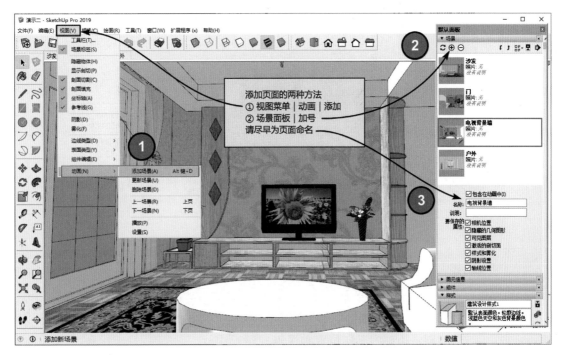

图 6.5.1　设置页面

给场景命名的操作也可以在添加页面后立即完成。

如果对一个页面的视角、位置进行过修改，不要忘记在页面标签上单击右键，更新一下；否则所做的修改无效；更新时会弹出一个对话框，保持默认即可。

现在把天花板移动到位，形成了封闭的空间，单击页面标签，仍然可以快速到达预置好的页面，还可以在原有页面的基础上继续创建新的页面。

已经创建的页面有以下两种方法可以调整位置。

（1）右击需要调整位置的页面标签，在弹出的关联菜单里选择移动的方向（图 6.5.2 ①）。

（2）在"场景"面板上单击向上/向下的箭头调整页面位置（图 6.5.2 ②）。

创建新页面之前，可以在"场景"面板中勾选需要继承的属性（图 6.5.2 ③）。

已经创建的页面也可以在这里改变属性（图 6.5.2 ③）。

模型之间的遮挡，不但给室内设计师造成了麻烦，在规划、景观和建筑设计师的工作中也有同样的烦恼，设置一些页面后就不同了，单击不同的页面标签就可以快速切换到不同的视角。

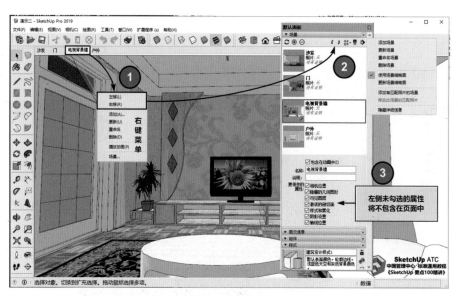

图 6.5.2　添加与调整页面属性

注意，在一个页面上对模型所做的有些修改，可能在全部页面中起作用。

页面也可以作为设计师展示设计方案的手段。

使用投影方式展示设计方案越来越普及，设计师可以把自己的模型提前设置好若干最想展示的页面，当众展示时，只要单击键盘上的 PageDown 键和 PageUp 键就可以快速在不同页面间切换，方便地展示模型的不同位置和视角。

上面讲到的只是对不同页面进行镜头位置的设置，还可以在每个页面上对天空地面、背景图片、日照光影、渲染模式、边线形式等进行不同的设置。这部分内容将在后面的建模实例中做专题讨论。

用场景页面制作动画的功能，也将在动画专题的实例中进行深入讨论。

课后请用附件里的模型动手练习一下。

6.6　图层与图元信息

首先要说明，从 SketchUp 2020 版开始，把原先的图层改成了"标记"，但是国内业者还是习惯以"图层"称呼，本书也仍然沿用"图层"的称呼，特此说明。

你也许对 PS 和 CAD 这样的软件很熟悉，对这些软件里的图层概念也很清楚，在这些软件的教学中，形象地把图层的概念比喻成一层层叠起来的透明薄膜，所有的图形绘制在不同的薄膜上，所以这些设计工具离开了图层就不能工作，各图层的工作内容是完全独立的。

1. SketchUp 图层的特点

如果你以为 SketchUp 的图层与 PS 和 CAD 一样，那就错了。

SketchUp 的图层仅仅是一种对几何体的管理技术，是为了方便建模而设置的。 在 SketchUp 里，即便完全不分图层，也可以创建复杂的模型。

分了图层的 SketchUp 模型，各图层里的几何体还是互相关联的。

如果需要把模型的不同部分隔离开来，只能使用群组或组件。

务必记住以上 SketchUp 图层与其他平面设计工具的区别。

现在来看一个模型（图 6.6.1），这是一个儿童游乐场常见的滑梯组合，它由各种不同颜色的板和柱子等配件组成。由于几何体的密度比较高，各部分挤在一个不大的空间里，如果不用图层工具，也可以完成建模，但是要麻烦许多。

在"默认面板"里选择"图层"，会弹出图层管理器（图 6.6.1（右））。在这里可以看到整个模型被分成了很多图层，每个图层都是按照对象的特征或用途来命名的，非常清晰（图 6.6.1 ①）。

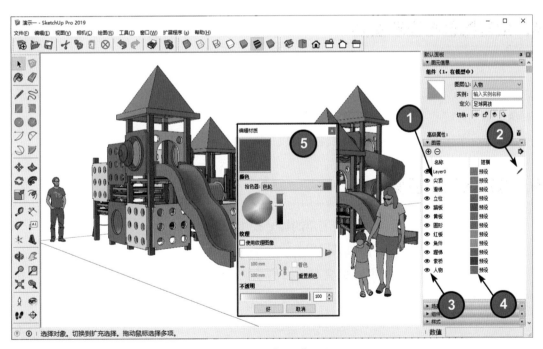

图 6.6.1 "图层"面板

2. 当前图层

最上面的 layer0（图 6.6.1 ①）是所有模型都有的默认图层，是不能删除和隐藏的。

在 layer0 图层的右边有一支小小的红铅笔，这支红铅笔是当前图层的符号（图 6.6.1 ②）可以指定任何图层为当前图层（SketchUp 默认 layer0 为当前图层）。

按照 PS 和 CAD 的规矩，每次操作之前都要选择好当前图层，但是在 SketchUp 建模实践中发现，几乎所有 SketchUp 的用户根本就不理会这样的规矩，其实不理会它也不要紧，即使你在某个图层里添加了本应该放在其他图层的几何体也不要紧，等一下我会告诉你，万一把几何体放错了图层以后的调整方法。

3. 隐藏与显示图层

再看每个图层名称的左边都有一个小小的三白眼，因为这个图标上画的眼珠子三边都是白的，所以我给它起了个三白眼的绰号（图 6.6.1 ③）；只要单击某个图层左边的三白眼，这个图层就暂时隐藏了；再次单击它，这个图层又恢复显示。

用单击一部分三白眼的办法可以暂时隐藏一部分建模时碍手碍脚的图层，以减少麻烦。

4. 批量隐藏与显示图层

如果每次都要逐个取消和选择图层，比较麻烦，单击图层管理器右上角的箭头，里面有个"全选"（图 6.6.5 ②），单击后所有的图层被选中，只要勾选其中的任何一个，所有的图层就全部显示了。也可以用同样的方法来隐藏所有图层。

可以按住 Ctrl 键来选择多个图层，也可以用 Shift 键配合选择两次单击间的所有图层。

5. 增加图层与重新命名

如果需要增加图层，只要单击左上角的加号按钮就可以了。

双击图层名称，就可以重新命名图层。

每添加一个图层，SketchUp 就会自动给出一个不同颜色的小色块（图 6.6.1 ④），单击小色块会弹出一个色轮，可以在这里选择和更换色块的颜色（图 6.6.1 ⑤）。

在这里，非但可以调整图层的颜色，还可以调用外部的图片作为贴图，这些功能对于资深玩家是很有价值的。

6. 删除图层

要减少图层，只要选择一个图层后再单击"图层"面板上部的减号即可。

想要一次性对多个图层进行操作，可以按住 Ctrl 键选择多个图层，再单击减号，被选中的图层就清除了。

如果被选中删除的图层里有物体，会弹出对话框提醒你（图 6.6.2），可以在该对话框里的 3 个选项中作出选择。不同的情况下会有不同的选择，后面还会提到这个提示对话框。

7. "图元信息"面板

为了继续后面的讨论，现在要插入一点对"图元信息"面板的说明（图 6.6.3）。

在之前的很多小节里都曾经提到过"图元信息"这个小面板，其实它是一个非常重要并且比较常用的管理工具，因为它重要，所以大多数时候会把它安排在"默认面板"的顶部。

单击模型中的任何对象，在这个"模型信息"面板上就会显示对象的基本信息，有些性质的对象还可以在这里进行编辑；如线段的长度、圆弧和圆的片段数、圆弧和圆的半径，以及隐藏、柔化、平滑、隐藏 / 显示、锁定、阴影等，在"高级属性"里还有更多可以选择的选项。

"图元信息"小面板时常与图层工具配合起来使用；也可以反过来讲，想要用好 SketchUp 的图层功能，还真的离不开它。

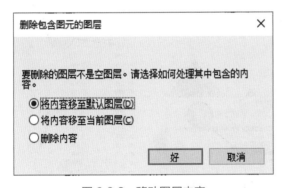

图 6.6.2　移动图层内容

图 6.6.3　"图元信息"面板

8. 把对象归类到对应的图层

想要做到像图 6.6.1 那样，每个群组、每个组件都在自己应该在的位置，就必须预先创建足够的图层，并且为每个图层起一个有明确意义的名字。

接着就可以选择一个或一些对象，在"图元信息"面板里显示它们当前存在于某图层（通常是 Layer0），想要把这个对象移动到其他的图层，只要单击右侧的下箭头，在下拉列表里选择新的图层，对象就被移动了。

想要验证这些对象是不是已经移动到这个图层，只要关闭和打开这些图层即可。

9. 在不同的图层间移动物体

下面再介绍如何在不同的图层间移动物体的技巧。

图 6.6.4 中有 4 个人物组件，它们原先分别存在于"男人""母女"和"球孩" 3 个图层中，现在要把它们全部移动到"人物"图层，同时删除原来的图层。操作步骤如下。

（1）选中"人物"图层为当前图层（图 6.6.4 ①）。

（2）按住 Ctrl 键加选要移动的 3 个图层（图 6.6.4 ②）。

（3）单击"图层"面板上部的"减号"按钮（删除图层）（图 6.6.4 ③）。

（4）在弹出的提示对话框中选中"将内容移至当前图层"单选按钮（图 6.6.4 ④）。

单击"好"按钮后，刚才被选中的 3 个图层里的内容就移动到了人物图层里，原来的图层同时被删除。

完成上述移动操作后，不要忘记把当前图层恢复到默认图层 Layer0，否则新创建的几何体就会保存在当前的"人物"图层里。

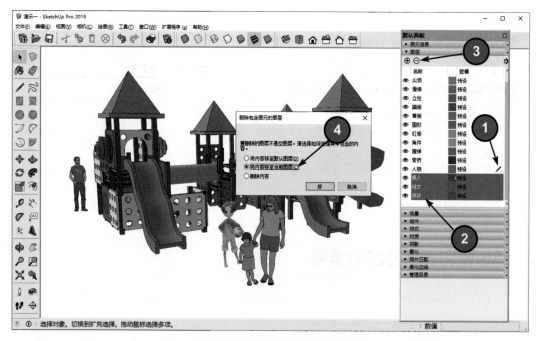

图 6.6.4　将对象归类到图层

"图层"面板的右上角还有个不起眼的小箭头图标（图6.6.5①），单击它以后还有一个小菜单（图6.6.5②③④），只要单击"清除"按钮（图6.6.5③），所有没有内容的空图层就会被删除。

单击"图层颜色"按钮（图6.6.5④），将用图层颜色取代模型中的材质，这个功能对于导出模型到外部软件渲染时非常有用。具体做法是：在SketchUp里把所有相同材质的几何体归到同一个图层。例如，所有相同颜色的墙在同一图层，所有相同材质的地板在同一图层，导出模型之前在这里指定一种颜色或材质贴图，导出后就可以按图层统一调整或更换材质。

图6.6.5 图层属性设置

10. 最后介绍一个用图层来保存底图和参考线的技巧

当导入一幅图片作为建模底图时，为了防止建模过程中移动，可以单击右键，选择关联菜单中的"锁定"命令，这样，底图就不会意外移动了。这是一种常用的方法，但是底图时常会妨碍建模的操作，用图层的功能就可以比较满意地解决这个问题。

（1）新建一个图层，命名为"底图"。

（2）用"图元信息"面板把底图移动到新的图层里去（底图图层）。

需要时打开，不需要时关闭，非常方便。

如果有重要的参考线、参考点，也可以用同样的方法保存。

下面小结本节所讨论的内容。

（1）SketchUp 里的图层功能与你所熟悉的 PhotoShop、AutoCAD 等软件中的图层完全不同。在 SketchUp 里创建简单的模型，不一定要用图层；如果要用，请了解它与其他软件的图层功能有着根本的区别。

（2）SketchUp 中的图层功能，最常见的用途如下。

① 关闭某些图层，以避开遮挡的实体。

② 打开与关闭作为底图对照的图层。

③ 隐藏暂时不用的图层，减少计算机资源消耗以加快 SketchUp 的运行速度。

④ SketchUp 中的图层功能，还可以用于与其他软件交换数据。

（3）应特别注意，在 SketchUp 中，面与边线是两种独立的实体，线是构成"面"的基础，如果面和它的边线分别位于不同的图层，或者一个实体的部分面在另一个图层，都可能会造成不可预料的麻烦。所以，要养成首先用群组和组件来管理实体，然后再用图层来管理这些群组和组件的好习惯。

（4）最后，还要注意，当导入 CAD 等文件、插入网络下载的组件时，会带入大量图层，所以，还必须养成及时合并图层、清理空图层的习惯。

本节附件里有用于练习的模型，配套的视频教程里还有更多的实例。

6.7　管理和管理目录

本章的主题是"模型管理"，包含了一些很重要的内容。

6.7 节的前半部分要对前 6 节重要概念做一个比较全面的总结与复习，最后再来讨论 SketchUp 的重要管理工具——管理目录。

之前曾经不止一次提到过：SketchUp 的运行原理和工作方式与 AutoCAD、3ds Max、Photoshop 等传统辅助设计软件是完全不同的；如果你已经学习过这些软件再接触 SketchUp，可能会有一个小小的重新适应的过程。

从使用者的角度看，与别的软件相比，SketchUp 更接近于手绘，特别适合于方案的构思和交流。SketchUp 是一种更偏向于创造性脑力劳动（设计）的工具，而不是单纯用来"干活"的工具。

1.　"线面"的概念

SketchUp 模型的基础结构和对它们的管理与其他软件也有很大的区别。

　　SketchUp 模型由很多线段和平面组成，线段和平面以及由它们组成的立体可以统称为几何体或者图元，有时候也可以称为操作的对象。

　　"线段"是 SketchUp 里最基础的几何体；3 条以上的线段首尾相连就成了"面"。

　　"面"的基础是"线"，线定义面的边界，所以删除面的任一边线，面就被破坏，但删除面，边线可以独立存在，还可以方便地恢复成面。

　　SketchUp 中不会有重叠的线，即使在同一位置反复画线，所有的线也会自动合并，显得比其他软件更智能和灵活。

2．模型管理的重要性

　　一个稍微有点规模的模型，就可能有几百万、上千万个线段，以及几十万、几百万个平面；数量如此之大的几何体，如果不能有效地组织和安顿好它们，建模效率一定高不起来，还免不了要出乱子。所以，"模型的管理"比"模型的创建"更为重要。

3．群组和组件

　　SketchUp 对几何体管理最基础的手段是"群组"；一个群组，可以包含多寡不等的线和面，如果把整个模型看作一个城市，那么，一个个群组就是不同的家庭、社团和群体；它们之间既有联系也互相隔离。

　　至于"组件"，是一种有着特殊属性的群组，这种特殊的属性有点像高度同质化的"军队"；相同的组件有相同的个性，号令一下，统一行动，只要改变相同组件中的任何一个，其余的也随着改变；在模型中使用同一组件的多个副本比其他形式更节省计算机资源。模型中大量重复的几何体，为了后续的编辑修改，采用组件的形式会很方便。

　　任何 SketchUp 模型，都可以用组件的形式成为其他模型的一部分。保存和使用组件，可以避免重复劳动，还可以在世界范围内共享资源。

4．规范的管理

　　从管理者的角度看一个 SketchUp 模型，希望模型中的每个几何体都是有组织、有领导，可以指挥、服从指挥的。模型管理的最佳状态是：完全不存在游离于管理体制之外的游离个体，一切都应该是可控的。

　　一个组织得好的 SketchUp 模型，就像一个管理得好的城市、国家或军队，每一条线、每一个面都归属于某个可控的群组或组件。评价模型管理水平的重要标准之一是：模型中除了群组和组件，不应该存在"盲流"性质的线和面。

使用 SketchUp 有经验的人，在把一些几何体创建成群组或组件时，一定会仔细看清楚，不遗留哪怕一条线、一个面在群组之外，也不会把不该归属于该群组的线和面弄到这个群组里去，这是个非常重要的原则问题。

5. 嵌套的群组和组件

现实生活中的管理是上级组织中包含若干下级组织，下级组织中还包含若干更基层的组织，形成管理的金字塔结构。SketchUp 模型的组织和管理也类似于这样的结构，上一层的群组或组件里可以包含若干下一层的群组或组件，这种技巧和产生的现象叫作群组的嵌套。嵌套的层数以方便管理为原则，最好不要超过 3 层，过分复杂的嵌套，非但不方便管理，反而会给模型的管理带来麻烦。

有些模型在完成后还需要进行渲染，很多渲染工具需要重新赋予材质，为了后续操作的方便，需要渲染的模型尽量不要使用群组嵌套技术，除非嵌套群组里是相同的材质。

6. 起名字很重要

就像每个企业、每个社团都有它们的名称一样，为了方便管理，对模型中的一些重要群组或组件也要起个名字，名字要有意义、一目了然，避免用数字或字母的简单序列作为群组或组件的名称。

7. 编组的时机

一个合格的家长，会在孩子很小时就开始给予严格教养；儿童时期没有规矩，成年后就会目无法纪，再想纠正就难了。在 SketchUp 里建模也一样，如果已经做好了一大堆几何体才想到要给它们上规矩，创建群组给予约束，可能为时已晚，会非常麻烦，想修改也难。有经验的用户会在第一个面完成后就马上创建群组，后续的操作是进入到群组内部去完成的。

8. 用图层辅助管理

如果仅仅用组件和群组对模型进行管理，模型里的组件和群组的数量还可能高达四五位数，所以必须引入其他的手段来配合管理。

图层就是 SketchUp 模型管理的第二手段，作为三维建模工具的 SketchUp，建模过程的所有操作都是在三维空间里进行的，几何体之间的相互遮挡在所难免，引入了图层这个工具，就可以避免几何体的互相遮挡了。例如，把模型里所有的墙壁放在一个名为"墙壁"的图层里，当需要在被墙壁遮挡的部位进行操作时，可以暂时关闭（隐藏）墙壁图层。当然，如果适当地创建一些页面，也可部分解决几何体之间互相遮挡的问题。

9. SketchUp 图层的特点与利用

SketchUp 里的图层，只是纯粹的几何体管理工具，说得更直白点——"SketchUp 图层的功能仅限于控制几何体的可见性"，这一点与 Photoshop 等以图层为基础保存数据的设计工具有着根本的不同，如果 SketchUp 模型的规模不大，也可以完全不使用图层。

与别的软件不同，SketchUp 里没有重叠的边线，如果没有用群组和组件对几何体进行隔离，模型里的几何体都是互相连接的，某些几何体就势必共享一些边线，没有经验的 SketchUp 用户，把这些共享边线的几何体分配到不同的图层，可能会造成十分麻烦的结果。

默认情况下，SketchUp 模型只有一个默认图层，也就是零图层（Layer0），零图层不能删除，也不能重命名，如果没有指定，新创建的几何体都保留在零图层（Layer0）里面。

设计师可以根据实际需要，建立一些新的图层，一个管理良好的模型，应该有适当数量的图层，每个图层有着能准确表达其特征的名称。例如，室内设计行业的模型，可以建立"墙壁""门窗""家具""洁具""天花""地面""灯具"等图层；景观行业的模型可以建立"地形""建筑""小品""乔木""灌木""花草""水体""置石"等图层；一看就知道这个图层里是些什么，在建模时可以有目的地关闭和打开一些图层，降低建模的难度、提高建模的速度。

图层的数量以在图层管理器里不用翻页寻找、方便操作为原则，最好不要超过二三十个。

10. 废图层的来源与对策

很多人用导入 dwg 文件里的线条配合建模，如不得要领，在导入 dwg 文件的同时，也导入了大量的废图层，相当于导入了无尽的麻烦。常能看到拥有几百个图层的模型，不用问，这些图层十有八九是从 dwg 文件继承过来的；到了 SketchUp 里再处理这些图层非常令人头痛，其实，dwg 文件对建模有点用处的只是几条简单的轮廓线而已，在导入前清理干净不需要的图层和内容是非常聪明的做法。使用从网络下载的组件，也可能带入大量的图层，顺手清理、合并一下，可以避免今后的麻烦。

11. 图层的名称

创建图层时，因为一时偷懒，用了 SketchUp 自动给出的默认图层编号，或者用简单的字母、数字作为图层的名称，尽管当时记得某图层里是什么，过几天就忘了，就要为偷一时之懒付出代价了。

12. 良好的建模习惯

建模过程中，及时把几何体做成群组或组件，可方便后续修改，减少模型出错的概率；如果还顺手为新的群组、组件起个有明确意义的名字，然后分配、收纳到相关图层里去（用 SketchUp 的"实体信息"对话框来做这个工作非常方便）；养成了这些好习惯，你就是一个认真、细致、负责的好设计师。

群组和组件所放置的图层不能搞错，"墙壁"图层里只有墙壁，"家具"图层里只有"家具"。用图层来管理模型的最佳状态是：关闭（隐藏）所有的图层后，SketchUp 的工作空间里应该是空白的。对于需要后续渲染的模型，还可以用"图层颜色"来标示出不同的表面，到渲染器里更换材质就变得方便无比。

模型中可见的几何体越多，SketchUp 的运算量就越大，当模型建立到一定复杂程度时，计算机的资源将捉襟见肘，此时，关闭（隐藏）一部分暂时不用的图层，可令 SketchUp 恢复运行流畅。

13. 管理目录

大多数老用户都知道用群组（包括组件）和图层这两个手段对 SketchUp 模型中的几何体进行管理，但很少有人想到"窗口"菜单里还有个"管理目录"命令，以前也曾经称之为"大纲"。

其实"管理目录"是一个非常重要、非常好用的管理工具，模型中所有的群组和组件都在这里登记在案，无一遗漏，嵌套的群组或组件在管理目录里是一个目录结构树，从属关系一目了然。

当你的模型中堆满了各式各样的群组、组件，而它们之间又互相归属、互相遮挡时，想要快速地到达目标，准确地选择对象并不很容易，想要进入某个群组或组件内部进行编辑修改更是困难；如果能用好"目录管理"这个重要工具，这些困难就不值一提了。

在"管理目录"里随便选择一个项目，都可以看到模型里对应的群组或组件被选中，在鼠标右键的关联菜单里，可以对选中的对象做包括决定其婚嫁生死的，超过 20 种不同的操作

（可操作项目因插件功能而变化）；只有亲自尝试过以后才能体会得到管理者高高在上、一览无遗、运筹帷幄的那种感觉（图6.7.1②）。

当模型中的几何体越来越多时，可以把它们合并起来简化模型的管理。

例如，现在就可以把这10多个项目合并在一起，作为一个公园椅以方便管理（图6.7.1①）。

几何体的合并简化可以用创建嵌套的群组和组件以及实体工具的"外壳"来完成。

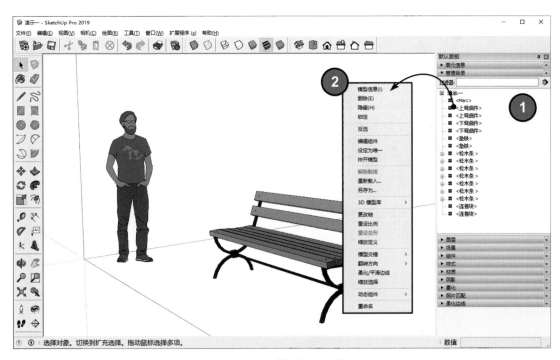

图6.7.1　管理目录示例

14．实体与实体工具（外壳）

在"群组"和"组件"作为SketchUp的基本几何体管理手段被使用10年之后，"实体"作为一个全新的概念在SketchUp 8.0中开始被提出，根据SketchUp官方的解释，实体是任何具有封闭体积的组件或组，它应该是密闭的空间，不能泄漏。

从SketchUp 8.0版开始，多了一个工具条，叫作"实体工具"，工具条分隔符的左边只有一个工具，叫作"外壳"；这个工具可以用来清理包括一层嵌套的多个组或组件的交叠部分，清理后只保留全部的外表面，并自动创建为一个"外壳（Outer Shell）"，以提高模型的性能。使用外壳工具后，可以在"大纲"管理器里看到模型中的几何体被合并、数量减少、从属结构简化的明显效果。

15. 最后归纳一下方便记忆

（1）建模水平的高低还要看对模型中几何体的组织管理水平，这对提高建模速度、方便后续修改和团队合作非常重要。

（2）组件和群组是 SketchUp 模型最基础的管理形式，模型中最好不要存在游离于群组（组件）之外的线、面，群组和组件的嵌套不要超过 3 层。

（3）图层是另一种管理手段，用它来控制几何体的可见性，可解决几何体互相遮挡和减少计算机资源开销的问题。所有群组和组件都应该归拢到各自的图层。关闭除 Layer0 之外的所有图层后，工作空间里应该是空白的。用图层颜色导出模型可方便在渲染工具里替换材质。

（4）"实体"是 SketchUp 中最新的几何体管理概念，实体工具条上的外壳工具可大大简化几何体结构，方便管理和后续的布尔运算。

（5）用"管理目录"面板，可以对模型中的任一群组或组件进行 20 多种不同的操作，可惜这个功能强大的好工具很少被人提起，希望今后能被你充分利用。

SketchUp 要点精讲

扫码下载本章教学视频及附件

第 7 章

SketchUp 的实时渲染系统

 众所周知，SketchUp 的主要功能是创建三维模型，俗称"建模"，其实在建模的功能之外，SketchUp 还自带有一个"实时渲染系统"，正因为有了这个系统，SketchUp 才被美誉为立体的 Photoshop。

 "实时渲染"是一种技术，例如刚创建的白模，赋上材质，打开真实的光影，材质和光影能跟着模型的旋转移动而变化，这种技术就是所谓的实时渲染。

 在 SketchUp 的实时渲染系统中，除了各种色彩和材质以外，还包括贴图功能、精确的日照、可调整的光影、边线柔化、可调整的雾化、可调整的 X 光透视、可定制的样式风格、剖切和剖面、照片匹配、高级镜头、页面和动画以及由这些功能派生发展出来的其他大量功能与技巧。所以，在 SketchUp 6.0 版之前，这些三维建模基本功能以外的功能被SketchUp 官方统称为"实时渲染系统"。

实时渲染在 SketchUp 老用户看来，就好像是应该的，没有什么了不起，但要是拿其他软件来比较一下，客观地说：能够同时拥有如此多强大的实时渲染功能，目前恐怕非 SketchUp 莫属，这个特点是 SketchUp 的独特魅力所在，也是 SketchUp 能够在短时间内风行全球的重要原因之一。

为了不至于与传统意义上的"渲染"和"渲染软件"混淆，通常不把 SketchUp 的这些功能和表现说成"SketchUp 的实时渲染系统"，而改称为"SketchUp 的材质系统"。所以，今后提到 SketchUp 的材质系统时，其实"材质"只是这个系统中很小的一部分。

只有充分驾驭了 SketchUp 的材质系统（或实时渲染系统），才算是真正学会了 SketchUp；否则，只算是学会了一半。也许有人要问，为什么要花工夫去掌握这个材质系统呢？或者换句话说：掌握了这个系统有什么用呢？让我来告诉你。

（1）无论是建筑规划、园林景观还是室内环境艺术行业，在方案推敲阶段，大概可以归纳为两大部分工作。首先要考虑设计对象的布局、体量、结构等大框框，这部分工作可以由 SketchUp 的三维建模基本功能来实现；在大框框基本定局后，接着就要进一步对各部分的材料、色彩等进行推敲测试，这一阶段甚至还要考虑在各种不同纬度、不同季节、不同时间、不同光照条件下的效果及客观感受，这时 SketchUp 的材质系统就要发挥作用了。如果一位设计师在这两个阶段都能把 SketchUp 的功能用好用足，他的水平一定不会差。

（2）现代设计师的工作，除了要面对计算机屏幕外，另一部分工作同样重要，甚至比你面对计算机做的工作更重要，那就是单位里上下级之间的上传下达和沟通；团队内部与团队之间的交流合作；甲乙双方甚至更多方之间的信息交换、意见交流，甚至钩心斗角的谈判、利益平衡和妥协等，期间总离不开"表达"二字，只有让别人接受了你的方案，你的设计才有意义。通常这阶段的工作非常辛苦，加班修改、反复讨论、互相说理，在这些工作中，SketchUp 都是你表达说服的好帮手，材质系统的作用当然尤其重要。

（3）大量的事实证明，如果能把 SketchUp 的建模和材质这两大功能都真正吃透、用好、用足，你的绝大多数设计任务，尤其是一般的中小型设计任务，只要用 SketchUp 一种软件就可以完成。就算你只是拿 SketchUp 来建模，后续还想要用其他软件加工，如渲染和制作动画等，你对于 SketchUp 材质系统的掌控水平也将是后续加工的基础，仍然非常重要。

7.1 材质工具简介

本节大概介绍一下 SketchUp 的材质工具，为什么说"大概介绍一下"？

因为 SketchUp 的材质系统所包含的内容太丰富了，丰富到足够写另外一本书，所以这短短的一节就只能对它做一个简单介绍了。在本节中只涉及"材质面板"的一些最基础知识，其余的部分可查阅 SketchUp（中国）授权培训中心组织撰写的另一本书——《SketchUp 材质系统精讲》。

学会建模而不能熟练驾驭材质，包含延伸出的贴图与制备等技巧的话，就一定不能充分发挥 SketchUp 的强大功能，只能算是学会了一半。

1. 材质工具与"材质"面板

众所周知，单击小油漆桶或者按快捷键 B 就可以调用材质工具。但是，小油漆桶只是个工具图标而已，它并不能单独完成任务，它必须与"默认面板"上的"材质管理器"配合起来才能正常工作。

"材质"面板是一个非常重要的管理器，使用它可以浏览和调用计算机内所有 SketchUp 材质，可以调用计算机外的材质库，还可以在这里对选定的材质进行编辑修改，甚至可以在这里创建新的材质，这是一个内容丰富、功能强大的重要工具。

2. 当前材质

在"材质管理器"的顶部有一个预览窗口，这里所显示的是"当前材质"，旁边的文本框里是当前材质的名称；只要单击"当前材质"，光标就变成了小油漆桶形状，油漆桶里装的就是当前材质，现在就可以对几何体赋予材质了（图 7.1.1 ①）。

3. 辅助"选择"面板

右上角还有 3 个小按钮，单击最上面的按钮，会在下面弹出一个附带的辅助选择面板，这样，就可以同时进行材质的"选择"和"编辑"，而不用在两个标签之间进行频繁切换了。再次单击这个按钮，附带的"选择"面板即可收回（图 7.1.1 ②）。

4. 创建材质

单击右上角第二个按钮，会弹出"创建材质"面板，在这里可以创建一个材质，或者对原有的材质进行编辑改造，形成新的材质。这部分内容将在后续的实例部分介绍（图 7.1.1 ③）。

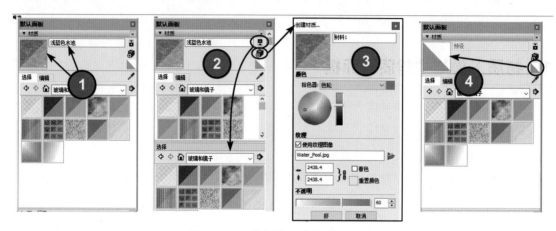

5. 默认材质

右上角第三个按钮非常重要，但经常被忽视，单击这个按钮，可以把 SketchUp 的正、反面颜色作为当前材质，无论目标对象现在是什么颜色、什么材质，只要在单击这个按钮后，再去目标对象上单击，它就恢复成最初的默认正、反面颜色了（图 7.1.1 ④）。

图 7.1.1 "材质"面板与辅助面板

6. 材质选择

"选择"和"编辑"这两个选项卡是材质管理器中最重要的部分。

先看左边的"选择"选项卡（图 7.1.2 ①），这个向下的箭头里（图 7.1.2 ②）可以浏览 SketchUp 自带的材质库以及材质库的子目录，选择某个子目录，在下面的浏览器里就显示了这个目录里的所有材质。

向左和向右的两个箭头（图 7.1.2 ③）可以在已经浏览过的页面间进行切换，方便寻找合适的材质。

单击小房子的图标（图 7.1.2 ④），相当于选择在模型中的选项，可以快速显示当前模型中正在使用的和曾经使用过的所有材质。

7. 吸管工具

请看这里有个小吸管的图标（图 7.1.2 ⑤），它的功能是用来提取模型中已有的材质。调用它以后，在已有的材质上单击，就可以把这种材质吸收为当前材质。

应注意，这个工具虽然与某些平面设计软件的形状相同，但是它获取的不仅仅是"像素颜色"，而是当前包括贴图的材质，大多数时候，获取的是作为材质使用的图片。

这个小吸管还有个快捷键 Alt，当光标是油漆桶状时，只要按下 Alt 键，油漆桶状就变成了小吸管状，松开 Alt 键，光标又恢复成油漆桶状，这对需要频繁拾取模型中颜色的操作非常方便。

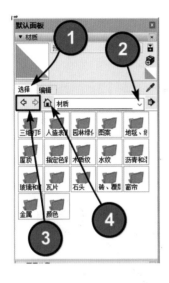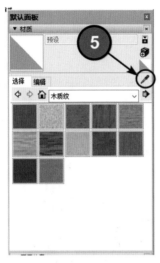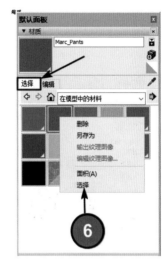

图 7.1.2　吸管工具

8.　材质浏览区的操作

右击一个材质，可以看到还有几个可以选择的操作（图 7.1.2 ⑥）。

（1）"删除"，单击它以后，就从模型中删除这种材质，并且用默认材质替换。

（2）"另存为"，是把这个材质文件保存到指定的位置，通常是自己的材质库。

（3）"输出纹理图像"，是把 SketchUp 的材质文件（通常是 skm 格式的）更换成图片格式后保存在指定位置，图片的格式可以选择。

（4）"编辑纹理图像"，单击可以把当前纹理图片发送到外部软件进行编辑，这方面的内容下面还要提到。

（5）"面积"，这一命令非常有用，单击它以后，可以统计出模型中所有使用了这种材质的总面积，用这个功能可以直接得到像瓷砖、地板、墙布、粉刷总量等的面积数据，想要得到准确的数据，前提是你必须认真赋予材质。

（6）单击最后一个命令，可以一次选中模型中所有使用这种材质的表面，用来批量更换材质，非常方便。

9. 编辑材质

现在再来看"编辑"标签里的内容。这个"编辑"选项卡里包含了一些对当前材质进行编辑的手段。在这里，你可以用色轮、HLS、HSB、RGB 这 4 种不同的模式对当前材质作出调整，非常方便（图 7.1.3 ①）。至于什么是 HLS、HSB、RGB，它们各有什么优点缺点、如何应用，说来话长，在 SketchUp（中国）授权培训中心 组织编写的其他教程中会有一个专题来讨论。

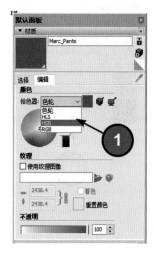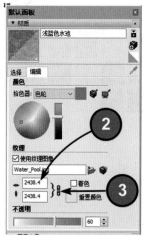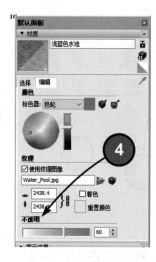

图 7.1.3　编辑材质

10. 调整材质的大小（像素）

再往下，有两个数值框，里面的数字是当前材质在模型中的大小，上面的是水平方向的大小，下面是垂直方向的大小，在这两个数值框里输入新的数值，可以改变纹理图片在模型中的大小（图 7.1.3 ②）。

应注意，这里有一个链条形状的标志（图 7.1.3 ③），它有两种不同的状态，即连接和断开。在连接状态调整大小时，纹理的垂直或水平方向的比例不变。当链条断开时，可以单独对纹理的垂直或水平方向进行调整。

11. 调整材质的透明度

最下面的滑条用来调整透明度。注意，"不透明"这 3 个字放错了位置，应该放在最右边，因为滑块调整到最右边才是最不透明（图 7.1.3 ④）。

调整得不满意，还可以单击这个色块（图 7.1.4 ①），恢复到原始状态。

图 7.1.4 ②所示吸管，可以把当前材质与模型中的某种颜色匹配。

图 7.1.4 ③所示吸管，可以把当前材质与屏幕上看得见的任意颜色匹配。

12. 调用外部软件

如果你觉得 SketchUp 自带的材质编辑器提供的功能不够，可以单击图 7.1.4 ④所指的图标，调用外部的专业工具对材质图片进行编辑，需要打开什么外部软件，必须提前在"窗口"菜单的"系统设置"和"应用程序"里面设置好。

如果没有指定过外部的图像编辑工具，SketchUp 将打开 Windows 默认的图片浏览器。

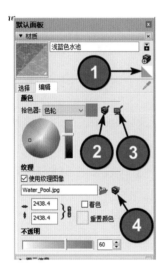
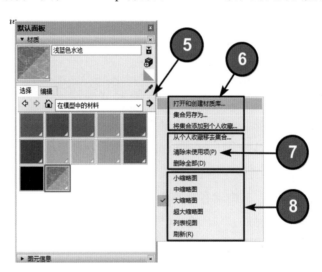

图 7.1.4　调用外部图像工具

13. 材质库操作

注意，图 7.1.4 ⑤中显示的这个向右的箭头里的内容非常重要，但时常被人忽视。

在这里，可以打开自己的材质库，可以把自己收集和制作的材质保存在U盘或移动硬盘里，想要用时，单击这里就打开材质库了（图 7.1.4 ⑥）。

单击"将集合添加到个人收藏"命令，就可以在其级联菜单里把保存位置指向你的材质库，以便把当前模型中的所有材质集中起来保存（图 7.1.4 ⑥）。

这里要重复说一下，图 7.1.4 ⑥所框出的三项，SketchUp 会直接打开你在"系统设置""文件"里指定的位置，请注意本教程的 1.5 节。

14. 删除不用的材质

SketchUp 会把建模过程中曾经用过，现在已经删除不用的材质，全部保存在模型文件中，方便你以后再使用，但是这样也增加了模型的体积，减缓了模型运行的速度。所以，应经常单击这个命令清理一下（图 7.1.4 ⑦），把当前不再使用的材质从模型文件中删除。

清理不再使用的材质，也可以单击"模型信息"面板中"统计信息"界面里的"清除未使用项"。

图 7.1.4 ⑧中的 6 项，都与"材质"面板的界面有关，一看就知道。

以上介绍的只是 SketchUp 材质系统的一些皮毛，SketchUp（中国）授权培训中心组织编写了一套材质与贴图方面的专门教材——《SketchUp 材质系统精讲》，也将由清华大学出版社出版发行，请关注官方公众号公布的信息。

7.2 基础贴图

所谓贴图，就是把外部导入的图片贴敷在模型表面的操作，这是 SketchUp 材质系统的一项重要功能，也是每一位 SketchUp 合格用户必须掌握的技能。

7.1 节说过，无论是建筑规划、园林景观还是室内环境艺术行业，设计过程大概可以归纳为两大部分工作，其中就有对各部分的材料、色彩等进行推敲测试的过程。大量的事实证明，如果能把贴图做得好，一般的中小型设计任务，只要用 SketchUp 一种软件就可以完成。此外，贴图技能也是后续进行渲染和制作动画的基础。

1. 导入图片后的操作

这里要介绍 SketchUp 最基础的两种贴图技巧，即 SketchUp 默认的"投影贴图"与"非投影贴图"。后者的称呼比较混乱，也有称为"坐标贴图""像素贴图"或"包裹贴图"的。这里准备了一幅图片，是 2008 年北京奥运会的吉祥物——5 个福娃，我们要用它来演示贴图。现在它已经被拉到了 SketchUp 的工作窗口里（图 7.2.1 ①）。

现在看到的这幅图片看起来像是群组，其实不是；因为无法通过鼠标双击进入图片的内部进行编辑，所以它不是群组，它现在是还没有被 SketchUp 接受的外来图片，想要让 SketchUp 接受它，就要先把它炸开，只要一炸开，它立即会出现在 SketchUp 的材质面板上，只有炸开的图片才会被 SketchUp 接受，但是它还不是 SketchUp 的材质，在把它制作和保存为 skm 格式文件之前，它仍然是用来贴图的图片，材质面板上的它不过是贴图操作的过程而已。

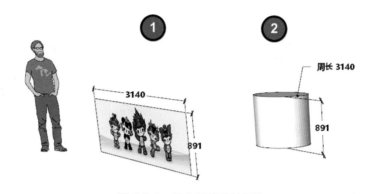

图 7.2.1 导入图像后的操作

现在用之前已经学习过的方法，用卷尺工具把图片的长度调整到 3140mm（图 7.2.1 ①），然后再绘制一个直径为 1m 的圆，它的周长正好与图片的长度相同，拉出圆形的高度与图片一样（图 7.2.1 ②）。

2．非投影贴图（坐标贴图、包裹贴图、像素贴图等）

贴图的准备工作已经完成，现在来演示第一种贴图方式，调出"材质"面板，用吸管获取图片材质后，吸管变成油漆桶形状，把油漆桶移到圆柱体上单击，圆柱体上就有了图片的材质，如图 7.2.2 ①所示。

现在仔细看一下，图片完整地包裹在圆柱体上，因为图片的长度正好是圆柱体的周长，所以，接头的地方天衣无缝，不多不少正合适（图 7.2.2 ②）。

图 7.2.2 坐标贴图（包裹贴图、像素贴图）

3．与投影贴图的区别

再来看下面这个例子。图片还是这张图片，对象换成了立方体。重复刚才的操作，获取材质后对立方体赋予材质，与图片平行的这个面是正常的，与图片垂直的面就不对了（图 7.2.3 ②）。

图 7.2.3　与投影贴图的区别

现在来找找原因。

鼠标右键选中图片的面，只选择面，不要选择到边线。在右键关联菜单里有个"纹理"命令，注意第三项的"投影"子命令，前面有个钩（图 7.2.4 ①），说明现在是投影贴图方式；而投影贴图就是把图片放在幻灯机里投射到目标上一样，所以图 7.2.3 ②所示的现象是正常的。

再回来试验一下，右击图片平面，把"投影"子命令前面的对钩取消，恢复到非投影贴图状态（图 7.2.4 ①），重新用吸管获得材质，赋予立方体的各个表面，现在正常了（图 7.2.4 ②）。

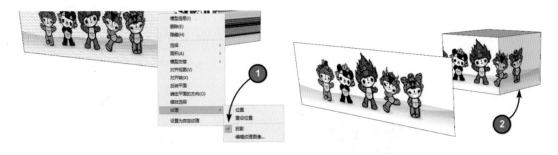

图 7.2.4　坐标贴图与非坐标贴图

上面的演示说明想把图片包裹在对象上，不管对象是什么形状，都不能用投影的方式操作，在贴图前，要像图 7.2.4 ①所示，检查一下当前的贴图方式，这是个好习惯。

4. 重要！只选择面，不要选到边线

对了，还要解释一下，为什么刚才强调"只选择面，不要选择到边线"？

在检查当前是否为"投影"状态时，如果同时选中了图片和它的边线，在右键菜单里就

找不到"纹理"这个命令（图 7.2.4 ①），也就无法确定当前是不是在"投影"状态。

10 多年来有很多学员（一半以上）在做贴图时，都曾经抱怨在右键菜单里找不到"纹理"这个命令，原因全都一样：无一例外地同时选择了图片的面与边线（双击或框选造成的）。现在告诉你一个浅显的道理，你就会理解为什么"只选择面，不要选择到边线"——因为材质只能附着于面。

配套的视频教程里有对此问题的详细演示，可播放参考。

5. 移动图片改变贴图位置

现在换个题目：如果想把图 7.2.5 中的红色福娃放在立方体相邻两个面的交界处，每个面上一半，有可能吗？是的，完全可以。

先在这个角上引条辅助线出来，再把红色福娃移动到辅助线上，一边一半（图 7.2.5 ①）。

重新获得材质，赋予立方体的相邻面，红色的福娃移动了，正好一边一半（图 7.2.5 ②）。

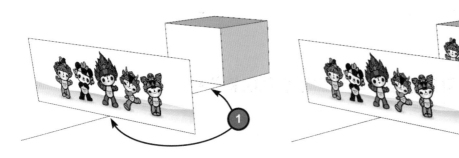

图 7.2.5　移动贴图位置

上面两个实例都是非投影贴图，也有人称之为像素贴图、包裹贴图。需记住，做这样的贴图，必须把右键菜单里"投影"前面的钩取消掉。

6. 投影贴图

现在来看看投影贴图是怎么回事。图 7.2.6 中准备了 4 种不同的几何体，分别是圆弧凸台、四棱锥、圆锥体和半球体；图 7.2.6 ①中还准备了 4 幅图片，分别是在 4 个几何体上做贴图用的（图 7.2.6 ②）。

投影贴图就像是把图片做成幻灯片投影到对象上的贴图。所以，首先必须有幻灯片，这些几何体的底部平面就是最好的幻灯片，把它们分别复制到几何体的正上方（图 7.2.6 ③）。

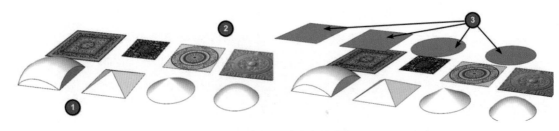

图 7.2.6 投影贴图条件准备

接着，对幻灯片赋予对应的材质图片，如图 7.2.7 ①所示，现在这些幻灯片还不能用，需要分别调整贴图的大小和位置；调整好贴图位置的幻灯片如图 7.2.7 ②所示。

图 7.2.7 调整投影贴图大小与位置

7. 调整投影用的贴图（本节配套视频里更详细）

右击"幻灯片"，在右键菜单里选择"位置"命令。现在看到的图片非常大，还有红、绿、黄、蓝 4 个图钉。现在请你记住 4 个图钉的用途。

① 红色图钉用来确定贴图坐标的起点，通常是左下角。

② 绿色图钉用来确定贴图的大小和角度，通常要固定在右下角。

③ 蓝色和黄色两个图钉用来做平行四边形和梯形变形，贴图时基本用不着它们，初学者不要去动它们，免得把贴图调得不可收拾。

现在开始调整。请记住步骤（请浏览配套的视频）。

（1）移动红色的图钉来确定贴图的起点，把它固定在幻灯片的左下角。

（2）移动绿色的图钉确定贴图的大小，把它固定在幻灯片的右下角，如果图片是歪的，还可以用它来调整角度，正方形的贴图很容易调整尺寸和位置。

接下来要用鼠标右键在图片上单击，检查一下，一定要勾选"投影"（图 7.2.8 ①）。然后用吸管获取材质，单击下方的几何体赋予材质，投影贴图完成（图 7.2.8 ②）。

圆形的图片调整起来要麻烦一点。

① 先用绿色图钉调整图片到合适的大小和角度。

② 再用红色图钉调整位置。

③ 反复上面两步，把圆形的图案尽量调整到与幻灯片形状相同。

贴图位置调整好以后的操作是一样的。

图 7.2.8　实施投影贴图

好了，来看一下结果，移开所有的幻灯片可以看到，即便对象是不同形状，对象上的贴图结果与幻灯片也是完全一样的（图 7.2.9）。这就是投影贴图的妙处。

图 7.2.9　投影贴图示例一

图 7.2.10 所示为另一个投影贴图的例子，道理也是一样的。

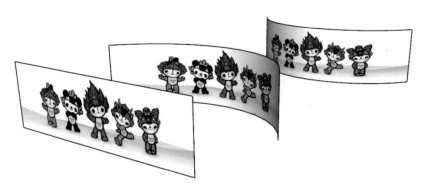

图 7.2.10　投影贴图示例二

示范用的所有素材都可以在附件里找到，可以用来做练习。

8. SketchUp 的材质文件

SketchUp 的材质文件后缀为 skm。

在 Windows 的资源管理器里，你不能像其他文件一样用鼠标双击打开，很多同学打电话来问是不是文件坏掉了，其实这是正常的。

skm 格式的文件，只有在 SketchUp 的"材质"面板上才可以对它们进行浏览、调度与编辑。想要打开本收集或下载的材质库，需按图 7.2.11 所示操作。单击图 7.2.11 ①所示的小箭头，选择"打开和创建材质库"命令，然后在弹出的 Windows 资源管理器中导航到材质库保存位置，如图 7.2.11 ②所示。

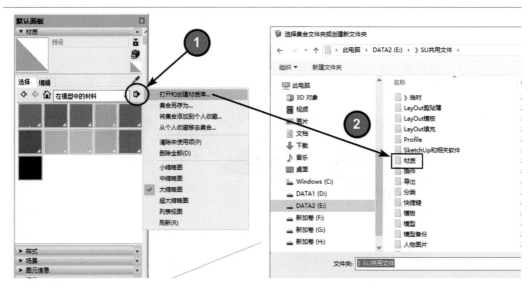

图 7.2.11　SketchUp 的材质文件

可以指定打开一个材质库，或打开材质库的某个文件夹，图 7.2.12 ①是打开整个材质库。库里面有若干个子目录，图 7.2.12 ②是打开了一个"布料"目录，可以在这里进行各种操作。

上面通过几个实例的演示，介绍了在 SketchUp 里做"像素贴图"（包裹贴图）和"投影贴图"的方法以及各自适用的对象。这是两种最基础的贴图，一定要掌握，请用教程附件里提供的素材多做练习。

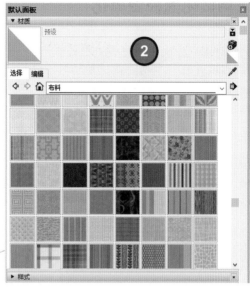

图 7.2.12　材质库

7.3　柔化和雾化

本节介绍 SketchUp 的两个重要功能，即柔化与雾化。

以前曾经介绍过，在 SketchUp 里，3 条以上的线段首尾相连就可以形成一个面；而任何一个 SketchUp 模型，是由大量这样的"线"和"面"组合而成的。

就像图 7.3.1 ①③里的一样，这些模型的初始状态是"线"和"面"共存的。

1.　用橡皮擦工具做柔化

图 7.3.1 ①③中有些线条的存在是合理的，如圆柱体两端的圆形就是必须保留的，而圆柱体表面的这些线条则是多余的，应该去掉。（图 7.3.1 ①）。

在本教程的 3.9 节删除工具里讲过，可以用删除工具，也就是橡皮擦来对多余的线条做"柔化"和"隐藏"。具体的操作如下。

调用橡皮擦工具，同时按住 Ctrl 键，就是柔化（同时按住 Shift 键是隐藏）。用工具涂刷需要柔化的线条，一些不需要的线条就被柔化平滑掉了（图 7.3.1 ②）。在建模过程中，如果只有少量的线条需要柔化，可以用这个办法。

2. 用柔化面板做柔化

如果碰到图 7.3.1 ③这样"满脸皱纹"的情况，再用橡皮擦工具就不合适了。

SketchUp 有一个功能就是专门对付这种情况的。在"默认面板"里可以调用一个叫作"柔化边线"的小面板（图 7.3.1 ④）。

选择需要进行柔化的对象，如果对象是群组或组件，不必进入群组内部编辑，只要选中它即可；再拉动"柔化边线"小面板上的滑块，随着滑块的移动，对象上的线条也在随着变化；直到获得满意的柔化效果（图 7.3.1 ⑤）。

注意，大多数情况下，对象上总有一些线条是需要保留的，如图 7.3.1 ⑤上的雕花部分与平面交界的边线就应该保留，不该被柔化掉。

如果用柔化面板对图 7.3.1 ①中的圆柱体做柔化，把滑块调整到大于 90 度，圆柱面与端面的边线就会消失，完全失去了圆柱体的特征。

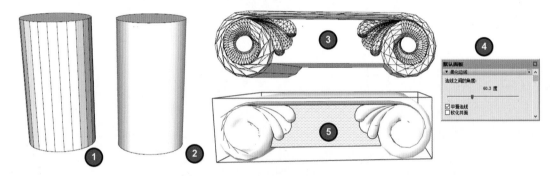

图 7.3.1　柔化面板与柔化

所以，要根据对象的实际情况，把滑块调整到一个合理的位置，留下一部分必须留下的线条，大多数情况下不应该把滑块调整到大于 90 度。

初学者最容易犯的毛病是：粗暴地把滑块一拉到底，不分青红皂白地柔化全部线条。

滑块调整到合理位置后，如果还有少量线条没有柔化，可以按住 Ctrl 键用删除工具进行局部柔化。

3. 平滑法线

"柔化边线"小面板上还有"平滑法线"和"软化共面"两个选项，下面要用图 7.3.2 来说明什么是"平滑法线"。

在图 7.3.2 ①中，我们对左边的对象做柔化操作，拉动滑块到大约 47 度（未勾选"平滑法线"复选框）。接着，选中下边的对象，保持滑块位置不变，勾选"平滑法线"复选框（图 7.3.2 ②）。

仔细对照一下两个对象，上边的还留有一些粗糙的边线痕迹，下边的就比较细腻，但是丢失了部分细节。所以，是否要勾选"平滑法线"复选框，还要根据对象的实际情况来决定。

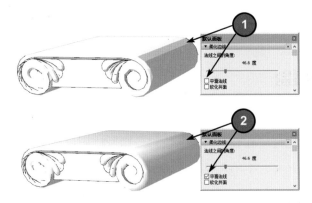

图 7.3.2　是否平滑法线的区别

4. 软化共面

图 7.3.3 ①中有两个平面，上面有一些线条，因为这些线条是在一个共同的平面上，所以叫作"共面线"。假设这些"共面线"都是多余的，需要去除。

选择对象，勾选"软化共面"复选框（图 7.3.3 ②）。稍微移动一下滑块，这些共面线就被柔化了。但是应注意，虽然这个工具用来清理多余的共面线非常方便，但它是把双刃剑，一不小心可能就会把有用的，甚至把重要的线条清理掉，所以务必谨慎使用。

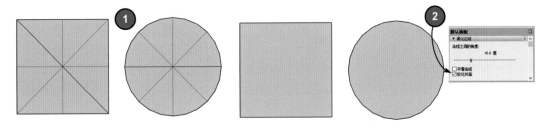

图 7.3.3　软化共面

5. 柔化功能的调用

（1）"柔化边线"小面板，可以在"窗口"菜单的"默认面板"里调用。

（2）"柔化边线"小面板，也可以在选中对象后，在右键关联菜单里调用。

（3）只柔化一两处线条时，可在选中线条后，在右键关联菜单里选择"柔化"命令。

（4）对于少量线条进行柔化，还可以在"图元信息"小面板上勾选"软化"和"平滑"复选框。

（5）如要恢复已经柔化的边线，在选中对象后，把滑块拉到最左侧即可。

（6）用橡皮擦工具，同时按住 Ctrl + Shift 组合键，拖动工具可以恢复已柔化的边线。

6. 柔化功能的限制

"柔化边线"功能还有一些限制，例如像图 7.3.4 ①这样的几何体，中间的这条线属于两个以上平面共用的，无论你用什么办法，"柔化边线"小面板都是处于不可操作的状态，也就是说，这种性质的线条是不允许被柔化的。

7. 不同的柔化效果

关于柔化，建模实践中还发现一些需要注意的地方，下面举例说明。

图 7.3.4 ②③都是用组件创建的楼梯，楼梯成型后需进入组件柔化掉多余的边线。

图 7.3.4 ②是用橡皮擦工具加 Ctrl 键来柔化的，有明显的痕迹。

图 7.3.4 ③是用右键菜单里的"柔化"命令柔化的，效果就完全不同。

所以要用什么形式柔化边线，最好先试验一下。

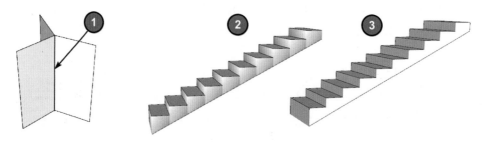

图 7.3.4　柔化功能的限制

8. 错误的偷懒做法

图 7.3.5 ①是一个需要柔化边线的对象。

图 7.3.5 ②已经做了适度的柔化，个别遗留线头可以用橡皮擦工具加 Ctrl 键柔化。

有些人对多余的边线采用了一种比较极端的偷懒做法，就是在"视图"菜单的边线类型里干脆取消所有的边线，如图 7.3.5 ③所示，连最起码的轮廓线都没有了。在 3D 仓库里有很多模型就是这样做的，这是一种非常错误的做法。现实生活中的物体都有它自己的边线和轮廓线，取消了本应该存在的边线和轮廓线，其实是一种人为的严重失真。应注意，一定不要用这种偷懒的做法。

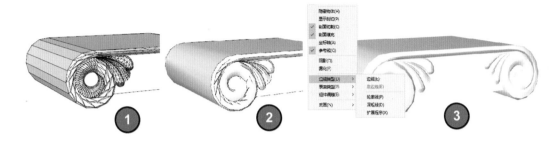

图 7.3.5 柔化不是偷懒

9. 关于柔化的总结

"柔化边线"的功能可以在有角度的边线上，根据你的愿望进行合理的柔化和平滑，从而可以很快地为复杂的几何体产生平滑过渡的效果。

使用"柔化"功能，必须根据对象的实际情况，该保留的边线要保留，谨慎确定柔化的角度。

谨慎使用"柔化边线"小面板上的"平滑法线"和"软化共面"，每次做柔化操作，最好多试验几次，确定合理的柔化参数。

10. "雾化"

接着对"雾化"功能做个简单介绍。

图 7.3.6 ①是一个公交车站模型的原始状态；在"窗口"菜单里调用雾化面板，勾选"显示雾化"复选框，适当调整，模型展示的意境就完全不同了，变成了雾蒙蒙的效果（图 7.3.6 ②）。

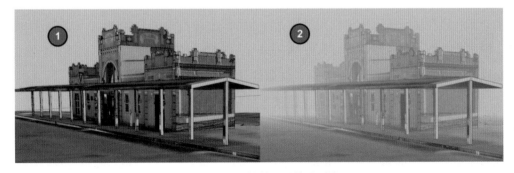

图 7.3.6 雾化前、后效果对比

11. 雾化面板的用法

下面介绍雾化面板的用法（图 7.3.7）。首先要勾选左上角的"显示雾化"复选框，然后选择雾的颜色，大多数时候，只要选择默认的背景颜色就可以了。

两个滑块，调整左边的滑块开始表现雾化的距离，也就是对近景的清晰程度进行调整。

右边的滑块用来调整雾化的结束距离，也就是对远景的清晰度进行调整。

根据这个原则，试着反复调整这两个滑块，就可以得到需要的效果。

恰当地使用雾化工具，可以形成所谓的"大气模糊"，得到意境深远的效果。

图 7.3.7 雾化面板

课后请用附件里的模型动手体会一下。

7.4 样式（风格）

本节要讨论的话题，是每一位 SketchUp 用户天天在用的功能，但只有很少的用户真正懂得它的全部；能在实际应用中把它用到炉火纯青的玩家就更是凤毛麟角了，这就是样式（风格）。样式和风格，在各新、老版本的 SketchUp 中文版中交替出现，甚至在同一个版本中也同时出现，所以特别提示一下，它们在英文版的 SketchUp 里都是 Style。

1. 与样式有关的功能

SketchUp 之所以能够在短时间内就成为风靡全球的三维设计工具，自然有被玩家们看好的优点和喜爱的特色。丰富多彩的样式（风格）就是其中非常突出的一个特点，这是 SketchUp 中一些非常强大同时又非常有趣的功能。

注意，刚才我说了"一些"功能，而不是说"一个"功能。那么，SketchUp 里有哪些工具或功能与样式（风格）有关呢？

（1）首先就是"样式"工具条，它的名字就是"样式"，当然与样式有关。7 种不同的显示模式让我们受益匪浅。

（2）还有，截面（剖面）工具也与样式（风格）有关。

（3）"视图"菜单里的大多数可选项都与样式（风格）有关。

（4）除了上面提到的这些，还有一处更为直接，就是"默认面板"的"样式管理器"。这是一个功能强大的管理工具，在这里可以对线条的粗细及颜色、平面、剖面、背景、天空、水印等几乎所有 SketchUp 工作窗口中的要素做预先设置和编辑更改。

2．样式管理面板

在下面的篇幅中，要介绍这个名称为"样式"的管理器（面板）。

样式管理器可以分成两大部分：上面这一小块又可以分成左右两个部分（图 7.4.1 ①）。

左边的 3 个窗口，用来显示当前所选用样式的信息，包括图标、样式的名称、说明用的文字。

图 7.4.1　样式管理面板

右边还有 3 个时常被忽视的小按钮，单击第一个（图 7.4.1 ②）可以打开或关闭下面的辅助窗口。至于辅助窗口的用途，等一会再说（配套视频 7-4 更详细）。

3. 创建新的样式

想要创建一个新的样式，只要单击中间的图标，在当前模型中就会增加一个新的样式，可以继续对当前的样式进行编辑修改（与下面的辅助面板配合起来操作），最后可以另存为一个新的样式（图 7.4.1 ③）。等一会还要介绍它的用法。

4. 保存新的样式

如果你对当前的样式做过修改，左上角的大图标上会出现一个旋转的箭头；右边一个同样的小图标也会变成可操作的状态，这是提醒你当前的样式发生了变化，需要保存吗？如果想要保存，单击这两处中的任何一处即可。

5. 选择样式

样式管理器的下半部分比较大，有 3 个选项卡，相当于管理器的三大功能。

第一个选项卡是"选择"，在"样式"下拉列表框里有 7 种不同的预设样式，它们分别如图 7.4.1 ①所示。

竞赛获奖者们设计的样式 10 个；手绘边线 38 个；混合样式 13 个；照片建模 3 个；直线 10 个；预设样式 13 个；颜色集 16 个。可以在 103 个不同的样式场景中选择喜欢的使用。

6. 节约计算机资源的样式

不过应注意，有些预设样式上有个绿色的时钟标记（图 7.4.2 ②），还用文字显示"这是一种快速建模样式"。"快速建模"的说法有点言过其实，它的真实含义是：使用这种不带天空、地面的样式，会节约一点计算机的 CPU 和 GPU 资源，是一种节约计算机资源的样式（很有限），与建模的速度快慢没有太大关系。所以，如果你的计算机不够土豪，选择有绿色时钟标记的样式多少会有点好处。

7. 清理不再使用的样式

图 7.4.2 ③所示的位置有个向上的箭头，用于选择在模型中的样式。单击它以后可以看到

下面出现一大堆不同的样式，都是刚刚为了测试尝试过的样式，它们还保留在模型里，成了垃圾，占用资源，单击向右的箭头（图 7.4.2 ④），在弹出的菜单中选择"清除未使用项"命令，会只剩下当前正在用的一个。

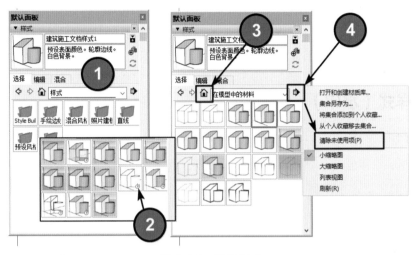

图 7.4.2　选择样式

8. 编辑样式（线、面、背景）

接着，来关注一下"编辑"选项卡里的内容（图 7.4.3）。单击"编辑"选项卡后，下面还有 5 个小图标，它们分别是边线、平面、背景、水印、建模设置。

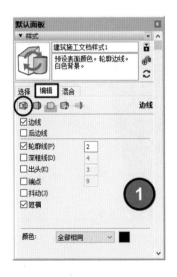
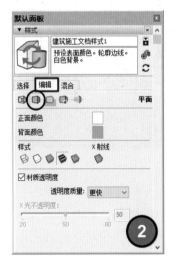
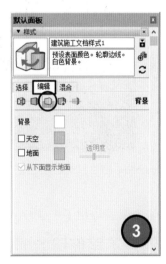

图 7.4.3　编辑样式

在"边线"部分，可以在 8 种边线属性中选择，建议只选择最上面的"边线"复选框，有特别需要时再加选其他的属性，调整线条的粗细（图 7.4.3 ①）。

图 7.4.3 ②是"平面"可设置的部分，正、反面颜色建议不要改动。下面 7 种样式与"样式"工具条相同；50% 的透明度可以兼顾效果与速度，也不用动。

图 7.4.3 ③所示是对于天空、地面、背景的设置，可以勾选或取消，也可以改变颜色。需要提醒一下，当需导出 PNG 图片时，一定要来这里取消对"天空""地面"的勾选。

9. 编辑样式（水印）

下面要借用一个模型介绍"样式"面板上的"水印"功能。

图 7.4.4 是一个手绘的小别墅，但是，别上当，这不是手绘，这是 SketchUp 的模型。

下面来解剖一下这个模型。在样式管理器上可以看到，这是一个快速素描水彩样式，是 2008 年样式设计比赛的参赛作品（图 7.4.4 ①）。

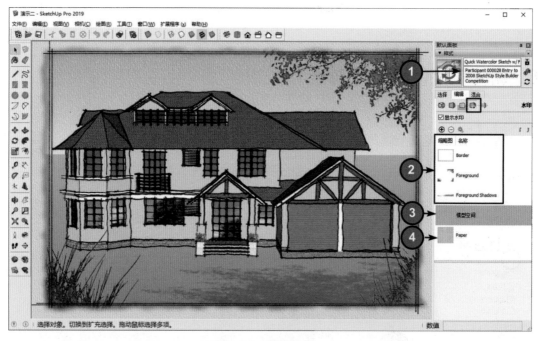

图 7.4.4　编辑水印一

这个模型运用了一些样式方面的技巧，在水印部分里可以看到，其包含了一幅背景图片（图 7.4.4 ④）、3 幅前景图片（树头和小草、树的阴影和边框）（图 7.4.4 ②）。现在从模型里拿掉树头和小草、树的阴影和边框（图 7.4.5）（只要在选中以后单击减号按钮即可）。

图 7.4.5　编辑水印二

10. 手绘线和手绘

　　现在再来看看它的线条（图 7.4.6 箭头所指处）。它不是直线，而是模仿手绘的线，在 SketchUp 默认的样式里可以找到这种线条，还可以用 SketchUp 自带的一个叫作 StyleBuilder 的小程序来制作。

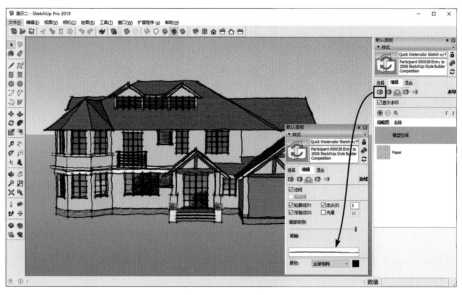

图 7.4.6　手绘的边线

现在很多招标单位在标书中规定，投标文件中必须有 30% 甚至 40% 以上的手绘图样，这是很聪明的做法，看看很多国外大公司的投标方案文件，基本找不到照片似的效果图，更多的是手绘。

辩证地看，既然效果图已经普及到打字复印小店都能代劳，滥到装潢公司免费奉送的地步，它就不再能体现投标单位的真实水平了。而像样的手绘人才却不是每个单位都有、都能养得起的，从标书手绘水平的高低确实可以在相当程度上看出投标单位的实力和设计师个人的功底。

作为一种变通的办法，用 SketchUp 模型加上手绘样式的风格，确实能给人以耳目一新的感受，有兴趣的人不妨试试。

11. "混合"出自己的样式

在样式管理器里有个"混合"选项卡，可以分别对边线、平面、背景、水印等要素进行设置和调整。用样式管理器的混合功能，可以在已有的样式中挑选出自己喜欢的元素，组合出一个新的样式。打开辅助选择面板，找一些自己喜欢的线型、面、背景，拉到对应的图标上去。

这部分内容较多，用图文形式介绍会很乏味，请看所附的视频教程（7-4）。 此外，在 SketchUp（中国）授权培训中心组织编写的《SketchUp 建模思路与技巧》一书中也有一些实例可供参考。

7.5　日照光影系统

日照、阴影与材质、风格等一起组成了 SketchUp 的实时渲染系统。

需要指出，"实时渲染"作为区别于其他三维建模的工具，是 SketchUp 的一个重要特色。因此，SketchUp 才被誉为立体的 Photoshop。

而日照光影是这个特色里的特色，是必须掌握的重要知识点。

SketchUp 最初是为建筑设计、园林景观设计和规划设计而创立的。而这些设计都离不开日照阴影，所以就有了这个系统，并且日臻完善。最近几个 SketchUp 新版本的日照光影系统，比起老版本，大大减少了的资源的消耗，就更为实用了。

1. "阴影"工具条

在"视图"菜单的工具栏里有个"阴影"工具条（图 7.5.1），这个工具条共有 3 个部分。

单击第一个按钮会显示和隐藏当前的阴影；拉动第二个部分的滑块，可以指定一年 12 个月的某一天；第三个部分是这一天从日出到日落的时间，拉动滑块可以调整到任何一分钟。

虽然这个"阴影"工具条有这么丰富的功能，不过基本上不用它，原因有以下几个。

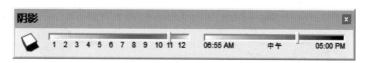

图 7.5.1 "阴影"工具条

（1）这个工具条太大且不常用，所以老手们不会把它弄出来占用宝贵的作图空间。曾经见过不少人不管用得着用不着，把所有能够调动出来的工具条都摆满桌面，把作图空间挤占到只剩下可怜的一点点，我问他们为什么要这么做，回答千差万别，大多牵强附会令人喷饭，最让人啼笑皆非的回答是："把所有工具条摆出来可以吓唬吓唬外行。"出于礼貌，我没说什么，心里却在想：看到满桌面的工具条和可怜的操作空间，正好说明了你自己是菜鸟，与外行差不多。

（2）这个工具条的功能不全，调整的精度也太粗，不实用。

2. "阴影"面板

不用"阴影"工具条，自然有更好的替代办法。

"默认面板"上有个"阴影"小面板（图 7.5.2），非但包括了工具条的全部功能，还有更多的其他功能，调整的精度也更高。所以，后面的介绍会甩掉"阴影"工具条，仅用"阴影"面板来介绍更完整的日照光影系统。

3. "阴影"面板各部分功能

"阴影"面板可分成两个大部分，还可以分成好几个小部分。

图 7.5.2 ①②③④⑤的这一小块是常常要调整的主要部分。

图 7.5.2 ⑥⑦⑧⑨的一大块是一次调整后不用经常变动的次要部分。

图 7.5.2 ⑤中的这个小按钮，可以隐藏下面不常调整的部分，节省面板占用面积。

图 7.5.2 ①所示的按钮，用来打开或关闭日照光影。

图 7.5.2 ②显示模型当前所在的时区。

图 7.5.2 ③④用来调整日期与时间。

图 7.5.2 ⑥⑦两个滑块分别调整光影的亮暗部分。

图 7.5.2 ⑧，勾选这里不显示阴影，但在模型上区分明暗面。

图 7.5.2 ⑨，勾选的部分会接受阴影。

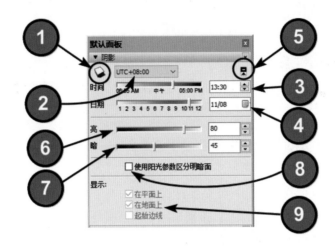

图 7.5.2 "阴影"面板

4. 获得准确光影的前提

SketchUp 的日照光影系统可以精确定位日照，也就是阴影的方向。但是，想要获得准确的日照光影，前提是要让 SketchUp 知道你正在创建的模型将会在什么位置。

在本教程的 1.5 节，在详细讨论 SketchUp 的设置时，其中有一部分内容讲当前地理位置的设置：位置的设置可以用 Google 地图，也可以直接输入经纬度。

为什么要大费周章地定位工程所在的地理位置呢？就是为了获得准确的日照光影。如果你不在乎光影是否准确，也可以不必理会。

如果你单击"手动设置位置"按钮，不能顺利登录到 Google 地图，这很正常，但不必丧气，本教程附件里已经准备好了一个全国 2200 多个县市的经纬度列表，可以在表格里找到工程所在地的经纬度，再把它们复制到图 7.5.3 所示的小面板上，这一步就算做完了。

为了取得准确的日照和光影，除了地理位置外，还有时间和日期也需要设置，这个不难理解。

图 7.5.3 "地理位置"面板

例如，可以先把时间滑块移动到中午附近，然后拉动日期滑块，可以看到光影由长变短、再变长，这是一年四季 365 天，每天中午的光影变化。

反过来，把日期滑块固定在某一天，拉动时间滑块，看到的就是这一天从日出到日落的阴影变化。

5. 日照光影研究论证

大多数人都知道，在北半球，每年的夏至这天，太阳光的影子最短，也就是 6 月 21 日左右。每年的冬至这天，大概是每年 12 月 23 日前后，太阳光的影子最长，日照时间最短；还有一个节气"大寒"对于搞设计的也很重要。

为什么要在这里提到冬至和大寒？

2013 年，我国住房和城乡建设部对《工程建设标准强制性条文》进行了修订。其中的城乡规划部分的第三篇——居住区规划，对住宅间距（日照）提出强制性要求，这方面的知识，作者制作了两个文件放在了附件里，有兴趣可以去浏览一下。

这里摘录《工程建设标准强制性条文》的一个表格——住宅建筑日照，应符合图 7.5.4 所列的标准。

其中，有 4 个半气候区在大寒日的 8 ～ 16 点，在最底层的窗台面上，每天必须有 2 ～ 3 小时的日照。另外，还有两个半气候区，是以冬至日的 9 ～ 15 点为准，在最底层的窗台面上，每天必须有不少于 1 小时的日照。

旧区改建项目内新建住宅日照时间可酌情降低，但不应低于大寒日照 1 小时的标准。

所以，每年的冬至和大寒这两个节气，在 SketchUp 的日照光影系统中，就显得非常重要。

建筑气候区划	I、II、III、VI 气候区		IV 气候区		V、VI 气候区
	大城市	中小城市	大城市	中小城市	
日照标准日	大寒日				冬至日
日照时数（h）	≥ 2		≥ 3		≥ 1
有效日照时间带（h）	8 ~ 16				9 ~ 15
日照时间计算起点	底层窗台面				

注：①建筑气候区划应符合本规范附录 A 第 A. 0. 1 条的规定。
②底层窗台面是指距室内地坪 0.9m 高的外墙位置。

图 7.5.4　住宅建筑日照标准

上面提到的气候区划分、日照标准等，在本节的附件里有很多相关资料可供查阅。

在本节所附的视频里，还有两个用 SketchUp 对设计方案做日照光影研究论证的实例供参考。

另外，在 SketchUp（中国）授权培训中心的动画专题教程部分，有一个制作日照光影动画的章节，那里有对日照光影做研究论证更详细的方法。

6. 阴影的显示方式

在"阴影"面板的最下面，有 3 处可以勾选，它们分别用于启动"在平面上""在地面上"和"起始边线" 3 种显示方式。

在图 7.5.5 里，创建了一些场景。

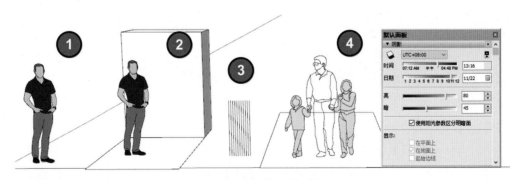

图 7.5.5　阴影显示的设置一

图 7.5.5 ①，一个 2D 男人站在地面上。

图 7.5.5 ②，这个男人站在一个平面上，身后还有一面墙。

图 7.5.5 ③，是一些直线。

图 7.5.5 ④，中间的老爸只有线框，两边的孩子有平面。

现在还没有打开光影，所以所有的对象都没有光影。

如图 7.5.6 所示，已经打开了阴影，还勾选了"在地面上"复选框。

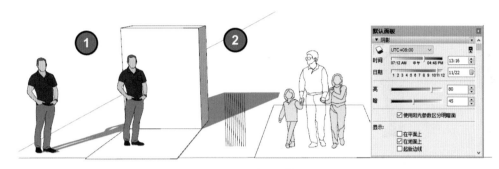

图 7.5.6　阴影显示的设置二

因为只有男人和墙体产生的影子才能投射到地面上，所以只有图 7.5.6 ①②两处才会有阴影。

再看打开的阴影（图 7.5.7），只勾选了"在平面上"；图中只有两处符合接受阴影的条件（图 7.5.7 ①②）：图 7.5.7 ①的男人站立在平面上，身后的墙也是平面（图 7.5.7 ②）的两个孩子也站在平面上，两个孩子的阴影都可以投射到平面上。中间的老爸（图 7.5.7 ②），虽然也站在平面上，但是他是没有面的线框，不符合投射阴影的条件。

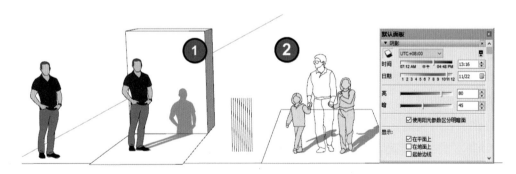

图 7.5.7　阴影显示的设置三

请看图 7.5.8：勾选了"在平面上""在地面上"和"起始边线"复选框，所以图 7.5.8 ①②两处只有线没有面的对象，也能在地面和平面上产生投影。

这里要提醒一下，一般认为，SketchUp 模型里的边线（长度和端点位置）主要由 CPU 负责运算，"面"则由 GPU 负责处理；大概是为了减少 CPU 运算的负担，也为了节约计算机资源，SketchUp 在默认状态下是不勾选"起始边线"这个复选框的。

因为边线的数量要比面的数量多得多；这个措施对提高 SketchUp 和电脑的效率非常必要；但是这种省略并不会影响 SketchUp 对光影的正常显示；所以实战中也不要勾选这个"起始边线"复选框，这样，SketchUp 和电脑就不必为边线产生光影而进行大量的运算了。

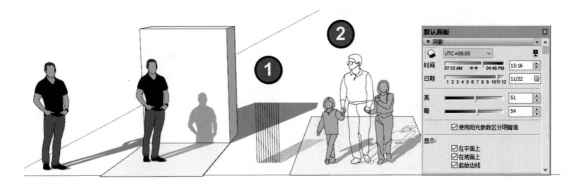

图 7.5.8　阴影显示的设置四

7. 亮和暗

在早期的 SketchUp 5.0 版本里，"阴影"面板上面的滑块叫作"扩散光"，下面的叫作"环境光"。到了 6.0、7.0 版，上面的改成了"光线"，下面的叫作"明暗"；从 8.0 版开始，就变成了现在的亮和暗。

分别拉动这两个滑块，都有调节光线亮和暗的功能。区别是：拉动上面的"亮"滑块，只调整日照的强度，不影响光影的颜色；拉动下面的"暗"滑块，同时调整日照强度和光影的颜色深浅。

这些年来，个别爱较真的学生，他们频频针对这两个滑块的名称提出疑问。说实话，作者曾经查阅过无数资料，仍然无法解释清楚这两个滑块的名称与它们的功能有什么联系。不过可以提供个人的经验。

（1）不要管它的名称，SketchUp 名实不符的中文太多了。

（2）在大多数情况下，上面的滑块放在中间位置。

（3）只调整下面这个滑块就够了。

8. 忠告与建议

最后，还要说一下使用日照光影必须注意的一点。

早期的 SketchUp 版本，日照光影是计算机资源的消耗大户，"马虎一点"的计算机，一开光影，立马罢工；即便是图形工作站档次的计算机，大模型一开光影，风扇立刻"呜呜"地叫，反应也开始迟钝。可见，日照光影非常消耗计算机资源。

2014 年初，2014 版发布时官方网站说："我们深入研究了 SketchUp 的阴影引擎代码，并找到了一些优化策略。我们对来源于客户的多个大型模型进行了测试，结果显示其平均速度提高了 15 倍。当然具体结果可能会因人而异。"最后这一句似乎是给自己留的后路。

经过实际测试，2014 版以后的新版，日照阴影功能确实有了改善，大模型打开日照光影后，对 SketchUp 运行速度的影响程度比原先要小得多，尽管如此，日照光影（和 X 光模式、透明材质）仍然是不可小觑的资源消耗大户，为了把有限的资源多分配点给其他工具和功能，让建模过程更流畅，所以，没有十分必要，最好还是不要打开日照光影。换句话说，建模过程中，一直开着日照光影的人，除非他正用着价格 5 位数的土豪计算机，不然，很大可能是模型的规模不大，或者是还没有吃过苦头的初学者。

最后，如果你的计算机不够强悍或者你的模型过于庞大，可以试试一个兼顾资源消耗与效果二者的窍门。

① 关闭光影，可大幅节约计算机资源。

② 仅勾选"使用阳光参数区分明暗面"复选框又可兼顾光照效果。

这样做，虽然看不见光影，但能区别明暗面，也算是个退而求其次，两头兼顾的办法。

7.6 高级镜头工具

SketchUp 里面有好几个不常用的功能，所谓不常用的功能就是它们只被极少数特定的用户群体偶尔使用，绝大多数 SketchUp 用户不常用或根本不用。

例如，本节要讨论的高级相机（镜头）工具（Advanced Camera Tools，ACT），就是一个不常用的功能（老版本称为"高级相机工具"）。

在本节里，将对高级镜头工具做一些简单介绍。在本节所附的视频教程里提供 SketchUp 官网对这个功能所发布的唯一视频教程。在附件里还有两篇推荐的文章，供有兴趣研究的朋友参考。

在 SketchUp 4.0 时，SketchUp 开发者就曾经发布过一个相机工具插件，叫作 CameraTools；到 SketchUp 8.0 版时又发布了另一个插件，叫作 Advanced Camera Tools（高级相机工具）；而今，这个功能以默认插件的形式变成了 SketchUp 的可选功能。

1. 高级镜头工具的用途

在看完本节教程的介绍以后，如果你觉得今后不会使用这个功能，可以到"窗口"菜单里去调出扩展程序管理器停用这个功能，以免拖慢 SketchUp 的启动速度，减轻 SketchUp 的负担。下面把 SketchUp 官方对 ACT 介绍的原文翻译出来，以便你对这组工具有个初步的了解。

"SketchUp Pro 的高级相机工具可让您在 3D 模型中使用真实镜头。 SketchUp Pro 随附一系列真实镜头配置，您可以立即使用。

使用高级镜头工具 (ACT) 创建的镜头可对焦距和图像宽度等设置进行精准控制，这可让您在 SketchUp 模型内准确预览实际的镜头拍摄效果。 使用平移、倾斜、滚转、移动摄影车、移动轨道车和移动机架等类似操作定位 ACT 镜头并对准目标。

透过 ACT 镜头可预览您计划的拍摄镜头的高宽比和安全区。 切换、打开和关闭所有的 ACT 镜头的视锥体，以查看清楚镜头中清晰和不清晰的画面。

所有的镜头都可以采用真实的摄影机参数来取景，操作起来也如同实际操作摄影机一般，更加得心应手。"

看明白了吗？ 高级相机（镜头）工具的功能是辅助电影和电视导演、摄像师在 SketchUp 里安排和预览镜头的效果，从而方便进行机位选择和场面调度。如果你正好是电影和电视工作者，下面的内容可能对你有用，可以接着看下去。不过我想 90% 以上的 SketchUp 用户，看到这里，恐怕想要离开了。

既然你还想看下去，我就把这个故事讲完。

我刚刚专门为电影和电视导演和摄像师还有你创建了这个故事场景，说的是：南美洲一个土豪家庭在郊外聚会，还请来了一个乐团助兴（图 7.6.1）。

图 7.6.1　土豪家庭聚会

我们将用这个模型来大致讲一下高级相机（镜头）工具的用法。

2．指定相机（镜头）的种类与型号

高级相机（镜头）工具有一个工具条，上面有 7 个工具，但是想要完成全部任务，只靠工具条还不够。例如，通常操作的第一步就要告诉 ACT 当前使用的相机（镜头）类型和型号，不然就无法进行下一步的任务。

指定相机（镜头）类型和型号的操作，要去"工具"菜单找到高级镜头工具，进入关联菜单选择你的相机（镜头）类型和型号（图 7.6.2）。这里包含有大多数常见的专业相机（镜头）或摄像机，可以在这里选择不同的相机（镜头），然后就会出现不同的视野范围。如果出现所选择的相机（镜头）与显示器的宽长比不同，屏幕上左右方向或上下方向可能会出现较暗部分，其内容将不会进入摄像机。

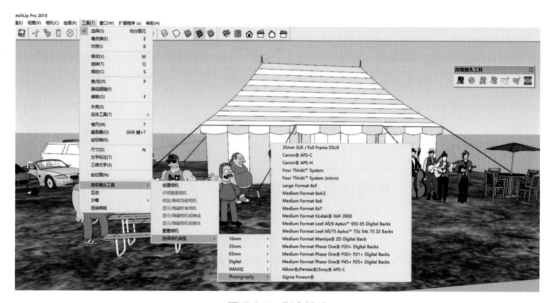

图 7.6.2　指定镜头

3．创建一个"镜头"

选择好相机（镜头）后，还要调整模型，把想要显示的内容调整到满意为止。比如，把这位啤酒胖子和另一位咖啡大汉移动到镜头的中央，现在单击创建相机（镜头）按钮（图 7.6.3①），在"名称"文本框中输入一个相机（镜头）的名字（图 7.6.3②），单击"好"按钮。一个物理相机（镜头）模型就创建好了（图 7.6.3）。

图 7.6.3　创建一个镜头

注意，图 7.6.3 ③处有个十字光标，它显示的是相机（镜头）镜头的中心。

相机（镜头）的详细属性，以文字形式出现在左下角（图 7.6.3 ④），这些数据对于业余爱好者似乎无所谓，但是对于专业的摄像师却非常重要。

左上角还出现了一个有相机（镜头）名称的页面标签。

4.　改变镜头

右击镜头（即屏幕），还可以在右键菜单里改变这个相机（镜头）的属性。

用箭头键可以做上、下、左、右平移，还可以用上、下、左、右键配合 Shift 键和 Ctrl 键来重新定位相机（镜头）。

在调整过程中，左下角的相机（镜头）属性也在不断变动。

按住 Shift 键后用方向键做摄影轨道车的左、右、前、后移动。

按住 Ctrl 键后用箭头键做旋转和变焦。

相机（镜头）调整完毕后，单击左边第三个按钮锁定相机（镜头），确保相机（镜头）位置和设置不被误更改。

一切妥当后，右键在屏幕上单击，并且在关联菜单中选择"完成"命令。

5.　检查修改相机（镜头）

接着，用同样的办法来创建更多相机（镜头）。

有 3 种不同方法可以浏览检查和修改已经设置好的相机（镜头）。

（1）单击工具栏的左边第二个图标"仔细查看已创建的相机（镜头）"，在弹出窗口中选择需要查看的相机（镜头），之后单击"好"按钮。

（2）直接单击相机（镜头）页面标签。

（3）还可以在右键菜单里做进一步的设置和更改，特别是"修改相机（镜头）"里有不少可更改的内容。

还可以用移动相机（镜头）模型的方法改变相机（镜头）参数，这部分无法用图文形式表达，请看视频教程。

6. 添加一种相机（镜头）

如果你的摄像机镜头没有包含在 SketchUp 高级相机（镜头）工具的列表里，还可以自行添加一个镜头类型到 SketchUp 里去，操作方法如下。

（1）回到计算机桌面，右击 SketchUp 图标，选择关联菜单中的"打开文件位置"命令。用这个方法可以快速进入应用程序的安装位置，现在你看到的就是 SketchUp 安装目录里的所有内容了。

（2）现在顺着下面显示的路径，找到 cameras.xls 文件，双击后会自动打开计算机上的 Excel 表格工具。

Microsoft Windows:

X:\Program Files\SketchUp\SketchUp 20××\ShippedExtensions\su_advancedcameratools\cameradata\cameras.exl

Mac OS X:

~/Library/Application Support/SketchUp 2019/SketchUp/Plugins/su_advancedcameratoolscameras.exl

这是一个包含有 95 种主要摄像机参数的表格，可以按照表格头部的格式添加一行新的相机（镜头）信息。不要忘记最后要保存这个文件，然后重新启动 SketchUp，就可以验证你的相机（镜头）是否已经被添加了。

7. 工具条上的其他按钮

再来看工具条上的其他几个按钮。

单击第三个按钮，可以锁定已经选择的相机（镜头），此时，这个相机（镜头）标签和相机（镜头）属性上都会显示"已锁定"提示；再次单击它，就可以解锁。

单击第四个按钮，可以在显示和隐藏相机（镜头）模型之间切换。

再往右边的两个按钮分别是显示和隐藏视锥线和视锥体。

请浏览本节附带的视频教程。

8. 删除相机（镜头）

如果要删除某个相机（镜头），先选中这个相机（镜头）模型，再在右键菜单里选择"删除"命令；或直接按 Delete 键，就可以删除一个相机（镜头），相应的场景标签同时被删除。

最后一个按钮用来清除指定摄像机的纵横比限制，返回 SketchUp 的默认状态。

以上就是对高级相机（镜头）工具的简单介绍，演示所用的模型都包含在附件里。

你可以动手体会一下再决定这个工具是不是你所需要继续深入学习的。

本节所附的视频文件比图文更详细，还附有 SketchUp 官网提供的唯一视频介绍。

附件里还有两篇相关文章和链接。

第一篇是 Aidan Chopra 写的：Introducing the Advanced Camera Tools（介绍高级相机（镜头）工具），其内容基本是 SketchUp 官方对高级相机（镜头）工具的简短介绍，内容与视频上的差不多。

第二篇文章是 Gopal Shah 写的：Imagining Holly wood set design in SketchUp; a conversation with Randy Wilkins（想象一下 SketchUp 中的好莱坞套装设计；与 Randy Wilkins 的对话），这是 Gopal Shah 对一位好莱坞老将 Randy Wilkins 的访问记录，Randy Wilkins 是一位知名的电影设计师，为超过 50 部电影和电视剧做过场景设计，文章内容主要讲到 Randy Wilkins 如何运用 SketchUp 做场景设计的故事。

7.7　照片匹配

本节介绍 SketchUp 的另一个不常用的功能，即照片匹配建模。

10 多年前，"照片匹配"功能刚出现时，也曾经热过一阵子，但很快大家就发现这是一个中看不中用、好玩不实用的东西，热情就迅速消退了。

那么，到底是什么原因造成这一结果呢？首先，照片匹配这个功能，对建模所需要参照的照片要求太多，也太高。下面列出 SketchUp 官网对照片匹配所需照片的三大要求（图 7.7.1 至图 7.7.3 来源于官网）。

图 7.7.1　官网对照片匹配的要求一

　　首先，照片拍摄的角度要符合严格的两点透视，也就是说，建筑物离相机最近的位置应该是一个墙角，照片上要能看得清建筑物相邻的两个墙面，最好呈 45°夹角，就像你现在看到的图 7.7.1 这样。除非正好你想为一栋独立的房子建模，不然很难拍摄到符合图 7.7.1 要求的照片，不信你可以去试试。

　　就算你的运气好，拍到了符合图 7.7.1 要求的两点透视的照片，恐怕你也难过第二关；第二关是：照片上的建筑物不能被任何树木、植物、车辆、人物等遮挡。

　　就如图 7.7.2 所示，实践证明，即使派专业人员去现场拍摄，也很难获取同时符合图 7.7.1 和图 7.7.2 这两个要求的照片。

图 7.7.2　官网对照片匹配的要求二

第三，照片不能被裁剪过（图 7.7.3）。

就算你的运气好到了极点，拍到了符合要求的照片，也不要太高兴，还要看照片上的建筑物是否适合用来做照片匹配建模；照片匹配建模所用的投影贴图原理限制了对象建筑物的形状，必须是简单的、方方正正的形状，就像图 7.7.4 至图 7.7.7 所示的几幅照片，其实图 7.7.4 至图 7.7.7 中真正符合要求的不是照片，而是模型。

图 7.7.8 至图 7.7.11 所示照片上的建筑物就不能或者不太能方便地用照片匹配的方法来建模；至少有一部分会丢失投影贴图，失去了照片匹配建模的优点和初衷。

图 7.7.4 适合照片匹配的图像一

图 7.7.5 适合照片匹配的图像二

图 7.7.6　适合照片匹配的图像三

图 7.7.7　适合照片匹配的图像四

图 7.7.8　不适合照片匹配的图像一

图 7.7.9　不适合照片匹配的图像二

图 7.7.10　不适合照片匹配的图像三

图 7.7.11　不适合照片匹配的图像四

　　还有，即使你花了很大的精力，用 SketchUp 的照片匹配功能创建的模型，也只能得到一个大致的尺寸或形状，无法做到哪怕是大约说得过去的尺寸和比例，这种模型做出来，除了玩玩，还能有多少实际价值？

　　最后，设计实践中，很少有对已经存在的建筑，要依葫芦画瓢建模的需要；就算要搞旧房改造工程，拍张照片，PS 一下就行了；除非是想为 Google 地球义务劳动，把模型弄到 Google 地球上去，有谁愿意花大量精力去做这种傻事呢？

　　考虑到也许还有少数人仍然有兴趣研究这个功能，作者还是制作了一个视频，后面还附上了 SketchUp 官网的两段视频；并且花了一整天听译，做了中文字幕，比本人自己撰稿做教程还辛苦，只是为了给你一个权威的参考。

扫码下载本章教学视频及附件

第 8 章

扩展功能

　　本章要讨论的内容都与 SketchUp 的基本功能扩展有关，虽然内容很多，但也有主次轻重。其中"扩展程序""3D 仓库"差不多已经成为用户离不开的标配；"导入导出"部分也是绕不过去的，这三部分是每位 SketchUp 新用户都需要关心的。

　　至于"地点"工具条、"分类器"工具条、"天宝连接"工具条、LayOut、Style Builder 这 5 个小节并非是所有 SketchUp 新用户必须立即需要学习的内容，可以先稍微了解一下，如果确有需要再深入学习。

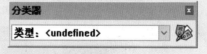

8.1 扩展程序管理器

所谓"扩展程序"就是俗称的"插件"，计算机游戏玩家和港台的计算机用户，也称插件为"外挂"，关于 SketchUp 的插件，有太多太复杂的内容，SketchUp（中国）授权培训中心会安排一些专题来介绍它们的应用，所以，本节与配套的视频只介绍一些插件最基本的知识。

1. 插件的本质

SketchUp 以学习和使用简单著称，基本工具不多，但很多工具都有不止一种功能，如果能用好用熟这些基本工具，就可以完成绝大多数的建模任务，做出非常不错的模型，从这个角度来看，插件并不是必需的。

那么，为什么还会有众多插件存在呢？

这要从插件的本质谈起，插件是一种遵循一定规范的应用程序接口编写出来的小程序，通常可以提高主程序的功能或效率。很多软件都有插件，只要懂得编程，就可以编制插件。

SketchUp 的插件是用 Ruby 编写的，Ruby 是一种简单、快捷的面向对象程序设计的脚本语言。Ruby 又是英文红宝石的意思，所以与 Ruby 有关的网站、书籍、资料、程序等都可以看到这个红宝石的标志（图 8.1.1（左）、图 8.1.1（中））。

图 8.1.1 Ruby 控制台

用 Ruby 编写的 SketchUp 插件，它们的本质不过是让 SketchUp 自动执行或重复执行某一系列 SketchUp 基本功能的小程序。在"窗口"菜单里有个"Ruby 控制台"，Ruby 程序的编写者可以用它来加载和调试插件，见图 8.1.1（右）。

2．扩展程序管理器

"窗口"菜单里有一个扩展程序管理器，从这里可以看到原来 SketchUp 很多自带的功能也是以插件形式来提供的。例如，天宝连接（Trimble Connect）、动态组件、沙盒工具（地形工具）、照片纹理、高级相机工具等，都是以插件形式提供给用户的。

某些运行库和收费的商业化插件，可以通过扩展程序管理器做在线更新。

3．使用插件的风险

合理地使用插件，可以让 SketchUp 自动去完成很多繁复的操作，加快建模速度，减少建模难度。很多软件都有插件，比如常用的网页浏览器就可能自带一些插件，也可以主动安装一些像天气预报、新闻推送、网购等"善良"的插件以获得额外的便利；但也有大量网民吃过恶劣插件的苦头，误用了流氓小偷黑客性质的恶插件，轻的广告不断、死机崩溃，重则隐私外泄、银行卡密码被盗，后果很严重。

非常幸运，到目前为止，还没有听说 SketchUp 出现过流氓小偷黑客性质的恶意插件；但这并不能说明使用 SketchUp 插件就一定是安全的。插件已经成为 SketchUp 应用领域的重要生态之一，随着 SketchUp 的普及和众多 Ruby 作者的参与，几乎每天都有新的 SketchUp 插件出现；众多插件在给用户带来方便的同时，也带来了无数的烦恼。事实说明，大多数说不清原因的 SketchUp 故障乃至崩溃退出，几乎都是插件惹的祸。

现存于世的 SketchUp 插件数量无法精确统计，估计应该有 4 位数之多。如果有人说自己精通所有的插件，一定是吹牛。这些插件中，有些比较专业、可靠，有些插件则不太成熟，可能导致问题。即便是非常专业的插件，在某些特定条件下，也可能造成意想不到的结果。所以，使用插件前必须有足够的思想准备。

4．国外的插件来源

（1）SketchUp "窗口"菜单里有一个"扩展程序库"，可以直接联网寻找需要的插件和安装。也可以用浏览器直接访问官方扩展程序库：https://extensions.sketchup.com/。

因为这是官方的网站，公布的插件都有大量用户使用，可以比较放心地安装使用，但还是要注意该插件是否支持你所用的 SketchUp 版本。

（2）https://sketchucation.com/ 是优秀插件的第三方发源地之一，注册后可下载免费和付费的插件。

5. 国内插件来源

这是一个非常敏感的话题，为慎重起见，SketchUp（中国）授权培训中心特地征询了天宝公司与 SketchUp（中国）官方的态度，归纳如下。

（1）天宝官方尊重并支持所有原创 Ruby 脚本，包括中国作者的原创作品。

（2）Extension Warehouse 和 sketchucation 上的所有 Ruby 脚本都受国际著作权相关法律保护。所有未经原创作者书面授权的汉化、改编、分拆、重命名、破解、二次分发等都属侵权行为，SketchUp 官方以及插件的原开发者保留追究法律责任的权利（见本节"附录"）。

（3）中国本地主要的 SketchUp 插件库开发者们目前正在积极配合完成合规性的整改工作，希望未来中国的 SketchUp 社群有一个注重知识产权保护的良好环境。

（4）天宝公司 SketchUp 大中华区团队愿意为中国大陆尊重知识产权的专业商户、网站提供相关原则性的业务指引与协助。

（5）SketchUp（中国）授权培训中心的官方指定教材，目前原则上只向读者推荐 SketchUp 的官方插件库：https://extensions.sketchup.com/。

6. 插件的格式与安装

（1）如果插件是来源于 SketchUp 官方的 Extension Warehouse 等 SketchUp 认可的位置，下载的插件基本是一个 rbz 后缀的压缩包，对于这些可靠的 rbz 文件，只要通过"窗口"菜单的"扩展程序管理器"命令简单安装即可。尽管如此，仍然要注意这种插件所能支持的 SketchUp 版本；低版本的插件不能在高版本的 SketchUp 中使用。错用插件的版本是 SketchUp 启动时频繁跳出提示信息的另一个原因。

从 SketchUp 2013 版开始，网上下载的大多数插件，格式就不再是原来的模样了，变成了只有一个 rbz 格式的文件。应注意，见到 rbz 格式的插件，千万不要以为它们都能适用于新版的 SketchUp，很多只是对老版 Ruby 文件更新压缩后更改了一下后缀名而已，糊里糊涂安装到新版的 SketchUp 后，你可能要后悔。

（2）一些比较有规模的正规插件，拥有自己的安装程序，如动画插件 SU_Animate、细分平滑还有雕塑功能的插件 Artisan 等。安装这样的插件与安装其他软件一样，只要注意安装路径和安装过程中的提示就可以了。

（3）在 SketchUp 2013 以前，大多数的插件是用"复制"的方式来安装的，如果把下载的文件解压后得到一个文件夹，里面也许有一个后缀为 rbs 的文件，还可能有一些 rb、rbe 格式的文件和一些工具栏所需的图片文件；安装时要复制它们的全部，粘贴到 SketchUp 安装目录的 Plugins 文件夹里去，通常这样的插件有自己的工具栏或工具图标，重新启动 SketchUp 后，可以在"插件"菜单或"视图"菜单的工具栏里调用它们。

（4）如果下载的插件解压后只有一个 rb 文件，同样只要把它复制到 SketchUp 安装目录的 Plugins 文件夹里去，重新启动 SketchUp 后，你是找不到它的图标的，这种插件第一次用时比较麻烦，它们可能出现在这些菜单的任何地方，也可能只有在某些特定条件满足后，才出现在右键关联菜单里。

（5）前面介绍了 rb、rbs、rbe、rbz 几种不同的插件格式，还有一种特殊情况的文件，看起来像插件，其实不是，它没有具体的功能，却不能缺少，它们就是所谓的各种"库"文件，这部分内容会在后面讨论。

7. 插件的安装目录

从 2014 版开始，SketchUp 安装目录里就不再有 Plugins 文件夹了，SketchUp 的插件目录已经改到以下位置：

C:\Users（用户）\（你的用户名）\AppData\Roaming\SketchUp\SketchUp\SketchUp 的版本 \SketchUp\Plugins\

注意，无论你把 Sketchup 安装到什么地方，插件都在 C 盘的这个位置，如果你怕麻烦，可以设置一个快捷方式到桌面上，方法是：右键单击 Plugins 文件夹，在弹出的关联菜单里选择"发送到桌面快捷方式"命令，今后就方便多了。

还有，如果看不到上述的 AppData 目录，应在 Windows 资源管理器中勾选"显示隐藏的文件"复选框。如 Windows 10 就可以在"此电脑"中设置（图 8.1.2），其他版本的操作系统类似。

图 8.1.2　撤销 Windows 隐藏项目

上面列出的目录里，还有 Components（组件）、Materials（材质）、Styles（风格）等文件夹；理论上你可以把常用的组件、材质和风格存放在这里，但是强烈建议你不要这么做。理由是，万一要重新安装 Windows 系统，C 盘里的所有文件将被删除，如果不记得，甚至根本没有机会提前把它们复制出来，可能会丢失你的这些宝贝。所以，还是让这些文件夹空着，把你的宝贝保存在其他硬盘分区比较安心，想用时，可以在 SketchUp 的"默认面板"中调用。

注意，插件复制完成后，要恢复到"不显示隐藏的文件"（取消图 8.1.2 的勾选），这是用计算机的好习惯，可以防止误删除重要的系统文件（冒失鬼们频繁出现操作系统故障，大多是因为误删除了某个系统文件造成的）。

8. 插件的运行库

有些插件的作者把一些常用的子程序和文件做成多个插件共用的运行库，还有多国语言通用的"语言库"。有了这些"预置"的"库"，新写的插件只要去调用运行库里的各种子程序和文件，就大大减少了插件开发的工作量。但是这种做法对于用户就多了一连串额外的麻烦：首先需要提前安装这些"库文件"才能获得插件的正常功能，还要常常更新这些库；否则插件非但不能正常运行，还会不断弹出各种提示信息，非常烦人。目前常见的"库"至少有以下几种。

- LibFredo 6（Fredo 6 的基础扩展库）
- LibFredo 6（Fredo 6 的多国语言编译库）
- AMS Library（AMS 的运行库）
- ACC Library（ACC 的扩展库）
- TT Library（TT 的插件编译库）
- BGSketchup Library（BGSketchup 运行库）
- Wlib（Wikii 扩展库）

很多初学者玩插件碰到的问题，尤其是启动 SketchUp 时蹦出来的一连串弹窗提示，半数以上是出在这些库的安装和更新问题上。

9. 安装 rbz 插件的两种方法

（1）第一种是初级的方法，在"窗口"菜单里调用"扩展程序管理器"命令，然后单击左下角红色的"安装扩展程序"，在弹出的资源管理器里指向你要安装的 rbz 文件，单击"打开"按钮，安装就完成了，在"插件管理器"窗口里找到这个插件，就可以使用它了；也可以在"扩展程序管理器"里关闭它，等到要用时再打开它。用这种方法安装的插件必须是来源于可靠、可信的网站，版本也要正确。

这种安装方法看起来很方便，但是作者不经常用这种方法安装插件，为什么？

因为用这种方法安装插件的过程属于暗箱操作，过程不透明，根本不知道刚才单击"打开"按钮以后，它复制了些什么东西到 Plugins 文件夹里去，万一复制进去的东西引起互相冲突或其他更严重的问题，无法采取补救措施去删除有问题的文件。

不过，话说回来，如果你的 rbz 文件本正源清，能够确保不会引起冲突，用这种方法安装的确方便、快捷。

（2）如果是从官方插件库 Extension Warehouse 之外的地方得到的插件，无法保证绝对没有问题的话，可以把下载的插件文件后缀 rbz 改成 zip，这样它就是一个普通的压缩包了，正常解压后，得到的就是正常的 Ruby 文件结构，它可能只有一个 rb 文件，也可能包括很多文件和文件夹，这时再用最传统的方法复制到 Plugins 文件夹里去。这样做稍微麻烦一点，但有一个非常重要的好处：万一出问题，还可以及时删除刚才复制进去的有问题的文件，能避免更多、更大的麻烦。

除了安装方法不同外，上述两种方法安装的插件功能和调用方法都是一样的。

10. 调用刚安装好的插件

使用插件的另一个烦恼是：安装好某些插件后，找不到工具图标或是菜单命令，这里提供一些基本的规律仅供参考。

（1）拥有工具栏或工具图标的插件，大多数可以在"视图"菜单的工具栏里找到并调用，但也有可能在"工具"菜单和其他菜单里。

（2）仅有一个 rb 文件的插件，一定是没有工具图标的，它们可能存在的地方就比较难找，至少要关注 5～6 个地方，如"查看"菜单里、"绘图"菜单里、"工具"菜单里、"窗口"菜单里、"插件"菜单里等，藏在什么地方，全凭插件作者高兴。

（3）最不容易找到的插件是在特定条件下才出现在右键关联菜单的命令，平时你是看不到它们的，只有满足了一定的条件，才会让你在右键菜单里看到它（或变得可用）。

（4）还有些插件，正常安装后用尽了所有的办法都找不到，告诉你，碰到这样的情况，多半是因为在"窗口"菜单的"扩展程序管理器"里没有被勾选，一个典型的例子就是很多人找不到他的地形工具（沙盒工具），如果没有在"扩展程序管理器"里打开它，它是不会出现的。

11. 暂停不常用的插件

一些不常用的插件，包括地形工具、高级相机工具、天宝连接、动态组件，还有你自己安装的所有暂时不用的插件，都可以在"扩展程序管理器"里暂时禁用，这样下一次

SketchUp 启动时就不用加载它们，可以加快 SketchUp 启动和运行的速度，在需要时再勾选它，丝毫不会影响你的应用。

12. 测试和学习插件

使用不熟悉的插件，还有个伤脑筋的事情，大多数插件是没有教程和使用说明文件的，想要用它，只能连估带猜地测试其用法和功能，有些不常见的插件，测试其用法所花的时间，往往大大超过使用插件能节约的时间。

对于中国的 SketchUp 用户，还有一个特殊的问题：大多数插件是英文界面，使用本来就有些不便，又看不懂有限的英文说明；再加上有些插件的作者使用了不规范的英文、天晓得的缩写、连在一起的单词、变形的单词、缩短的单词、相似的文件名等，把我们中一些不谙英文的同胞糟蹋得晕头转向、望而生畏。

所以，一个插件的价值至少取决于两个方面：首先当然是插件的功能与可靠度；其次就是有无配套的应用指南、用户手册一类的参考资料，如果没有这些资料就要靠自己摸索着测试了，这个阶段可能很费时间。测试插件还要有一些方法与窍门，将在后面介绍。

13. 插件影响 SketchUp 启动时间

中档的计算机，刚安装好 SketchUp 时的启动时间不会超过 10 秒，为什么有人每次启动 SketchUp 要 5 分钟以上，比启动 Windows 还困难？最大的可能就是他安装了大量的插件，作者见过一个人，他的 SketchUp 的 Plugins 文件夹的大小居然接近 2GB，一启动 SketchUp 就连续弹出错误提示框，5 分钟后 SketchUp 标题栏上还在提示"未响应"。

作者问他，这近 2GB 的插件，你都用过吗？你都要用吗？

回答是，我看见新的插件就想安装，安装后也没有全都试过，很多插件从来没有用过，我知道它们互相间有冲突，也不知道怎么删除它们，所以就越来越多了。

14. 建议

上面的这个问题是想尝试新鲜插件的初学者们最容易犯的错误，作者给你以下一些建议。

（1）插件在正式使用之前，必须经过测试。测试插件可以用以下方法：新安装好 SketchUp 后，备份 Plugins 文件夹，这是 SketchUp 默认的文件夹，万一弄到不可收拾的时候可以用来恢复。

（2）只把已经过测试能用、常用、好用、想长期用且互相不冲突的插件复制或安装到

Plugins 里，并且做备份。

（3）新建一个文件夹，命名为 Plugins2，作为测试用。只有通过测试的插件才正式留用。测试时，可以把 Plugins2 与 Plugins 互换名称；重新启动 SketchUp 进行测试，用完后再改回来。

（4）测试新的插件，如果有问题，马上把有问题的插件删除。当然，如果测试的结果虽然没有问题，但不是你常用的功能，可有可无的插件也果断删除，留点资源给常用的插件。

（5）启动 SketchUp 时，有时会弹出英文提示，多数与插件有关，要复制下来，找到出问题的原因，记下有问题的文件名，到 Plugins 里去删除它。

（6）经常备份和更新 Plugins 文件夹，免得今后重复劳动。

（7）时常关注所有的"运行库"是否需要更新。

（8）汉化的插件因汉化者的不同而名称各不相同，有时会造成麻烦，请在保存插件时用插件原先的英文名（或加汉化名），养成习惯后会很方便。

上面介绍的办法虽然有点麻烦，不过磨刀不误砍柴工，SketchUp 没有问题才能节约时间。

15. 小结

希望以上这些知识能帮助初学者对插件有个客观、清醒的认识，现在小结如下。

（1）插件是自动执行 SketchUp 基本功能的小程序，合理利用插件可加快建模速度，降低建模难度。

（2）插件不是必需的，不用插件也可以建模，初学者最容易迷恋插件，反而放松了对 SketchUp 基本工具的掌握。

（3）每种插件的功能都有局限性和针对性，不是所有插件都是需要的，只安装公认可靠实用的插件，可有可无的插件坚决不要。

（4）一些不成熟的插件可能导致 SketchUp 死循环或崩溃退出，使用插件前务必保存模型。

（5）安装大量插件，将造成 SketchUp 启动缓慢等影响效率的毛病。

（6）不同插件间可能造成冲突，必须经过试用才能确定。

（7）要经常更新插件的共用库，这是 SketchUp 启动时弹出提示窗的主要原因。

（8）Ruby 语言一直在升级，SketchUp 支持的 Ruby 版本同样在更新，麻烦的是，这种更新不往下兼容，每更新一次就有一些用老版本 Ruby 编写的插件不能在新版的 SketchUp 里使用，所以为了继续使用老版本的插件，也许要安装多个不同版本的 SketchUp。

16. 笑话与忠告

在这段教程快要结束时，还要讲个笑话。

我的一些学生问我：老师，为什么你的演示和图文教程中，大多数用的都是 SketchUp 的基本工具，很少提到插件呢？老怪笑答如下：

"武林高手们，用的都是拳掌腿脚这些娘肚子里带来的东东，站在后排吆喝助威的跑龙套们却是使枪舞棒，靠亮晃晃的家伙来壮胆，你们说是谁的功夫更好些？"同学们哑然。

拳掌腿脚相当于 SketchUp 的基本工具，高手们信手拈来全是杀器。插件则相当于棍棒刀枪；若是连马步都还没有站稳，便想使枪舞棒，杀敌不成还可能伤了自己。只有练好了拳掌腿脚这些基本功，再去使唤棍棒刀枪才能如虎添翼、无往不胜。

所以，初学者还是应该先把 SketchUp 的基本工具学好、用好、理解好，再去研究插件才能轻车熟路，才有自信，才能立于不败之地。本书和《SketchUp 建模思路与技巧》以及配套的视频教程里全部都是"拳掌腿脚"、都是"马步"、都是"基本功"。

附录

摘录自：https://extensions.sketchup.com/terms/。（以下括号内为译文）

SketchUp Extension Warehouse Terms of Use（SketchUp 官方插件库使用条款）

11. Warehouse Content; Use Restrictions（扩展仓库（以下简称仓库）的内容；使用限制）

1. Use Restrictions（使用限制）

You may not（你不可以）

（1）Modify the Warehouse Content（修改仓库内容）or use them for any public display, performance, sale, rental or for any commercial purpose except as expressly authorized in these Terms of Use（或将其用于任何公开展示、表演、销售、出租或用于任何商业目的，但本使用条款明确授权的除外）

（2）Decompile, reverse engineer, or disassemble any Warehouse Content（反编译、逆向工程或反汇编任何仓库内容）

（3）Remove or modify any copyright, trademark or other proprietary or legal notices from the Warehouse Content; or（从仓库内容中移除或修改任何版权、商标或其他所有权或法律通知；或）

（4）Redistribute or transfer the Warehouse Content to another person（将仓库内容重新分配或转移给另一个人）

……You will be responsible for any costs incurred by Trimble or any other party (including attorneys' fees) as a result of your Misuse of the Warehouse Materials（您将承担 Trimble 或任何其他方因您滥用仓库资料而产生的任何费用（包括律师费））

以下摘录自：https://extensions.sketchup.com/general-extension-eula。（以下括号内为译文）

SketchUp Extension Warehouse: General Extension End User License Agreement（SketchUp 官方插件库通用用户许可协议）

2. License Restrictions（许可限制）

You may not, and you may not permit anyone else to（您不能，您也不能允许任何人）

（1）copy, modify, adapt, translate, create a derivative work of the Extensionor use it for any public display or performance（复制、修改、改编、翻译、创建一个衍生作品的扩展，或将其用于任何公开展示或表演）

（2）decompile, reverse engineer, or disassemble the Extension（反编译、逆向工程或反汇编扩展）

（3）remove, obscure or alter any product identification, proprietary, copyright, trademark or other notices contained in the Extension（删除、模糊或更改扩展中包含的任何产品标识、所有权、版权、商标或其他通知）

（4）distribute, sell, transfer, sublicense, rent, or lease the Extension,（分销、销售、转让、转许可、出租或租赁延期）or use the Extension (or any portion thereof) for time sharing, hosting, service provider, or like purposes（或将扩展（或其任何部分）用于分时、托管、服务提供商或类似用途）

8.2 "仓库"工具条

SketchUp 有一个"仓库"工具条（上面是新老两个版本的工具图标），这是一组很有用的工具，可以从"视图"菜单的"工具栏"里调用，它一共有四个工具，可以分成两组：左边的三个是一组，是用来跟 3D 模型库打交道的；右边那个是与扩展程序库（插件库）打交道的。下面简单介绍一下它们的用途和用法。

1．获取模型

左边第一个工具是"获取模型"，工具提示解释了是从 3D Warehouse 获取模型。

3D Warehouse，也就是俗称的 3D 仓库，它是当年由 Google 创建的，虽然现在 SketchUp 是由天宝公司在经营，但 3D Warehouse 一直沿用至今。

3D Warehouse 为两种人提供服务。它首先是为全世界所有的 SketchUp 用户提供服务，只要你的电脑能够联网，你就可以方便地从上千万个模型中找到你所需要的对象，这个对象，它可能只是一个花盆、一条板凳、一张椅子这样的小东西；也可能是一栋建筑，甚至是一个公园或整整一座城市。

3D 仓库的第二类服务对象是某些企业。它们提供产品、服务或者设计，3D 仓库为这些企业提供了一个直接跟用户交流的机会，这些企业可以把它们的产品、服务和设计做成一系列 SketchUp 模型，上传到 3D 仓库，让潜在的客户了解和选用。企业上传的模型，通常是一个模型集合，包含有一系列相关的不同模型或组件，在搜索框里输入企业的名称或缩写，常常可以找到这些集合。

2．分享模型

如果你感觉你创建的某个模型不错，愿意给全世界的 Sketchup 用户分享，可以单击"仓库"工具条上的第二个工具，把模型上传到 3D 仓库。在正式上传模型之前，你还必须在 3D 仓库注册一个账号，登录并填写一大堆表格，目的当然是向全世界的 SketchUp 用户介绍你的模型，当然，为了吸引更多的粉丝，最好用英文填写。

3．分享组件

"仓库"工具条的第三个工具是"分享组件"，其实它与第二个工具"分享模型"差不多，至于模型与组件之间的区别，请浏览本书 6.2 节。

4．搜索模型与组件

想要在 3D 仓库找到需要的模型，还是需要讲究一点技巧的。

在上面的搜索框里输入对象的名称，输入对象名称的时候，可以用汉字，但最好还是用对象的英文单词或词组。

下面我们做一个实验，在输入框里输入汉字"沙发"，按回车键后，稍待片刻，当搜索结果返回时，可以看到，搜索获得了103个结果。

改用沙发的英文sofa（图8.2.1①），输入按回车键后，稍待片刻，返回了超过一万个结果，所以还是用英文搜索效果更好。图8.2.1④是返回的搜索结果。

5. 进阶搜索

接下来我们还可以在"PRODUCTS（产品）""MODELS（模型）""COLLECTIONS（收藏）""CATALOGS（目录）"四个标签中挑选一个浏览（图8.2.1②③是收藏和目录）。

"COLLECTIONS（收藏）"标签里的模型是其他用户的收藏，一个很简单的道理：谁都不会去收藏粗制滥造的东西，所以这个标签里的模型品质会比较好。

"PRODUCTS（产品）"和"CATALOGS（目录）"标签里，有很多企业、厂家的模型集合，品质也比较好，大多以系列呈现，要找就能找到一大堆，并且风格一致，有较高的参考价值，大多数时候还可以追踪到该企业的网站，获取更多信息。

图 8.2.1 到 3D 仓库找组件

6. 搜索"过滤"

在3D仓库的搜索界面上还为我们提供了很多"过滤"搜索结果的方法。

图8.2.2①指向的位置还有两个下拉菜单："范围"和"子范围"。

图8.2.2②这里有个开关，可以指定是否只搜索制造商发布的模型。

7. 高级过滤

图8.2.3①：打开这个开关可以指定搜索"生活组件"。

图8.2.3②：打开这个开关可以指定搜索"动态组件"。

图 8.2.2 搜索过滤

图 8.2.3 ③：打开这个开关可以按照地理位置搜索模型。

图 8.2.3 ④：输入关键词，以相关的"标题"为搜索条件。

图 8.2.3 ⑤：输入关键词，以相关的"作者"为搜索条件。

图 8.2.3 ⑥：指定模型创建的起始时间（年月日）。

图 8.2.3 ⑦：指定模型创建的终止时间（年月日）。

图 8.2.3 ⑧：指定模型修改的起始时间（年月日）。

图 8.2.3 ⑨：指定模型修改的终止时间（年月日）。

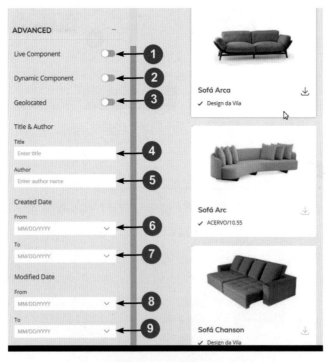

图 8.2.3 高级过滤

SketchUp 的 3D 仓库这些年改变进步了很多，只要你找到合适的关键词，愿意花时间去"翻找"，总能找到一些还不错的模型或组件。

8．插件仓库

"仓库"工具条最右边的一个工具，英文名称为 Extension Warehouse，按照字面翻译是"扩展仓库"，更通俗易懂的名称是"插件仓库"。

到现在为止，在这个插件仓库里，一共有上千个不同的插件，被下载过上千万次；但是请注意，这些插件数量很多，却不是每个版本的 SketchUp 都可以使用它们的。

关于工具条上的这个 Extension Warehouse 按扭，请查阅上一节"扩展程序管理器"里面的内容，这里就不再赘述了。

8.3 "地点"工具条

在以往的版本中，"地点"工具条曾经叫作 Google 工具条，有 4 个工具，有一个可以在 Google 地球上预览模型。

SketchUp 2019 版的"地点"工具条有 3 个工具，SketchUp 2020、2021 版只剩下两个工具了。

SketchUp 老用户都知道，这个工具条是从 Google 时代遗留下来的。当年，Google 买下 SketchUp 的目的就是为它们的"Google 地球计划"服务。Google 当初的如意算盘是：要让全世界的 SketchUp 用户都来为 Google 做义务劳动，把模型建到它们的 Google 地球上去，完成它们宏伟的所谓"数字化地球"的计划。这个工具条上的工具就是为这个计划而推出的，结果是：经过短时间的疯狂以后，大家都失去了兴趣，这个计划也就不了了之，后来就有了"Google 街景"代替了"数字化地球"。

"数字化地球"计划失败后，Google 就把 SketchUp 卖给了天宝，天宝公司接手 SketchUp 后，一直保留了这个工具条，从 2017 版开始正式取消了"在 Google 地球上预览模型"的功能按钮，SketchUp 用户不能再把模型发送到 Google 地球，等于宣告了 SketchUp 与 Google 的"数字化地球"项目合作的正式结束。

直到 2020 年上半年，这套工具在设计实践中，至少对建筑和环境艺术设计，尤其是城乡规划设计专业的用户，还是有点价值的，可以用它获得大致的地理信息，虽然不能对此抱太大的期望，但是对周边环境还是有粗略的参考作用。

但是从 2020 年下半年开始，"地点"工具条就不像原来那样好用了，原因大概是换了卫星地图的供应商。原先是由 Google 提供的地图服务，现在改由 Digital Globe 和 Hi-Res Nearmap 两家公司提供，其中，Digital Globe 和 Hi-Res Nearmap 两家提供的中低分辨率地图服务仍然免费，但是下载速度很慢；Hi-Res Nearmap 的高清地图服务则开始收费。

如何用这个工具在地图上攫取一小块然后在其上建模的方法，请浏览本节同名的视频教程。下面摘译 SketchUp 官网对于"地点"工具条的英文帮助文件，这是换了地图供应商后更新过的资料，供对此有需要的用户参考。

1. 基础知识：什么是"添加位置"？可以用它做什么？

添加位置是一项基于地图的服务，可帮助用户对模型进行地理定位。它可以有效地将纬度和经度坐标应用于用户的模型，以便 SketchUp 和其他应用程序可以模拟模型的放置位置。这是执行准确的阳光和阴影研究的要求。这对于模型导出与地理位置相关的格式也很有用。

2. 什么是阴影研究？

阴影研究只是检查阴影在一天和一年中如何落在你的模型上。

3. "添加位置"提供什么样的位置数据？

如果你使用的是 SketchUp Pro，则"添加位置"会将 2D 和 3D 站点数据都导入到模型中（除非地形不可用）。SketchUp Web 仅支持带有基本地图的 2D 网站，而不是图像。（作者注：这里所说的"基本地图"就是 2D 的传统地图；这里所说的"图像"是带有高程信息的位图，注意高程是地形的平均值，只能用来参考。下同）

添加位置将为你导入设置的地图类型（图 8.3.1）。根据你的许可证，你可以选择图像提供者、导入图像或基本地图。导入后无法更新图像或地图。如果需要其他类型，则需要重新导入（付费的数据将产生额外费用）。

4. 添加位置

添加位置服务将导入你选择的站点并将模型的位置设置为地球上的精确位置。

5. 地图检视

　　地图视图是你在"添加位置"窗口中看到的图像或地图。用户界面的这一部分与 Google 或 Apple Maps 等地图服务非常相似。

6. 搜索

　　搜索字段使你可以搜索位置。如果结果不是你需要的，请尝试将搜索格式设置得更像是一个官方地址，并提供街道号码、城市、州 / 省、邮政编码和国家（如果需要）。

图 8.3.1　帮助文件附图一（右上角为操作面板）

7. 平移和缩放地图

　　使用操作面板上的 + 和 – 按钮进行放大和缩小。在主地图视图中单击并拖动以向左或向右和向上或向下平移地图。

8. 缩放等级

缩放级别与地图图像的分辨率相关。缩放级别越高，影像的分辨率越高。或者换句话说，缩放级别越高，可以看到的细节越多。

9. 地图类型

此按钮可在基本地图或图像之间切换。注意，主地图视图中显示的图像始终来自提供商 Digital Globe。目前无法在主地图视图中预览高分辨率图像。

10. 地图图块

什么是地图图块？地图图块是构成地图视图的 256 像素 × 256 像素的图像。地图图块也是高分辨率图像的基本测量单位。

（作者注：地图图块也是计费的单位，后面有实例）

图像导入模型后，将 256 像素 × 256 像素的正方形图像合并为更大的图像，作为 SketchUp 材质或 .skm 文件。

11. 高分辨率覆盖

"高分辨率"覆盖率开关可切换覆盖图，该覆盖图显示可购买高分辨率图像的位置（图 8.3.2）。当前高分辨率图像提供者只有 Hi-Res Nearmap。该图像可用于美国、加拿大、澳大利亚和新西兰的部分地区。

12. 图像分辨率

每个缩放级别的图像分辨率如表 8.3.1 所示。

你可以在图 8.3.3 所示的图像中看到缩放级别如何影响地图比例。应注意，在第 18 级之后，地图视图将不再放大。使用"导入级别"滑块选择在 19 ～ 21 级缩放（付费功能）下的图像。

注意，查看 Nearmap 图像的唯一方法是购买和导入或使用预览图块功能，并将 Nearmap 选择为图像提供者。更多信息，可参见付费产品部分。

图 8.3.2　帮助文件附图二

表 8.3.1　帮助文件附表一

缩放等级	1 屏幕像素相当于	提供者选项
Z16	0.2m	Digital Globe 和 Nearmap
Z17	100cm	Digital Globe 和 Nearmap
Z18	50cm	Digital Globe 和 Nearmap
Z19	25cm	Nearmap
Z20	12cm	Nearmap
Z21	7cm	Nearmap

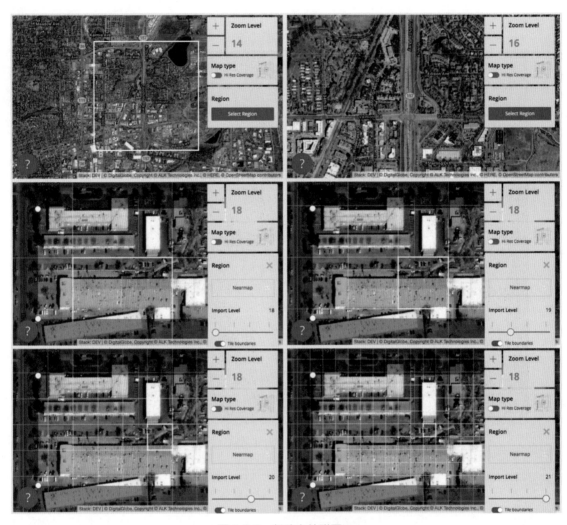

图 8.3.3　帮助文件附图三

13. 选择地区

选择了要导入的常规区域和缩放级别后，单击"选择区域"按钮以指定确切的区域。应注意十字准线或窗口中心的＋图标。如果这是你第一次导入站点，则它与 3D 模型中的原点相对应。使用矩形选择窗口小部件上的夹点指定要导入的确切区域。如果需要调整内容，可以通过拖动来平移地图，如表 8.3.2 所示。

表 8.3.2　帮助文件附表二

单击"选择区域"按钮开始	选择图像提供者，对于更高分辨率的图像，需要选择 Nearmap	通过移动角落显示中的抓手手柄来调整选择	选中"近贴图"后，将可以选择缩放比例高于 18 的高分辨率图块
		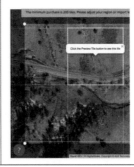	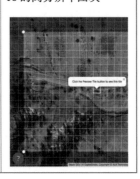

14. 影像提供者

如果将地图类型设置为图像，则可以在提供程序之间进行选择。Digital Globe 显示在主地图视图中，最高可用到 Z18。Nearmap 是付费购买（在应用内购买）。

注意，无法在主地图视图中查看高分辨率图像。主地图视图始终显示数字地球图像。购买前，可单击"预览图块"按钮查看高分辨率图像的样本。

15. 导入水平

导入级别选择器为你导入的图像指定缩放级别。此功能仅适用于购买高分辨率图像的客户或导入 Maps 和 Digital Globe 图像的 SketchUp Pro & Studio 订户。

16. 平铺边界

"图块边界"开关打开一个叠加层，该叠加层表示在所选导入级别上 256 像素 × 256 像素图块边界的位置。调整导入级别时，你会在叠加层中注意到或多或少的正方形图块，可以使用此功能更好地了解要导入到 SketchUp 文件中的地图图块的数量，以及优化你的高分辨率地图购买数量。

17. 预览高分辨率图像

如果选择了提供高分辨率图像的提供者，则在选择区域时还将看到"预览图块"按钮。这样你可以在购买前检查一张图块的图像质量。如有必要，可以随时调整导入级别，以确保获得所需的分辨率。

每个人在购买前都会收到 3 个免费的预览图，以评估图像。不过要小心，如果你用光了所有预览图，则必须购买才能获得更多预览图。

18. 输入

选择提供商和区域后，单击"导入"或"购买"按钮可以继续进行导入过程（图 8.3.4）。SketchUp 将开始下载并处理要导入到模型中的数据。

注意，对于包含许多图块的大型图块，此过程可能需要几分钟或更长时间。

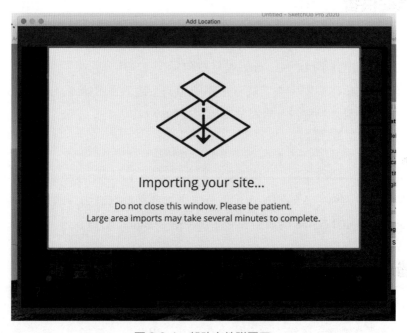

图 8.3.4　帮助文件附图四

19. 场地面积限制

缩放 14 ~ 16 处出现的白色正方形，表示此时可以导入的最大物理区域。如果需要导入更大的区域，则需要执行多次导入 / 购买。

20. 付费功能

（1）基本产品。

① SketchUp Free 和 SketchUp Web 用户可以导入带有 2D 地图数据的网站。

② Sketchup 试用版和经典版客户可以使用地图和基本的 Digital Globe 功能。

③ 基本 Digital Globe 意味着导入限制为与主地图窗口相同的缩放级别。

④ 导入将包括 2D 和 3D 站点数据。请注意，3D 地形质量因位置而异。

（2）大面积导入。

除了 2D 和 3D 站点外，SketchUp Pro 和 Studio 订户还可以利用 Digital Globe 的大区域导入功能。大区域导入功能使你可以缩小图像，然后再导入更高级别的图像，以在一次操作中获取更大的区域。

（3）购买高分辨率图像。

SketchUp Classic 许可证持有者、SketchUp Pro 订阅者和 SketchUp Studio 订阅者可以选择购买 Nearmap 高分辨率图像（图 8.3.5）；可以在"添加位置"服务中购买高分辨率的图像。最低购买量为 200 个图块。

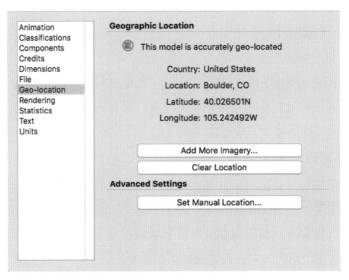

图 8.3.5　帮助文件附图五

要查看有关模型的地理位置信息，可转到"窗口"菜单→"模型信息"→"地理位置"。这是显示有关模型的所有地理信息的地方。该信息包括经纬度坐标，SketchUp 将其用于其他功能（如阴影设置）。它还将显示国家和位置信息（如果有）。

使用"添加位置..."或"添加更多图像"按钮打开添加位置服务。

"清除位置"按钮将从模型中删除所有位置和站点数据，包括图像和地形。

如果要直接输入纬度/经度数据，可使用"设置手动位置"按钮。

在 SketchUp 模型中添加位置数据，图像平铺到 SketchUp 材质。

从"添加位置"导入后，SketchUp 会将 256 像素 × 256 像素的地图图块合并为更大尺寸的图像，以创建 Sketchup 材质或 .skm 文件。这些与涂料桶工具应用的材料非常相似。为了以全分辨率显示"添加位置"图像，通常需要将网站分解为可以由图形硬件处理的图像。SketchUp 材质的最大尺寸图像取决于图形卡，范围从约 1024 像素平方到 3072 像素平方。如果需要在 skm 格式文件中编辑图像文件，需记住，你可能必须编辑多个图像。有关编辑 SketchUp 材质文件的更多信息，可单击此处。

（4）导入大量数据。

导入大量图块可以快速将几十个图像数据添加到模型中多达数百 Mb 的图像数据中。为了使 SketchUp 保持良好的性能，可考虑可能需要的分辨率。例如，你可能想以很高的分辨率导入一个较小的区域，而将较低分辨率的数据用于站点的外部区域。

当你向模型中添加图像和信息时，性能会受到影响。请务必阅读有关在 SketchUp 中提高性能的更多信息，以使模型尽可能平稳地运行。

（5）2D 站点与 3D 地形。

SketchUp Web 仅支持已应用基本地图的 2D 网站。

SketchUp Pro 支持地图或图像，并将同时提供平面 2D 站点和 3D 网格。你可以使用"切换地形"功能在两者之间进行切换。可以从"文件"菜单→"地理位置"→"显示地形"访问此功能，也可以将"切换地形"按钮添加到自定义工具栏（图 8.3.6）。

（6）付费导入后自动保存。

导入高分辨率图像后，SketchUp 应用程序将尝试自动保存文件。养成经常保存文件的习惯是个好主意，这样在发生崩溃时就不会丢失任何数据。建议你在导入或购买之前保存文件，然后在导入完成后再次保存。备份你购买的所有数据也是一个好主意。添加位置服务成功交付数据后，SketchUp 和 Trimble 不负责替换购买的数据。

（7）购买问题。

如果在购买高分辨率产品时遇到问题，可重试导入。为此，应确保已打开正确的模型，然后通过关闭"添加位置"窗口并重新打开它来重新启动"添加位置"服务。你应该看到一条消息，询问是否要再次导入。

如果问题仍然存在，可使用联系技术支持表格，其中详细说明了你的问题，支持小组的人员将与你联系。

以上英文源文档来源：<https://help.sketchup.com/zh-CN/add-location>。

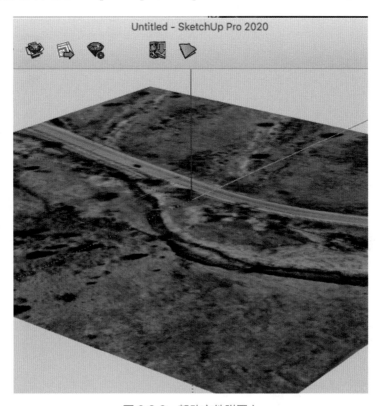

图 8.3.6　帮助文件附图六

21.　尝试获取一小片地图的截图

图 8.3.7 ①②：缩放程度调整到 16 级（指操作空间里的可见地图精度）。

图 8.3.7 ③：指定由 Nearmap 提供高分辨率地图服务。

图 8.3.7 ④：导入精度为 21 级（最高级别）。

图 8.3.7 ⑤：地图上的图块（每个图块 256 像素 × 256 像素）。

图 8.3.7 ⑥：共计 6042 个图块，应付 USD241.68。

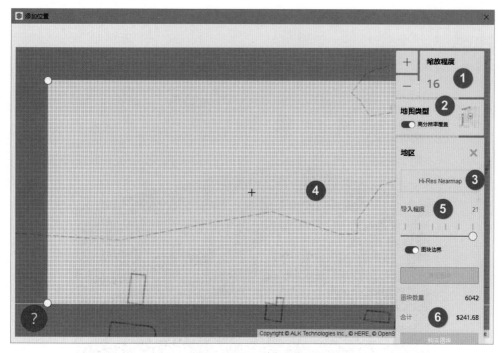

图 8.3.7 尝试的截图

8.4 分类器

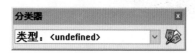

在本书的 1.2 节"从大数据看 SketchUp"这个视频的后部,曾经介绍过关于 SketchUp 和 BIM 的问题:BIM 一词只是最近 10 年才流传于建筑设计界的。BIM 中的第一个字母 B 是"建筑(Building);后两个字母是"信息模型"(Information Modeling),组合起来就是:建筑信息模型(Building Information Modeling)。

BIM 模型中含有建筑物的空间关系、组件数量,甚至施工顺序、价格等;BIM 除了其本身是一个模型外,内含的信息也可拿来做检核及计算,所以说 BIM 模型不只是为了好看,更不是为了赶时髦才去做的,它有确定的现实意义。

BIM 以建筑工程项目的各项相关信息数据作为模型的基础,进行建筑模型的建立,通过数字信息仿真,模拟建筑物所具有的真实信息。符合"BIM"条件的 SketchUp 模型,必须具有可视化、协调性、模拟性、优化性和可出图性五大特点。

本书的读者分布在很多行业，可以想见，其中的大多数读者对 BIM 并不熟悉，也没有必要去详细研究它；即便是建筑行业的设计师，也并非每个单位、每个项目都必须是"BIM"。下面介绍一下 BIM 和"分类器"的相关内容，如果你不是建筑设计行业，如果你单位眼下还没有 BIM 的需求，就没有必要继续看下去了。

为了更好地配合 BIM 的需要，从 SketchUp 2015 版开始，增加了导入导出 IFC 格式的功能。这个改进大大加强了 SketchUp 参与信息建模，也就是 BIM 的能力。有了这个 IFC 导入导出功能，就可以在 SketchUp 和其他 BIM 应用程序之间双向交换信息模型了，这一改进意义重大。

除了 IFC 格式导入外，SketchUp Pro 2015 开始提供的"分类器"也有了很大的改进，新增加了根据分类生成报告的功能；新的分类器工具能够标出 IFC Building 和 IFC Building Story 组件，并能在导出时将其保存，这些功能为 SketchUp 用户参与 BIM 设计提供了更多的方便。

注意，在"文件"菜单里有个"生成报告"功能，为了生成准确的报告，一个十分重要的前提是：模型里所有的组和组件必须预先按照行业规范和约定，做好分门别类，设置好详细的信息和技术参数，甚至要重新建立符合要求的组件库。毋庸置疑，这是要花费大量时间和金钱的。

为了更直观地说明什么是符合 BIM 要求的组件，下面就去 3D 仓库一个专门的区域看看，你可以记下这个网址，以便今后你自己去访问：https://3dwarehouse.sketchup.com/by/SketchUp。

注意，这个链接与我们常去的 3D 仓库（https://3dwarehouse.sketchup.com/）不同的是，这里的每个组件上还多了个绿色的钩和 SketchUp 的标示，如图 8.4.1 的箭头所指处。

这里的组件包含了方方面面的需要，从小家具、管道配件、螺栓螺帽及各种植物到建筑部件、金属型材应有尽有。这里所有的组件全都是 SketchUp 官方为了适应 BIM 要求而重新组织创建的，它们符合 BIM 的应用要求和行业约定，并且添加了必要的信息和数据，方便 SketchUp 用户直接引用。

注意，这里每个组件的名称都包含了很多信息，包括标准名称和主要特征，甚至还有基本的尺寸等。可惜，这里的所有组件，差不多都是英制的，只符合少数国家的行业规范和技术要求，大多不适合在我国直接应用。

为了说明问题，随便下载其中的几个组件，然后与以前下载的普通组件做一下对比。图8.4.2①中这几个是以前下载的普通的组件。图 8.4.2 ②中这几个组件就是刚才下载的，是有附带信息的。

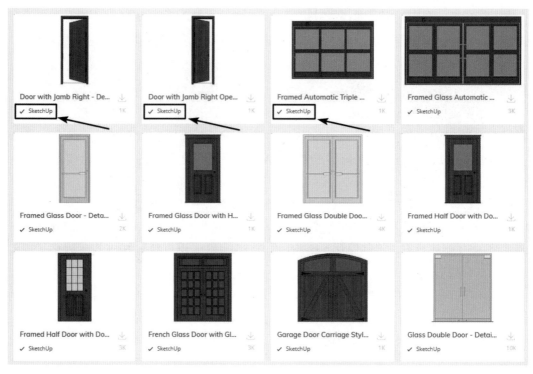

图 8.4.1　符合 BIM 要求的组件

图 8.4.2　组件对比

　　现在要用到"图元信息"面板了。图 8.4.3 是几个普通组件，分别单击它们，在"图元信息"面板的"定义"文本框，是作者很久前输入的简单文字。要说明一下：从网络上下载的大多数组件，是没有这些文字的。

3

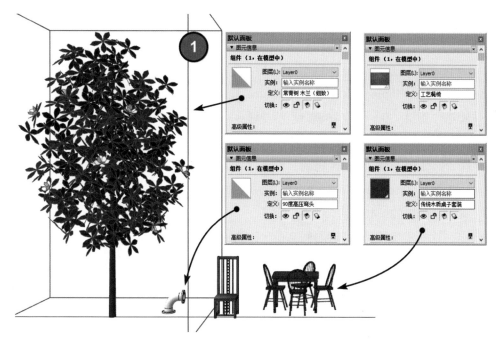

图 8.4.3　普通组件

再来看看图 8.4.4，是带有额外信息的 4 个组件，同样分别单击它们，在"定义"文本框
中有非常详细的分类定义。

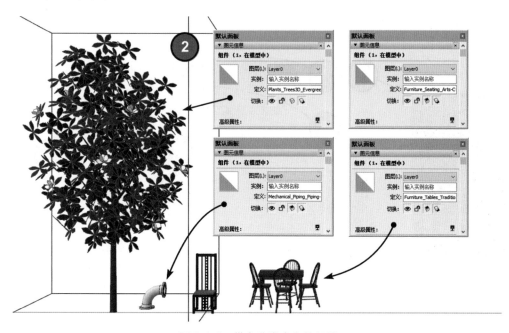

图 8.4.4　带有分类定义的组件

4 个对象在"图元信息"面板里的定义翻译出来如下。

Plants_Trees3D_Evergreen-Magnolia-Tree-High-Polygon

植物 _3D 树 _ 荷花玉兰 - 常青树 - 高多边形

Mechanical_Piping_Piping-300-Class-90-Elbow-8in-Flange

机械 _ 管道 _ 管道 -300- 级别 -90（度）- 弯头 -8 英寸 - 带凸缘

Furniture_Seating_Arts-Crafts-Dining-Chair

家具 _ 椅子 _ 工艺 - 手工制作 - 进餐 - 椅子

Furniture_Tables_Traditional-Wooden-Dining-Table-Chairs

家具 _ 桌子 _ 传统的 - 木制的 - 餐桌 - 椅子

不难看出，这些定义不是随随便便打几个字那么简单，它们必须符合严格的语法和行业公认的表达和检索规律，它们对后续的 BIM 具体操作将有非常重要的意义。

可以看到它们的定义最简单的有五级目录，多的有七级目录，分得相当细致，需要指出，这些组件还没有分类，如果只有上面的这些定义，还不能算是符合 BIM 要求，下面就要用到"分类器"了。

"分类器"工具条右边有个工具（图 8.4.5 ①），单击它以后，这个工具就代替了选择工具，用这个工具单击一个需要分类的组或组件（图 8.4.5 ②），此时若关心一下"图元信息"面板中的"类型"一栏，显示的类型是"undefined"，也就是"还没有指定，还没有说明"的意思（图 8.4.5 中未标出）。

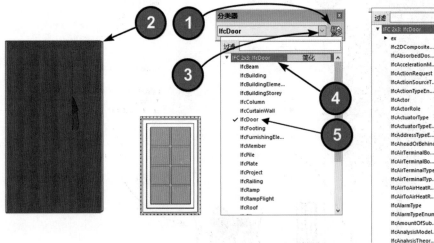
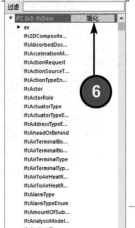

图 8.4.5　IFC2x3 分类（建筑）

那么，如何对某个组或组件来指定、说明它的类别呢？

单击"分类器"这个向下的箭头（图 8.4.5 ③），又弹出一个操作框，可以看到有一个 IFC 2×3 的选项（图 8.4.5 ④）。IFC 是 SketchUp 自带的 BIM 分类规则，也是当前建筑业的通用分类标准之一。

单击 IFC 2×3 选项，可以展开它的全部 25 个建筑部件的大类（图 8.4.5 ④），如梁、建筑物、建筑元素、建筑楼层、圆柱、帷幕和墙、门、基础、陈设元素、构件等；要对某个组或组件进行 IFC 分类，只要在选中这个组或组件后，在 IFC 下拉列表框中单击合适的类型即可。

例如，选中这个门，要对它进行 IFC 分类，就可以在下拉列表框中选择 ifc Door（图 8.4.5 ⑤）。分类操作也可以直接在"图元信息"面板里完成，操作过程如图 8.4.6 所示。

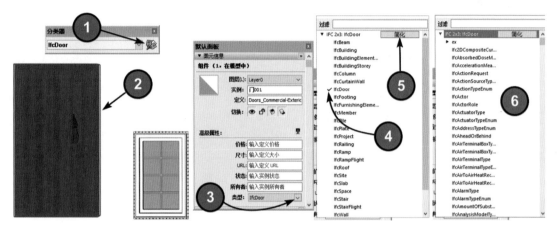

图 8.4.6　更加精细的分类

应注意，图 8.4.6 ⑤所示的"简化"按钮，单击该按钮后可以得到更加精细的 IFC 分类（图 8.4.6 ⑥）。但是要提醒一下，对这里的"简化"二字，作者有点不同的看法：本人查阅了英文版的 SketchUp，在这里确实是 Simplify（简化的意思）；但是单击"简化"按钮后看到的却是更加细致的分类。所以，作者以为，无论是英文版的 Simplify 还是中文版的"简化"，好像都是错误的，似乎应该改成"细化（thinning）"。作者会把这个意见向 SketchUp 官方反映，希望能尽快改过来。

要取消这些分类，只要再次单击，取消勾选即可（图 8.4.6 ④）。当然，也可以用同样的方法更改某个对象的 IFC 分类。

为了更好地管理模型，最好对每个组或组件取一个唯一的、一眼就能分辨其用途和特征的名称。千万不要偷懒，用简单的数字或字母作组件的名称，在复杂的模型里，即使创建的不是 BIM 模型，用简单的字母和数字对组件命名，也无法表达对象的特征和用途，会对后续的操作造成无尽的麻烦。这方面的详细内容，可浏览本书第 6 章中关于模型组织方面的内容。

只要在建模之前做好基础工作，在建模的过程中不怕麻烦，遵循一定的规律，对模型中的每个组或组件赋予合适的名称、准确的定义和做好 IFC 分类，这样就为 BIM 的后续工作创造了必要的条件。

8.5　天宝连接（Trimble Connect）

本节介绍 SketchUp 一个新的工具条——Trimble Connect。

它有 5 个按钮，看看这些按钮的名字就知道，这是一组主要用来与一个叫作 Trimble Connect 的服务器打交道的工具；或者说通过 Trimble Connect 与项目伙伴联系合作的工具，所以把它翻译成"天宝连接"。

其实，从 SketchUp 2014 版开始，天宝公司已经以插件的形式，在扩展程序库（Extension Warehouse）上发布过一个同名的插件，供用户自行下载安装使用，经过了 SketchUp 2014、2015、2016 版的磨炼，从 SketchUp 2017 版开始把这个插件整合到 SketchUp 里，作为一个默认的功能，不过它仍然是以插件形式提供的，在"窗口"菜单的"扩展程序管理器"里，可以打开或关闭它。

根据 SketchUp 官方网站的介绍，天宝连接是用于建筑行业的项目协作平台。项目利益相关者可以轻松地共享、评论，并通过在整个设计的云存储上管理最新的项目文件、照片、图纸和三维模型，在建造和运营项目的阶段，按相关者的角色或任务、权限的不同，这些信息可以在桌面、网络或移动环境中进行无缝的访问。

天宝连接的移动应用是简单易用的，无论在远程或现场环境中工作的专业人士、施工作业现场的生产设施的设计，还是在项目会议或演讲中都可以使用。项目信息和文件还可以在本地以脱机方式运用，互联网接入并不总是必要的，比如被称为待办事项的新任务，可以在脱机状态下创建或修改，然后一旦连接至互联网云就可以获得同步。

天宝连接的移动应用中包含了一个高性能的 3D 模型查看器，通过不同的建筑信息模型（BIM）应用程序创建的大型复杂详细的建筑模型，可以用多种格式（IFC、SKP、RVT、DWG 等）快速加载、覆盖，并且很容易通过一个简单、直观的接口连接。

用户可以创建一个天宝账号来获取天宝连接的账号，此账号能让用户免费尝试一个项目。如果需要，还可以按年购买更为专业的版本。在本书的附件里包含一个附件，里面列出了

Trimble Connect 在 YouTube 上发布的视频集合，共有 8 个主题、68 段视频，供有兴趣深入学习的朋友参考。

为了让你更快地了解天宝连接能做什么、如何做，请看附件视频里的一段叫作"Trimble Connect in ten Minutes"（十分钟了解天宝连接）的视频，虽然是英语原版，并且语速相当快，但是作者已经做好了中文字幕，所有人应该都可以看得懂。

假设你刚才看过了视频，现在回来了。相信看了前面那一段视频，你已经对天宝连接这个功能加深了一点了解，对于建筑行业的朋友，只要注册了一个天宝的账号，个人用户或者小项目团队，可以免费使用天宝连接的基本服务，可以用它来创建一个项目，获得 10GB 的存储空间，还可以邀请 5 位合作者。

付费的商业用户则可以创建不限数量的项目，无限量的存储空间和更多的邀请名额，仅需要每个月 10 美元（70 元人民币），与买个企业网络硬盘差不多的开销，但它的功能显然比网络硬盘强得多，套用一句被用滥了的广告词："你值得拥有。"

但是还有点小问题，首先，天宝连接的操作界面基本是英文，虽然不太复杂，但恐怕也会严重影响中国用户的使用热情；还有从天宝连接的界面上得知，它在全世界设立了 3 处服务器，分别在北美、欧洲和亚洲，根据不太理想的访问速度推测，亚洲的服务器可能不在中国大陆，这一点也可能影响中国用户的热情。

对于不是建筑专业，或者暂时还不打算使用天宝连接的朋友，这个工具条同样有用，至少可以把它当作保存 SketchUp 模型或者其他文件的网络硬盘来使用。

8.6　LayOut 简介

鉴于 SketchUp（中国）授权培训中心已经组织编写了一本《LayOut 制图基础》的书与配套的视频教程，所以本节只对想学习使用 LayOut 的朋友做一些简单的介绍。

1.　传统的制图

在计算机辅助设计普及之前，工程师们主要负责设计，他们在纸上画草图，而后交给专业的"描图员"，根据草图在硫酸纸上描绘出"底图"，最后用或土或洋的"晒图机"和"氨桶"得到最终的"蓝图"。如果需要效果图，又需要另一批专业人员用所谓"喷绘渲染"的方式来制作，要用到各种蒙版、各种奇奇怪怪的喷枪和工具，还要各种专业技巧。负责设计的工程师通常接受过该专业的高等教育；描图员只要中技或中专的资历；制作喷绘的专门人才通常接受过美术专业教育与长期的训练，非常难觅。

2．计算机辅助设计文档

最近二三十年，特别是近十多年以来，计算机辅助设计快速普及，上面所说的从第一次工业革命以来，沿用了两三百年的设计制图流程完全被改变。当今时代，大多数设计师都具备了从方案推敲到编制专业文档的全面技能。

现代的所谓专业文档，并不限于传统的平面图纸，也包括三维的实体模型、供演示用的图文稿（PPT 或幻灯片）、有声有色的动画，甚至 360 度全景以及 VR 等三维现实仿真等。非常幸运，我们正在学习的 SketchUp 加上配套的 LayOut，几乎可以完成从方案推敲一直到上述这些设计文档的创建生成。

LayOut 正在成为"方案推敲到全套文档"中的重要环节，它至少可以在生成传统图纸和电子演示文档方面起到举足轻重的作用。在工程施工过程中，传统的二维图纸目前仍然是传递设计信息的主要方式；而演示表达用的电子文档，则是沟通交流，乃至争取业务项目的重要手段。

3. LayOut 的变迁

LayOut 从 SketchUp 6.0 版开始，作为 SketchUp 的附属部分进入计算机，算起来已经有10 个不同的版本了：LayOut 1.0、2.0 和 3.0 这 3 个版本是由 Google 公司发布的；从 LayOut 2013 到现在的 LayOut 2019，共 7 个版本是由天宝公司发布的。

这里要告诉刚接触 SketchUp 的新手们一个事实：很多年以来，LayOut 就是个公认几乎没有使用价值的累赘，为什么这么说呢？刚开始的五六个版本，存在着占用大量计算机资源的问题，只要一开 LayOut，计算机就像生了 3 年大病，中档计算机动一下都困难，根本不能用，害得其他的软件也不能用，还有对双字节汉字的支持非常不友好，很多个版本的 LayOut 里只有一个系统默认的宋体可用,有时出现的汉字还缺胳膊少腿。另外,各种小毛病非常多(有些毛病还一直延续到 2019 版）。

所以，一直到前几年，作者安装好 SketchUp 以后，第一件事就是看看 LayOut 有没有进步到具有使用价值，非常不幸，大多数版本都是令人失望的，接着就是把桌面上的 LayOut 和 Style Builder 两个图标拖到垃圾桶去，免得看了烦心。据我所知，这也是很多 SketchUp 老用户的常规做法。

4. LayOut 到底能做什么?

平心而论，最近几个版本的 LayOut，虽然还存在着不少小问题，但是在资源占用和汉字支持这两个原则性的大问题上已经有了很大的进步，逐步进入了可以实用的阶段，用的人也慢慢多了起来。很多新手以为用 LayOut 可以很容易就能弄出一套图纸来，一旦遇到与原先的期望落差较大，就以为 LayOut 很难。其实落差在于 LayOut 本来就不擅长你想要它做的事，如较大规模的施工图等，怎么可能称心如意？

下面用 SketchUp 官方发布的权威文件作为切入点来说明 LayOut 到底擅长做什么，换句话讲，"我们能用 LayOut 干什么？"在 2014 年之前，SketchUp 官方对于 LayOut 的定义是：LayOut 是 SketchUp Pro 的一项功能。它包含一系列工具，帮助用户创建包含 SketchUp 模型的设计演示。

LayOut 帮助设计者准备文档集，传达其设计理念。使用简单的布局工具，设计者即可放置、排列、命名和标注 SketchUp 模型、草图、照片和其他组成演示和文档图片的绘图元素。通过 LayOut，设计者可创建演示看板、小型手册和幻灯片。

LayOut 不是照片级真实渲染工具，也不是 2D CAD 应用程序。

上面的这一小段文字基本定义了 LayOut 的用途：它不是"渲染工具"和"2D CAD"，这点很好理解。要特别注意的是，官方的解释中把 LayOut 的功能定义为"设计演示""传达设计理念"，用 LayOut 创建的是"演示看板""小型手册"和"幻灯片"。应重点注意，官方并没有把 LayOut 定义为制作"图纸"的工具。

2014 年以后，作者发现 SketchUp 官方开始"改口"了，下面一段文字同样是翻译自 SketchUp 官方对 LayOut 的介绍：之前的版本中，我们一直尝试着把 LayOut 做好，满足大家的期望要求。我们增加了尺寸标注、矢量渲染，在模型视窗中增加捕捉和点功能。增加了 DWG 和 DXF 的输出，可辨别的虚线。我们的 LayOut 更快、更精确地移动图内元素，可以编辑线条——线工具可以说是最自然的矢量渲染图配置。一些用户已经开始完全用 LayOut 制作施工图……

文中提到："一些用户开始完全用 LayOut 制作施工图"，请注意，官方介绍中的关键词"一些用户""开始"，隐含着"用户自发的试探性质"；官方仍然没有明确把 LayOut 定义为"创建施工图的工具"。

把上面两段文字翻译摘录给各位，就是要想明确 LayOut 可以做、善于做的事情只限于"传达设计理念的演示"，它的特长是创建"演示看板""小型手册"和"幻灯片"，它不是渲染工具，也不能当作 2D 的 CAD 来用；至于用 LayOut 制作施工图则是"一些用户开始的尝试"，官方至今都没有松口把 LayOut 定义为"施工图工具"，因为他们最知道 LayOut 擅长做什么和不擅长做什么。如果你也像我一样对官方的介绍有了实事求是的理解，今后遇到 LayOut 不太争气、不如人意时，就会给予足够的谅解。要怪的话，只能怪你让它做不擅长的事情。

5. 学习不能舍本逐末

很多人在学习设计软件时，把眼睛和精力放在了软件本身，忽略了一些根本性的问题，现在我为你指出来：想要用 LayOut 出图，学习和关注的重点并不在 LayOut，因为它实在不复杂，非常容易掌握，关键在于要掌握工程制图的"规矩"，所谓"规矩"就是国家颁布的"制图标准"。

请每一位正在学习 LayOut 的人记住作者的一句话："LayOut 是依据制图标准绘制图纸的工具，重点在于'依据'而不是'工具'，否则你的学习就是舍本逐末了。"

6. LayOut 跟其他软件的异同

LayOut 翻译成中文可以是"布局""安排""布置图""规划图"等，大多数文献中被译为"布局"。很多软件都有 LayOut 的功能，最常见的 AutoCAD 里就有。"布局"的目的是输出（不限于图纸）。而输出之前的"布局"，说通俗点就是"排版"（包括尺寸和文字标注等）。现在讨论的 SketchUp 里的 LayOut 与 CAD 里的 LayOut 相比，有很多的特殊性，包括从 3D 模型方便地生成三视图、透视图；与 SketchUp 的"同步联动特性""众多的输出方式"等是需要特别关注一下的。

7. LayOut 的优点

接着再说说 LayOut 与其他软件比较的优点。在作者看来，除了其他软件都有的功能之外，至少还有以下几点是值得介绍的。

（1）SketchUp 与配套的 LayOut 的综合功能，开始在慢慢撼动 1982 年以来稳坐江山 30 多年的 AutoCAD 在设计界的地位。不过，真的想要彻底代替 AutoCAD，还有相当长的路要走，最难逾越的是人们先入为主的习惯势力。

（2）SketchUp 与配套的 LayOut 的综合功能，正在改变传统的，以 AutoCAD 的 dwg 线稿为依据，然后建模和后处理的设计顺序。越来越多的设计师现在走上了先建模，发现问题反复修改，最后以被确认的精确模型为依据出图的捷径。

（3）LayOut 成功地将 3D 模型带到了 2D 的图纸里，除了生成传统的三视图外，还可用无限多的视角、无限多的细节，以人类最容易理解的透视形式展示创意，这种功能在丁字尺、三角板的年代简直是无法想象的，就是现代也不是每种设计工具都能如此方便地做到的。

（4）在 LayOut 的排版过程中，还可以插入位图或剪贴图作为背景或配景，令你的设计更加生动，这也不是所有软件都有的功能。

（5）一旦在 SketchUp 中完成建模，导入 LayOut 后，非但可以快速生成各种图纸，同时还可以得到交流、汇报、演示用的图文稿（PPT 等）；至于输出矢量图、输出打印和印刷用的 PDF、导出位图等功能更是手到擒来。

最后，根据作者和同事、朋友、众多老学员们的实用体会，还有几句话要说给对 LayOut 抱有无限遐想与美好期望的学员听。

（1）LayOut 的功能虽然强大，但它终究是美国人按照美国的情况开发的，并不见得适合中国大陆所有的行业和所有的设计项目。例如，美国的独栋建筑多，中国的高楼大厦多；所以，中国特色的高层或大型的建筑、大面积的规划或景观设计、复杂的公共建筑室内设计一类的大场面，用 LayOut 就会比较费劲，最终的效果也未必都能令人满意。

（2）所有的笔记本电脑，还有普通分辨率的显示器，因为屏幕像素的限制，在做 A3 幅面以上的大图时，用 LayOut 会比较辛苦；想要把 LayOut 用得好、用得"轻松"，最好配置高分辨率的显示器，如 4K 甚至今后的 8K 显示器（当然还有配套的显卡），这样每一屏可显示的内容多、更直观，可以避免频繁地移动调整视口，工作效率会高很多，劳动强度可大大降低，工作的质量也会提高。

（3）目前最适合使用 LayOut 的行业和项目，首先是木业（包括家具业、全屋定制等），还有石材、玻璃加工和类似的行业；中小型室内环艺设计、户内外广告设计、展会展台设计、舞台美术设计、教学模型设计、简单机械设计等一类中小场面的设计项目；所有能够在 SketchUp 中做方案推敲的、没有复杂细节的项目初期；建筑业的别墅类建筑，大型项目的工地规划布置、重要节点、招投标说明书等；园林景观与城乡规划设计的中小型项目和招投标说明书。再重复一遍：LayOut 最擅长的就是 SketchUp 官方所介绍的"设计演示"，一种类似于 PPT 的幻灯片，配合现场演讲用的图文工具，以及现场分发的小册子。

（4）因为 SketchUp 和 LayOut 的应用门槛低，业内有很多"自学成才短训上岗"的人，在用户群中流传着一些需要重视的不良倾向，有些甚至已经成为被广泛传授的所谓"技巧"，下面列举的一些例子值得所有想用 LayOut 出施工图的人士和单位引起足够的注意。

① 用已经赋予材质的模型出"彩色的施工图"，这样做首先是严重不符合国家颁布的制图国标，再说彩色材质会影响各种引线和标注的清晰度，造成读图困难甚至出错，还有彩色的施工图打印成本要高很多，并且完全没有必要，是浪费，即使打印成灰度的图同样会影响读图。

② 用"透视"状态的模型出施工图，同样不符合制图国标，会造成误读、误判。应严格用正规的平行投影出图，真有需要，可以另行附上一幅彩色的或透视的图。

③ 用虚线作为尺寸线和尺寸界线，这就更加不应该了，制图标准对各种线条的用法有严格的规定，只有无视国家标准的人才会这么做，除非他从来没有看见过相关标准。

④ 用制图国标规定以外的字体做标注（楷体、行书甚至行草体），这种做法在认真学过并且自觉执行制图标准的技术人员看来简直是笑话。

还有更多不规范的做法就不一一列举了，须知各种各样的标准、规范对于所有搞技术的人来说就像"法律"一样，必须时刻遵守，要有"敬畏"之心，制图标准里的大多数内容都是必须无条件强制执行的。

上面列举的这些"创举"盲目跟随网络流传，完全无视国家颁布的制图标准，很值得警惕。能否自觉学习并遵守包括制图标准在内的各项标准、规范，直接反映出每一位技术人员最起码的素质，当然也直接反映了这些人所在单位的素质。

希望上面这些文字能让你对 LayOut 有个初步印象。

8.7　Style Builder（样式生成器）

Style Builder 可以翻译为样式生成器，它与 8.6 节讲述的 LayOut 一样，也是 SketchUp 自带的一个小程序，这是一个 SketchUp 专业版才有的功能，不过，它被用户所使用的普及度，甚至还远远不如 LayOut，已经成了几乎多余的东西。

1. Style Builder 的用途

要讲 Style Builder 还得从 SketchUp 的 Style，也就是"样式"或"风格"说起。

SketchUp 的样式和风格包含了大量的内容，有天空、地面、边线、平面、背景、水印、光影、柔化、雾化、日照等很多要素；而 Style Builder 的功能，只涉及上述边线范畴里的模仿手绘边线这样一个很小的角落，而这个小小的角落却是市面上所有 3D 设计软件中，只有 SketchUp 才能够提供的功能。

简而言之，这个功能就是将计算机生成的线条变成传统的、平易近人的手绘草图风格；它通过手绘风格的线条并删除适量细节，将图纸以更加简洁明快的形象呈现给观众。手绘草图风格的图纸，会将一些细微差别及个人风格添加到概念中，这将有助于用户更好地表达概念和创意，进而使他们的模型和图纸成为其品牌的一部分。

曾经在 7.4 节介绍过，刚刚安装好 SketchUp 以后，SketchUp 就有了 7 组不同的样式。

第一组是 Style Builder 竞赛获奖者，里面包含有 10 种不同的样式。

第二组叫作手绘边线，包含有近 38 种样式。

第三组是混合样式，有 13 种风格。

第四组是照片建模，里面有 3 种风格。

第五组是直线，有 10 种不同的样式。

第六组是预设样式，包含了 13 种样式。

第七组是颜色集，有 16 种花花绿绿的样式。

对同一个模型，赋予不同的样式后，得到的视觉效果是完全不同的。

简单统计一下，SketchUp 安装完毕后，已经包含了 103 种风格样式，其中，有 71 种用了手绘的边线风格。可以说，即使只使用默认的样式，手绘边线方面的内容也已经非常丰富了，95% 以上的 SketchUp 用户，实在没有必要再去辛辛苦苦地创建属于自己的手绘边线风格。

Style Builder 是一个很简单的小程序，菜单里的这些功能都是在 Windows 软件里常见的，很容易理解。软件的 5 个图标外形和功能也与 SketchUp 相同，软件的学习和使用相对比较简单，所以这段视频只对 Style Builder 做一些简单的介绍，重点介绍一些使用窍门。

前面讲过，Style Builder 的功能就是将 SketchUp 的线条变成自定义的手绘线条样式，假设想创建一个属于你自己的样式风格，要完成这个任务，有很多准备工作要做。

2．创建一个新的模板

首先单击"文件"菜单，创建一个新的模板（图 8.7.1 ①）。在弹出的"样式模板生成器"中创建一组中低等复杂程度的模板，要做 3 个参数选择。

先选择笔触的长度和数量（图 8.7.1 ②），这里我想要有 5 种不同的笔触长度（图 8.7.1 ③），每种长度的笔触，有 3 种不同的手绘笔触，可以让 Style Builder 随机选用（图 8.7.1 ④）。每个手绘笔触的宽度或弯曲度限制在 32 像素以内（图 8.7.1 ⑤），当前的选择会集中出现在窗口的上部（图 8.7.1 ⑥）。

现在可以把这个设置起个文件名（样式模板 01），另存为一个新的模板。

应注意，这个新模板是一个 png 格式文件，是带有透明通道的图像文件。

3．创建自己的手绘线

现在要用 Photoshop 或者其他平面设计工具打开这个模板（图 8.7.2），然后，最好用手绘板，按要求在每个框里画出手绘线（图 8.7.3）。

注意，手绘线的两端要与中心线对齐，不当心画到方框外的线段将被自动截断删除。想要用鼠标画好这组线条，非常有挑战性。

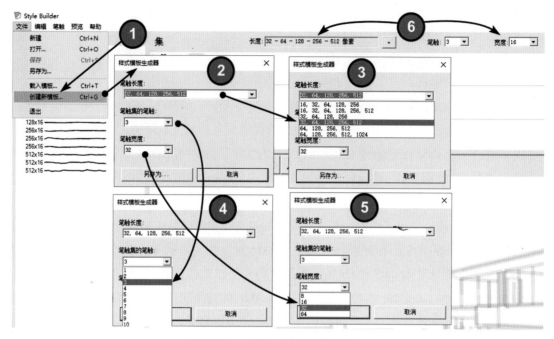

图 8.7.1 创建一个新的手绘模板

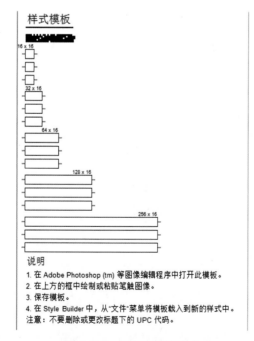

说明

1. 在 Adobe Photoshop (tm) 等图像编辑程序中打开此模板。
2. 在上方的框中绘制或粘贴笔触图像。
3. 保存模板。
4. 在 Style Builder 中，从"文件"菜单将模板载入到新的样式中。
注意：不要删除或更改标题下的 UPC 代码。

图 8.7.2 空白的手绘样式

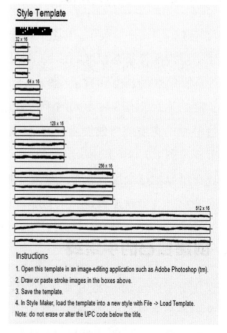

Instructions

1. Open this template in an image-editing application such as Adobe Photoshop (tm).
2. Draw or paste stroke images in the boxes above.
3. Save the template.
4. In Style Maker, load the template into a new style with File -> Load Template.
Note: do not erase or alter the UPC code below the title.

图 8.7.3 新创建的手绘样式

如果没有把握，也可以在纸上绘制好手绘线后，用扫描仪或者照相机变成电子文档后，逐一截取粘贴到这些方框里；如果原稿的线条是歪斜的，还要调整到水平状态。

现在，可以用原来的文件名和文件格式（png）保存这个模板文件；接着，可以在 Style Builder 里面打开这个模板文件了（图 8.7.4）。

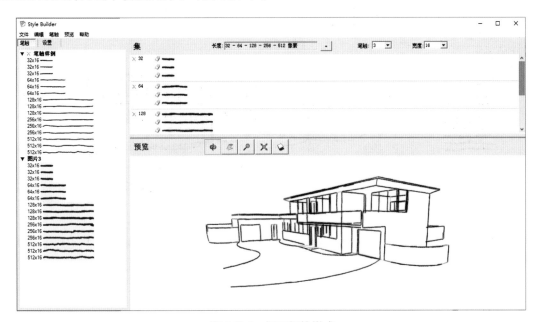

图 8.7.4　打开新的样式

4. 调制出一种新样式

如果对自己设置的手绘线样式模板不满意（大多数想尝试的人都不会满意），别着急，还有一些别的办法能够调制出我们喜欢的样式风格，这里说的是"调制"，而不是"绘制"，它们的区别是："调制"是用已经拥有的现成手绘笔触，组合成一个新的样式风格。

假设看中了一种叫作 color markers 的样式，这是一种马克笔边线风格，找到并在"文件"菜单里打开它，这就是它的所有笔触和效果了（图 8.7.5）。

如果对这种马克笔的笔触效果还不满意（图 8.7.6②），要把这种样式里的部分线条更换成图 8.7.5 左上角那种默认的、比较干净的笔触（图 8.7.6①），只要单击左上角（图 8.7.6①）的默认笔触，不要松开鼠标，拉到右侧的马克笔笔触上替换掉它即可（图 8.7.6③）。图 8.7.6④是已经部分被替换掉的笔触和效果。

如果对这种"调配"出来的笔触满意的话，要另存为一个新的样式以备后用。

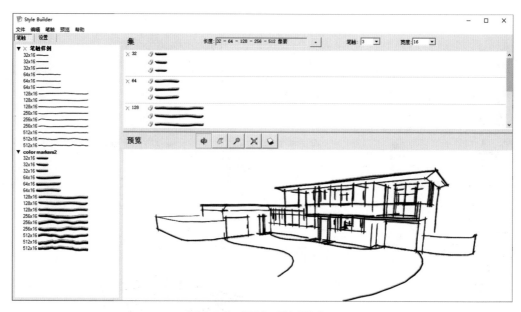

图 8.7.5　调制一种新样式一

上面所说的就是用现成的手绘笔触调制出一个新样式的办法，如果你有兴趣并且有时间可以试一下。在"设置"面板里还有很多可以设置、调试的内容（图 8.7.7）。

图 8.7.7 ①所示的"消失长度"是指允许删除多少图纸细节，以突出显示图纸中的主要部分，可以实地试一下再确定，或者就保持默认状态，留待 SketchUp 建模时再调整。

图 8.7.7 ②所示的"淡化因子"可以人为地淡化一些线段，以便更真实地模拟手绘。

图 8.7.6　调制一种新样式二

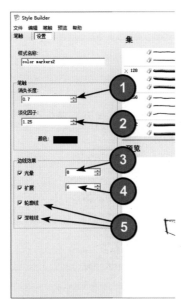

图 8.7.7 调制一种新样式三

单击"淡化因子"下面的色块，可以在弹出的界面里把线条调整到需要的颜色。

图 8.7.7 ③所示的"光晕"是摄影专用术语，指光源边缘模糊的光环，这个数值越大，被"光环"淡化的部分就越多，可通过试验确定，也可用默认参数，今后到建模时再调节。

图 8.7.7 ④所示的"扩展"其实就是两条线相交部位的出头部分，单位是像素。

图 8.7.7 ⑤处的"轮廓线"和"深粗线"这两项的含义，与 SketchUp"视图"菜单里的边线样式是一致的，建议不要勾选。

对于 Style Builder，大致就讲这么多了，说实话，从头开始做一个新的样式风格太辛苦，做出来还不如默认的好，不如就用现成的。

8.8 文件交换（导入导出）

你可能早就知道在"文件"菜单里有导入和导出的选项，正是因为有了这两个功能，SketchUp 才能与众多的其他设计软件进行文件交换，输出你的劳动成果，所以这是两个很重要的功能。在本节里，将对 SketchUp 的导入和导出功能做一些简单的介绍。

导入导出功能中有一些热点、难点的内容，例如，在 SketchUp 里导入 dwg 格式的文件以及因此可能产生的大量问题，将在 SketchUp（中国）授权培训中心组织编写的《SketchUp 建模思路与技巧》里以一系列独立的章节进行专门的讨论。

1. 导入

图 8.8.1 列出了执行"导入"命令时所包含的内容。在这里可以看到 SketchUp 各版本所有可导入的文件格式，下面逐一介绍。

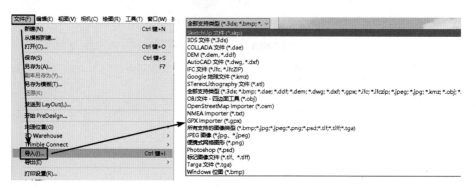

图 8.8.1　可导入的文件格式

（1）用 SketchUp 创建的模型文件是 skp 格式，可以直接在 SketchUp 里打开，当然也可以导入。顺便说一下，SketchUp 的备份文件格式是 skb，是无法直接打开的，但是只要把它的文件名后缀改成 skp 就可以用 SketchUp 打开了。还有，SketchUp 的材质文件是 skm 格式，只能在 SketchUp 的材质管理面板浏览与调用，无法用 Windows 的双击打开。

（2）第二行的 3ds 格式的文件是 3ds Max 建模软件的衍生文件格式，在做完 MAX 的场景文件后可导出成 3ds 格式，它可以与其他建模软件兼容，也可用于渲染，虽然在 SketchUp 里导入 3ds 格式的文件有线面数量多、文件尺寸大的缺点，但仍然不失为是一种重要的文件格式。

（3）dae 格式是 Maya 和 3ds Max 等三维软件之间进行文件交换的常用格式。

（4）dem 格式的文件描述的是地面高程信息，它在测绘、水文、气象、地貌、地质、土壤、工程建设、通信、气象、军事等国民经济和国防建设以及人文和自然科学领域有着广泛的应用。在 SketchUp 中导入 dem 文件，多半是为了创建真实的地形，进而计算土方量等，这个功能在 SketchUp 中创建建筑、景观设计和城乡规划等模型时，可能会接触到。

dem 数据可以到当地规划部门去索取，也可以到中国科学院的地理空间数据云获取，网站链接：http://www.gscloud.cn/。

（5）dwg 格式是 AutoCAD 生成的文件格式。顺便说一下，与 dwg 并列的 dxf 文件并不是 AutoCAD 独有的格式，有很多软件也可以接受或生成 dxf 格式文件，所以，dxf 格式比 dwg 格式更通用，也更重要。

（6）IFC 文件是建筑信息模型（BIM）的分类信息文件，可查阅本系列教程 8.4 节的相关内容。

（7）kmz 格式是 Google 地球的专用文件格式，关于 Google 地球的问题，本教程的 1.2 节和 8.3 节都有多处提到并给予了详细介绍。

（8）stl 文件格式简单，只能描述三维物体的几何信息，不支持颜色、材质等信息，被广泛用于 3D 打印、激光成型等应用领域。

再往下的 6 种是 SketchUp 可以接受的图像格式，就不多讲了。

需要重点指出，往 SketchUp 里导入任何一种格式的文件，都有一个"选项"按钮，可在正式导入文件之前，单击"选项"按钮，在弹出的对话框里做好必要的设置。

另外，图片文件和 SketchUp 的 skp 模型，可以不用导入，直接拖曳到 SketchUp 工作窗口里打开，也可以用复制、粘贴的方法打开。

提醒一下，导入外部文件时，最要注意的是导入 dwg 和 dxf 两种格式的文件可能产生令 SketchUp 用户最为头痛的一系列问题，也最难解决，这方面的内容可查阅 SketchUp（中国）授权培训中心和作者编撰的《SketchUp 建模思路与技巧》。

2．导出（3D 模型）

合理使用导出功能，可方便地与他人共享您的工作成果，正如所看到的，可以将你的 SketchUp 模型导出为 3D 模型、二维矢量图或位图、剖面或者动画等。

首先来看一下可导出的三维模型都有些什么格式（图 8.8.2）。

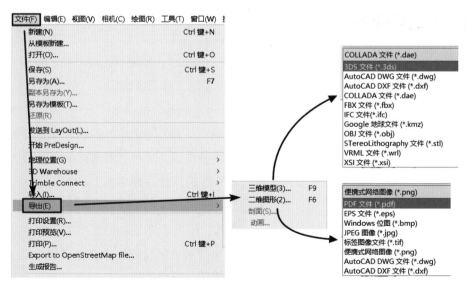

图 8.8.2 可导出的文件格式

3ds 文件、dwg 文件和 dxf 文件这 3 项已经很熟悉，这里就不再多说了。

上面已经说过，dae 文件是 Maya 和 3ds Max 等软件常用的文件交换格式。

fbx 是 Motionbuilder 软件所使用的格式，Motionbuilder 是扮演动作制作的平台，fbx 最大的用途是在如 3ds Max、Maya、Softimage 等软件间进行模型、材质、动作和摄影机信息的互导，这样就可以更加发挥 3ds Max、Maya 等软件的优势。

ifc 和 kmz 格式，前面已经介绍过了，它们分别是 BIM 的分类文件格式和"Google 地球"文件格式。

obj 是标准的三维模型格式文件，3ds Max、Maya 等都可以导入导出这种格式，SketchUp 也可以导出 obj 格式的文件，以便在其他软件里做后续处理。

wrl 文件是一种虚拟现实文本格式文件，也是 VRML 场景模型文件的扩展名。

VRML 是一种网络三维技术文件，需要安装专用的浏览器才能运行。VRML 规范支持纹理映射、全景背景、雾、视频、音频、对象运动和碰撞检测等一切用于建立虚拟世界所必要的东西。

wrl 文件是纯 ASCII 文件，所以可以用文本编辑器打开和编辑。

用 Softimage/xsi 开发创建的文件就是 xsi 格式。Softimage/xsi 在游戏设计方面具有霸主地位，Softimage 被 Autodesk 并购后，将继续发展其游戏和三维动画功能。

还是要提醒一下，无论导出什么格式的三维模型文件，都有一个"选项"按钮，在正式导出之前，必须进行必要的设置，以避免不必要的麻烦。

3. 导出（二维图形）

接着再来看一下导出二维图形，在这里可以把 SketchUp 模型导出成二维的位图和二维的矢量图。图 8.8.2 右下角列出了 SketchUp 可导出的全部二维图形格式。

其中大多数图像格式是比较熟悉的，如 pdf、eps、bmp、jpg、tif、png，都是常见、常用的图像格式。需要特别指出的是 jpg、pdf 和 png 格式，jpg 是一种可控制压缩比例和受损程度的图片文件，在保证图像品质不至于损失太多的条件下，文件体积较小，推荐使用。还有 pdf 格式是全世界印刷行业通用的电子印刷品文件格式，是一种事实上的国际通用的文件格式，也推荐使用。

如果想导出模型彩色图片，建议选择 jpg 格式，可兼顾图像的品质和文件的大小。导出时不要忘记单击"选项"按钮（图 8.8.3），在弹出的对话框里还要做 3 个设置。第一个就是导出图片的大小，如果勾选了"使用视图大小"的话，导出的图片打开后，就只有现在所看到的窗口大小，大多数时候都嫌太小，所以取消这个勾选，输入一个新的像素数量，如想把导出的图片比现在所看到的扩大 1 倍,随便在"宽度"或者"高度"框中输入一个加倍的数字,另一个数字也会跟着改变,这样就保证了图片的长宽比不变。至于下面的"消除锯齿"和压缩比例,可以保持默认,单击"好"按钮后,再单击"导出"按钮。

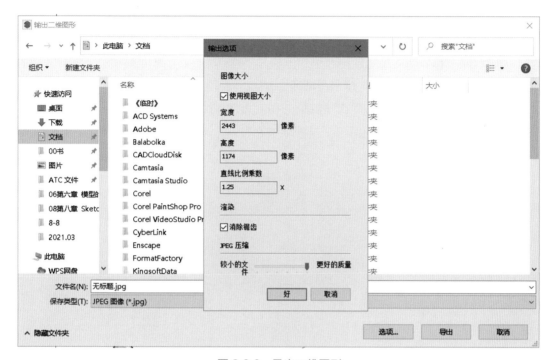

图 8.8.3 导出二维图形

还要介绍一下 png 格式的图片,它保留了阿尔法通道,也就是俗称的透明通道,所以在后续处理中可以免除"褪底"的繁重劳动。在老版本的 SketchUp 里,导出 png 文件还有点不如人意,需要一个插件和特殊的操作设置来完成;新版的 SketchUp 对此有了很大的改进。需要特别指出的是,导出 png 格式之前请务必先在"样式"面板上取消对"天空"和"地面"的勾选。

eps 文件格式又被称为带有预视图像的 ps 格式,eps 文件是目前桌面印刷系统普遍使用的通用交换格式中的一种综合格式。

需要特别指出,有些老版本的 SketchUp 还可以导出 epx 格式,这是大多数人没有听说过的格式,即使到百度上去搜索也不会有准确的结果。其实,epx 格式是俗称"彩绘大师"或"空间彩绘专家"Piranesi 软件生成的文件格式;Piranesi 是与 SketchUp 差不多同期引进的建筑专业软件,可以在 SketchUp 里创建好模型,再用这种格式导出到 Piranesi 里进行彩绘上色等操作。因为使用 Piranesi 需要一定的美术和手绘功底,在中国,项目设计中正式使用 Piranesi 的人并不多。

小结:创建好 SketchUp 模型后,可以导出 pdf、bmp、jpg、tif、png 等格式的位图文件,还可以方便地将 SketchUp 文件以 pdf、eps、dwg 和 dxf 等矢量文件格式发送到绘图仪，或者使用基于矢量的绘图软件进一步修改编辑。

注意，pdf、eps、dwg 和 dxf 等矢量图形可能不支持如阴影、雾化、透明度和纹理等 SketchUp 显示项。

最后，SketchUp 还可以导出"剖面"，需要注意，这里的"剖面"二字用得不对，应该是"截面"，关于剖面与截面的区别，详细的解释可浏览本教程 5.9 节"剖面工具"。很多设计师，包括 SketchUp 中文版的制作人，截面与剖面不分，二者混为一谈，应引起注意。

使用"导出动画"菜单项可导出预渲染的动画文件，用于导出动画的 SketchUp 模型必须有一系列的页面；SketchUp（中国）授权培训中心有一个动画专题，详细讨论了用 SketchUp 制作各种动画的工具与技巧。

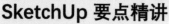

扫码下载本章教学视频及附件

第 9 章

问题与解决

　　作者用 SketchUp 十六七年，涉足 SketchUp 相关的教学活动也有十三四年了，期间接触过无数的初学者和老用户，见识过他们提出的千奇百怪的问题，其中有很多问题也是作者本人所一再遇到颇伤脑筋的，本章将要对最为普遍的几个问题做深入探讨，它们是：

　　焦距与视角的问题；

　　模型莫名其妙被切掉一块的问题；

　　模型卡顿的问题，其中还可细分出模型垃圾问题、线面数量问题、模型的合理精细度等问题；

　　还有如何提高建模速度的问题；

　　最后还要讨论一下快捷键的问题。

　　相信这些问题是每一位 SketchUp 用户都会碰到、必须面对的。你可以在任何时候，甚至一开始学习就先到这里来浏览一下，然后就可以心中有数，避免发生类似的问题，即便遇到这类问题也可以独自解决。

9.1 焦距与视角问题

SketchUp 里有一个基本工具，是一个放大镜图标，它的名字叫"缩放"。

奇怪的是，SketchUp 还有一个工具，同样叫作"缩放"（图 9.1.1）。在同一个软件里，两种不同功能的工具却有相同的名字，这种现象，在众多的应用软件中 SketchUp 是唯一的（在英文版中，它们分别是 Scale 和 Zoom，显然是中文版的翻译出了问题）。

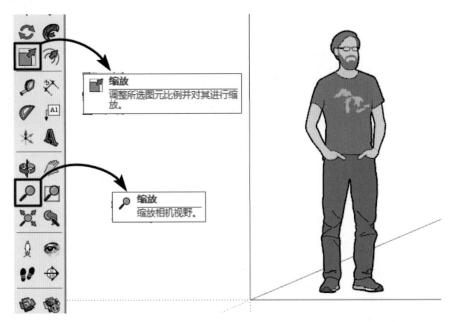

图 9.1.1 两个相同名称的工具

你现在知道了有这个问题，以后就不会搞错和奇怪了。

本节讨论的是放大镜图标的缩放工具：在本教程的 2.2 节里就已经讲过它的用法：在屏幕上单击它后，往上移动是放大模型，往下移动是缩小模型，相信你早已掌握了这种基本的用法。

但是，不知你注意过没有，单击这个工具后，屏幕右下角的数值框里有个数字，默认的数字是 35 度，这个数字代表了什么？旁边有个视野的文字提示又是什么意思？改变这个数字会有什么结果？

这是一个与相机有关的问题；近二三十年，大多数人玩的是傻瓜相机，手机上的相机也是傻瓜的，基本不用做设置就可以拍出照片，不懂任何光学理论和摄影技巧的人都可以玩。下面要讨论的是专业相机才会有的"焦距"与"视角"的问题。

1. 鱼眼镜头的得失

请看图 9.1.2 ~图 9.1.5 的 4 幅照片,这是用一种叫作鱼眼的镜头拍摄的,鱼眼镜头的特点就是焦距短、视角大,甚至可达到或接近 180°。这样做要付出的代价就是一种叫作"鱼眼变形"的图像畸变。

图 9.1.2 鱼眼镜头一

图 9.1.3 鱼眼镜头二

图 9.1.4 鱼眼镜头三

图 9.1.5 鱼眼镜头四

展示这一组照片是为了说明"视野角(视角)"与"视觉变形"之间的关系。尽管这种照片变形严重,但是它宽广的视角和特殊的视觉效果作为一种美而被人们喜爱,因此鱼眼镜头和用这种镜头拍摄的照片一直以摄影技术的一部分保留了下来。

2. 焦距与视角的关系

但是,在 SketchUp 里建模,除非你正好需要这样的变形效果,绝大多数场合下,显然不宜用这样的视角来操作和展示。为了说明"焦距"与"视角"的关系,下面展示另一组照片,这组图片是站在同一个地方不移动,用不同的镜头参数(焦距)拍摄的。每张图片还有一组焦距和视角的对照数据,如图 9.1.6 ~图 9.1.17 所示。

图 9.1.6　F15mm180°

图 9.1.7　F20mm94°

图 9.1.8　F28mm75°

图 9.1.9　F35mm63°

图 9.1.10　F50mm46°

图 9.1.11　F85mm30°

　　请看图 9.1.6，焦距 15mm，视角达 180°（广角镜头），照片上记录了最多内容，但是街道两侧的房子向内严重倾斜，图像严重变形。

　　再看图 9.1.17，焦距 1200mm，视角只有 2°多一点点，这样拍摄的照片可以得到很远处的景象，所以这种镜头被称为"长焦镜头"或"望远镜头"，虽然可以望远，因为视角小，所以照片上只能呈现很少的内容。

图 9.1.12　F135mm18°

图 9.1.13　F200mm12°

图 9.1.14　F300mm8°

图 9.1.15　F400mm6°

图 9.1.16　F600mm4°

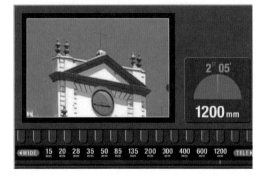
图 9.1.17　F1200mm2°

可见，视角大小和图像变形是一对矛盾，视角大了，变形也大，二者很难同时满足。为了得到适当的视角，大多数相机的标准镜头是 28 ～ 55mm，因为这段镜头焦距，兼顾了视角和变形都不至于太大。

3. SketchUp 的不同视角效果

现在回到 SketchUp，单击缩放工具后，屏幕右下角的视角等于 35°，大约相当于焦距为

60～70mm 的镜头，这个视角有点变形，但还在能接受的较小范围内，这是优点。

请看一个小模型，如果把相机设置在客厅门口（图 9.1.18 ①）的位置，视线如箭头所指的方向看过去。再看图 9.1.19，因为现在的视角是 SketchUp 默认的 35°，所以只能看到客厅里的一小部分，稍微有点变形（对面的墙角向外倾斜），但是这样的变形和整体失真还在可以接受的范围内。

再往下的 4 幅图分别是视角等于 55°、70°、90° 和 120°（图 9.1.20～图 9.1.23），变形和失真越来越大，直到惨不忍睹，显然已失去了实用的价值。顺便说一下，SketchUp 的视角，最大可以调到 120°，大概相当于 18mm 的焦距。还有，SketchUp 早期的专业版（Pro 版）默认的视角是 30°，变形和失真更小。

图 9.1.18　标本房

图 9.1.19　35° 视角

图 9.1.20　55° 视角

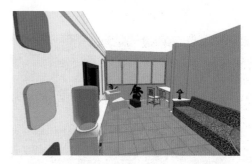

图 9.1.21　70° 视角

图 9.1.22　90° 视角

图 9.1.23　120° 极限视角

下面介绍几种调整视角和焦距的方法，以满足部分读者对不同视角探索尝试的要求。

4. 输入数值调整视角

第一种方法，单击缩放工具以后，立即输入新的视角，然后按回车键。

例如，输入 60 后按回车键，相当于换了个焦距为 35mm 的镜头，获得 60°的视角。

再输入一个更大的视角 90°，按回车键，现在相当于换了一个焦距为 20mm 左右的广角镜头（图 9.1.22）。可以看到，镜头的变形失真更大了，虽然可以看到两侧原来看不到的东西，但原来就能看到的东西变得更远，边缘的喇叭口也更大了。

你是不是感觉到，这样的视图已经失去了表达设计意图的价值了呢？

5. 无级调整视角

除了直接输入视角以外，还有个方法可以"无级调整视角"。

单击缩放工具后，按住 Shift 键，上下移动缩放工具，可以看到右下角的数值框里的数字在变化，工作窗口里的可见内容也在变化，调整到合适的位置后，按空格键退出。

6. 输入焦距调整视角

如果你对焦距与视角的关系非常清楚，也可以直接输入镜头焦距。方法是：单击缩放工具后，直接输入镜头的焦距值，如 35，后面立即再输入单位，两个 m（35mm），按回车键后获得焦距为 35mm 的镜头，相当于 60°左右的视角。

7. 合理的视角

通过一系列的试验可知，在 SketchUp 里的视角调整是有限度的，不是越大越好。

那么，什么样的视角范围是合理的呢？

为了说明这个问题，可以提供一些实验数据供你参考。

实验数据表明，人眼的水平可视角度是 120°左右，垂直可视角度是 60°左右，当集中注意力看某个目标（凝视）或远眺时，约为上述值的 1/5 或更小。

实验还表明，人眼最佳视力区仅为 1.5°；清晰区为 15°；最大视力区可达 35°；35°之外的是余光区或周边视野，通常可达到 120°视角。

所以，SketchUp 默认的视角设置为 35°，是按照人眼的最大视力区来确定的，是比较科学的，没有十分特殊的理由最好不要改变。

8. SketchUp 视角的极限

在一些特殊情况下，也可以稍微调大一些视角。实验证明，把视角调整到 45°，还不至于引起太明显的变形失真。大多数应用场合，60° 是 SketchUp 视角调整的极限了。

网络上时常可以看到一些渲染作品和模型的视角，调整得太大，给人以不稳定、不真实、不舒服的感觉，有些高层建筑的顶部看起来比底层还大（或者相反），这些八字形或漏斗形都不符合透视原则，给人以不稳定的感觉。

有些室内设计师的作品，为了多表现一点画面边缘被遮挡的部分，也把视角调整得太大，搞得墙角变成了漏斗状，家具成了上面大、下面小，头重脚轻站不稳。这些都是要尽量避免的。

9. 通融的办法

如果一定要展示模型中更多的内容，又不想要头重脚轻的漏斗状或八字状的变形，可以在大致调整好视野后，单击"相机"菜单的"两点透视"命令，把视图中本该垂直的边缘临时调整到垂直显示；这样用过以后（通常是导出位图）要立即回到"相机"菜单恢复到"透视"。

"有得必有失"的道理人人都懂，到实际操作时往往又把握不住分寸，视角调整得大点，确实可让更多的景物收入眼中，但要有个度，这个度就是人眼和人脑能够舒服接受的极限，超过了这个极限，就适得其反了。

还有一个初学者容易犯的错误，就是改变了视角和视点，用过以后，不记得恢复成默认状态。应牢记 SketchUp 的默认视角是 30°或 35°，视点高度是 1676 毫米。临时改变是可以的，但要记得及时恢复。

9.2 被裁切丢失面的问题

本节讨论一个几乎困扰过所有 SketchUp 用户的问题。

请先看两个模型，稍微把它们旋转一下，会看到一种奇怪的现象（图 9.2.1 和图 9.2.2）：模型的一部分被裁切丢失了。新手遇到这样的问题肯定会惊慌失措，以为自己的模型被破坏了。

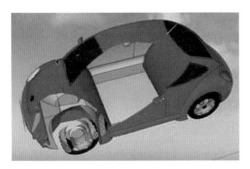 

图 9.2.1　被裁切的面一　　　　图 9.2.2　被裁切的面二

1．早晚你也会碰到

其实还有更多的有同类毛病的模型，为了节约篇幅就不一一展示了。

要告诉你，这些出了同样问题的模型，都是为了演示给你看而人为制造出来的。

相信使用 SketchUp 超过半年的人，恐怕大多曾经碰到过这种情况，如果你至今还没有碰到过这个问题，有以下几种可能。

（1）你刚开始用 SketchUp，问题就在前面，你离它还有一小段距离，早晚会让你大开眼界和头痛不已。

（2）你经过良好的训练，也有良好的建模习惯，今后也很少会碰到这种情况。

（3）你已经知道了产生这种情况的原因和解决的方法，如果是这样，就不必看本节后面的内容了。

2．找原因

10 多年前，作者也碰到过类似的问题，头痛不已，遇到这种奇怪现象出现的次数多了，就想到这绝不会是个别的偶发事件，别人也许跟我一样碰到过同类的问题，或许网上能找到答案，终于在一个国外的技术论坛中找到一篇小文章，很有启发。

看过这篇文章才知道这种现象叫作"裁切和缺少面"（Clipping and missing faces），或者叫作"相机剪切平面"（Camera Clipping Plane），文章中列举了 5 种产生这种情况的可能，后来的事实和试验说明，产生这种情况的原因还远不止文章里讲的 5 种。

下面就按这篇文章的顺序，介绍并且演示造成这种模型被裁切、部分面域丢失的问题（本节配套的视频教程里有更详细的演示）。文章中首先告诉我们，这是一个官方已经知道的问题，并且肯定这种现象并不会对模型造成实质性的损害。

3. 第一个原因

出现这种情况的第一个原因是：当视野设置得非常宽时可能出现这种情况（One is when the field of view（FOV）is set very wide）。

经过多次试验，包括用从 SketchUp 6.0、7.0、8.0 到最新的 SketchUp 2021 版，不同的 SketchUp 版本，如果人为增加视野角度，只能使模型严重失真，并没有发生造成模型被裁切和丢失的现象。

分析原因，可能这篇文章发布得比较早，作者是在 SketchUp 5.0 时见到它的，现在的 SketchUp 视野设置，最大不能超过 120°，即使你输入了更大的角度，也不能改变它预设的 120°的上限。所以，这个原因似乎现在已经不存在了。关于视野设置问题，在本教程的 9.1 节里有过深入的讨论，这里就不多说了。

4. 第二个原因

第二个原因是：相机菜单的透视模式关闭（……the Perspective camera mode is turned off）会出现这种情况，经过在各种新老版本中测试，在"相机"菜单里，无论调整到什么模式，都不会造成模型被裁切的情况出现，估计这个原因也是与版本有关，现在的 SketchUp 用户大概已经不需要担心这个问题了。

5. 带出来的问题

说到相机显示模式的调整问题，见到过很多人，包括一些老资格的设计师，为了让模型的垂直边缘看起来仍然保持垂直，水平的边缘看起来仍然是水平的，就使用了两点投影显示模式：这种显示模式虽然能把模型的边缘强制调整成为水平或垂直，但只要改变一下视角就会发现，模型的视觉失真非常严重，有些人长期使用这种模式，有些软件也把这种显示模式作为默认模式，用这种显示模式的人已经习惯了这种显示方式的变形，其他人看了会觉得非常不舒服。

究其原因，与传统的透视理论教学有关，作者经历过很多年的纸上平面作图，在那个年代，如果想表现远大近小的真实透视是很麻烦的，即使画了出来，也无法在这样的透视图上量取精确的尺寸，所以就派生出了其他的透视形式，以解决真实透视形式在纸上作业时的困难，一直到现在，有些计算机辅助设计软件还是沿用这种透视表达方式。

6. 请用足 SketchUp 的优点

时代发展了，技术发展了，现在，SketchUp 可以在三维空间里实时跟踪你的模型，并保证精度。

所以，即使在真实透视模式下，看起来远处的线条被透视规则缩短了，但它们仍然是原来的尺寸，可以被准确地绘制和测量，这就是 SketchUp 比很多老牌软件更先进、更科学的地方。

所以，用 SketchUp 设计或作图，只要是在三维空间里表现三维的效果，就要一直使用透视显示模式，除非有特殊的需要才短时间使用其他模式。例如，要导出二维的图形时，临时用一下平行投影。在导出位图时，想让本该垂直的边缘在图片上看起来也是垂直的，可以临时使用一下两点透视。短时间切换显示模式，在使用结束后要及时返回真实透视模式。

7. 第三个原因

回到正题，造成模型被裁切的第三个原因是：模型特别小或者特别大（your model is very small or very large）。原文中并没有定义大和小的极限，根据多次测试，并没有发现这种现象，可能我做的测试还不够极限，这个原因供大家参考，如果什么时候你做了个真实尺寸的月球或真实尺寸的原子结构，发现模型被裁切时，请回到这里寻求解决的方法。

解决的方法非常简单：如果在建月球模型时发现被裁切，可以先大幅度缩小，建模完成后，再放大同样的倍数，恢复到真实尺寸。在建原子结构时发现问题，就放大若干倍，完成后再缩小。上面所说的技巧，看起来像是笑话，其实不是，有些特殊场合，确实需要用这样的办法。

8. 第四个原因

上面讲的三个原因，经过测试并不存在，至少是并不普遍存在。

依我看，原文中的第四个原因还比较靠谱：你的模型离开起点很远（your model is very far away from the origin point）。这里所说的起点，应该就是坐标原点的意思。

本节配套的视频教程里有个实例：随便找了个模型，调整到某个位置，旋转到一定的角度就出洋相了。检查一下原因，竟然离开坐标原点差不多有 40km。

只要把它移动到靠近坐标原点的地方，问题就可以解决。笨办法是用移动工具一点点移动，就不讲了。

聪明的办法是调用移动工具后，选择好需要移动的对象，通过键盘输入"方括号,0,逗号,0,逗号,0"，还有个反方括号，即 [0,0,0]，按回车键后，对象就到坐标原点了。刚才输入的，被方括号包含的数字代表了 X、Y、Z 三轴的绝对坐标，如果把方括号换成尖括号，那就是相对坐标，这两种数据输入方法，在建模实践中，几乎用不着，所以前面只提到过两次。当然，用插件来移动也可以，也许更方便。

9. 不规范的 DWG 是罪魁祸首

刚才看到目标对象离开坐标原点 40km，你笑了没有？

先不要笑，在笔者接触过的 SketchUp 用户中，出过这种洋相的人远不止一两个，也不止十个八个；尤其是先学了 CAD（并且不规范），再自学 SketchUp 的人群中，有相当大的一部分人，把 CAD 里养成的坏习惯带到 SketchUp 中来的情况并不少见。

刚才这个例子，对象离开原点 40km，虽然有点不像话，但好歹还在地面上，我还见过在地面下 6km 盖了个别墅，还带了个私家花园的，不知道他是怎么做的、怎么想的，在 3D 仓库的作品里，出这种洋相的人多得去了。

要记住一句话，把你的模型放在坐标原点附近，红、绿、蓝 3 条实线所在的空间里（就是那个小人站岗的位置），对你没有什么损失，却有数不清的好处。

10. 第五个原因

下面讲到的模型被裁切的原因更为常见，一个模型，虽然极为简单，也靠近坐标原点，但是在旋转缩放时，也发生了视图被裁切丢失的现象（图 9.2.3）。

碰到这种情况，首先要查看视图中还有没有别的几何体。办法是：单击充满视窗工具，如果远处还有什么东西，哪怕只有针尖大也一定会占用工作区的空间，删除掉就可以解决。

如果没有发现别的几何体，就该想到模型中有没有隐藏的几何体。单击"编辑"菜单，执行"显示全部"命令。如果真有隐藏的东西，若是已经用不着的就删除，还想要用的就移动个位置；若不能移动位置可以新建个图层，把它们放到新图层里去，关闭这个图层，大多可以恢复正常（移动过去的东西在新图层里不能隐藏）。关于图层可查阅 6.6 节。

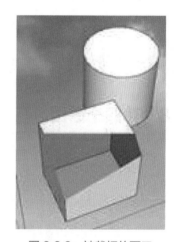

图 9.2.3 被裁切的面三

据统计，凡是出现这种模型被裁切现象的，追根究底，大多数是因为导入了 dwg 文件造成的，公平地讲，出现这种情况实在不能怪 SketchUp，要怪只能怪 AutoCAD 和用它作图又不规范的人。

随便想想就知道，正常的人用 SketchUp 建模，大概不会避近就远把模型做在离坐标原点 40km 远的地方吧？也不大会按 1：1 的尺寸去做一个月亮或者原子结构吧？

在 CAD 里作图，最可能把几个图块放得相距很远，一起导入 SketchUp 后就容易出问题，也很容易存在几乎看不见的线头，更有可能在某个隐藏的图层里，存在离主体很远的几何体，这些有问题的 dwg 文件，导入到 SketchUp 中都有可能引起模型被裁切。

除了导入 dwg 文件造成的大多数原因外，还有小部分原因是在 SketchUp 建模时形成的，就像在删除某个图层的几何体时，只删除了面，不经意间留下了一些线头，诸如此类的小毛病都可能造成模型被裁切，显示不完整。

11. 终极攻略

寻找造成模型被裁切的原因，有时候相当困难，特别是小到几乎看不见的小几何体，非常难找。最后，告诉你一个办法，不用再去当神探找原因，足以解决 95% 以上的模型被裁切的问题。

打开另一个 SketchUp（同一台计算机上可以同时打开多个 SketchUp），复制有毛病的模型，要注意千万不要用 Ctrl + A（全选）组合键，要用鼠标点选或框选需要的部分，如果这个部分原来就是群组，就点选这个群组，然后，按 Ctrl + C 组合键复制；再到另一个 SketchUp 里，按 Ctrl + V 组合键粘贴，问题就可解决。

12. 关键还是在于好习惯

刚才说了，用这个办法只能解决 95% 的模型被裁切问题，剩下的 5% 怎么办？

剩下的 5%，只能当神探了，尽量去找出原因祸根，实在没有办法，也只能试试多次复制、粘贴了，只是模型太大，有几十兆、上百万个面，转动一点点都很辛苦，如果轻易用复制、粘贴的方法，只能把计算机搞死，万一你倒霉，碰到这种情况，也没有别的办法，只能劝你去找一台高配置、高性能的计算机，仍然做复制、粘贴。

希望你养成好的操作习惯，包括在 AutoCAD 里绘图的习惯，永远别碰到这种麻烦事，万一碰上了，祝你好运。

后附这篇文章的原文（目前已被收录到 SketchUp 的帮助中心）。

原文链接：https://help.sketchup.com/en/sketchup/clipping-and-missing-faces。

Clipping and missing faces

Clipped or Missing Faces

Situation: you are orbiting around your model and you see an effect that looks like a section plane attached to your view at a fixed distance. Objects may also disappear or appear to shake when you try to zoom in.

This is a known issue called Camera Clipping Plane. First, don't worry; although it can be distracting, this doesn't cause any actual damage to your model.

There are several situations in which you might encounter this:

- One is when the field of view (FOV) is set very wide. You can adjust the FOV between 1 and 120 degrees (the default is 35 degrees in SketchUp and 30 degrees in SketchUp Pro). It's easy to unintentionally change the FOV by pressing the Shift key while you are zooming in or out using the Zoom tool. You can change it back, though, by going to Camera > Field of view and typing your desired field of view in the measurement toolbar.

- Another situation that can cause clipping is when the Perspective camera mode is turned off. In that case, click the Zoom Extents button (it looks like a magnifying glass with four red arrows pointing outward). The camera zooms out to display the entire model, and the clipping is eliminated.

- Another situation is when the scale of your model is very small or very large. In this case, you can change the scale of your model while you work on it. For more information about how to control the scale in a model, click here.

  ○ This can also happen if your model is very far away from the origin point (the point where the red, green, and blue axes intersect). In that case, you can move your model closer to the origin point following these steps.

  ○ Select all of the geometry in your model by typing Control+A or Command+A, or by clicking and dragging the Select tool across your geometry.

  ○ Change to the Move tool by going to Tools > Move.

  ○ Grab a corner point of the selected geometry that is on the ground plane and start to move the selected geometry.

  ○ Type [0,0,0] (including the square brackets) in the Measurement toolbar (which is in the lower-right corner of the SketchUp window). This causes the selected point to be moved to the origin point.

- Most frequently, clipping occurs after a DWG import and is caused by a combination of the above points. If you're moving your geometry to the origin or checking for scale, you'll want to ensure that you can see all the geometry in the model. These three steps will help you do that:

○ Turn on all your layers in the Window > Layers menu.

○ Unhide geometry using the Edit > Unhide all command.

○ View all hidden geometry by clicking on View > Hidden Geometry.

After making all your geometry visible, go to Camera > Zoom extents to see the full extents of your model. If you find that you have geometry located long distances from the origin, removing that geometry will help resolve this problem.

Flickering Faces in your model

You may sometimes encounter a flickering behavior on some surfaces, this is typically called "z-fighting" as two faces are fighting to be seen along the z-axis. This happens when two faces are either co-planar or nearly co-planar and SketchUp is trying to show both.

If you have overlapping geometry but they're not grouped then it will just "cut" the surface and no flickering will occur. You'll see this flickering when a face is drawn on grouped geometry, or when 2 different groups have a face that is on the same plane. The group (or component) is preventing the 2 faces from merging into one face, so the 2 faces compete. If you would like to eliminate the z-fighting, here are three approaches:

- Change how the geometry is grouped so that the faces merge. eg. Explode your group or component or re-nest the geometry.
- Move the 2 face away from each other to prevent the z-fighting.Note that moving it so that its still nearly co-planar will still result in some flickering at different zoom levels.
- Give the top face some thickness. eg. Use Push/Pull to pull that 0 thickness face into a piece of geometry with some thickness to it.

If you need to adjust the nested level of the geometry, rather than just exploding, then you can use the Outliner to move geometry between levels. To adjust the nest level:

1. Select one set of geometry by double-clicking that group until you're able to select ungrouped geometry.

2. Go to Edit > Cut.

3. Change nested levels either by double-clicking until you can select the remaining surface or use the Outliner to find the desired nest level.

4. Use Edit > Paste In Place to paste the cut geometry into the nested group definition.

9.3 模型卡顿问题（一）

时常听到有人抱怨："这么简单的模型，怎么卡得要命？转动一个角度都要费牛大的劲。"也有人惊叹，"你这么大的模型，这么流畅，一点都不卡。"其实，他们所说的现象是普遍存在的，无论卡顿还是流畅，都不是一两个因素决定的，本节就要讨论众多因素中的一个：模型中的垃圾和清理的问题。

确实，很多初学者创建的模型文件硕大无比，动不动就是几十兆甚至更大，缩放、转动都很困难，严重影响了建模的进程；如果你也碰到过这样的情况，应注意本节附带视频教程里的演示。这个视频将用一个小模型来现身说法，为你揭开其中的奥妙，看完这个视频，你的模型也许就不再会是难以转身的大石头了。

请看这个小模型，它已经在前面的实例中出现过，不知道是什么原因，这个小模型现在变得难以控制了，缩放和旋转都很困难，现在不得不来解决这个问题。

为了防止万一，把它保存成另一个文件（图 9.3.1）。

图 9.3.1　臃肿的小模型

在 Windows 的"属性"面板上可以看到它的文件大小接近 90MB（图 9.3.2）。

在 SketchUp 的统计信息里，边线和面的数量都不太多（图 9.3.3）。

回到模型窗口仔细看看，这只是一栋小木屋，很简单的一个小模型，怎么看这个模型也不该有这么大的身材体积，一栋高层建筑，甚至整整一个居民小区的模型都不该有 90MB。

我们来找找原因，打开"组件"面板（图 9.3.4），单击小房子的图标（模型中），里面有很多组件，仔细一看，很多组件是在建模过程中曾经试用过后来又被删除了的，它们现在并没有包含在当前的模型中，但还保存在文件里，如果不打算再使用它们，可以单击组件管理器向右的箭头，再单击"清除未使用项"命令，多余的组件就被从模型中删除了。如果废弃的组件太多，清理的时间可能会比较长，要耐心等待。

图 9.3.2　文件的体积

图 9.3.3　线、面还不太多

清理完成后保存，再去看一下文件的属性，很明显，文件缩小了很多，但它的身材似乎还有点大，显然减肥还不够彻底，再来找找别的原因。既然在建模中试用过的组件可以造成这么多垃圾，那么试用过的材质是不是也会造成很多垃圾呢？

打开"材质"面板（图 9.3.5），仍然单击小房子图标（模型中），下面显示当前正在使用和曾经试用过的材质，还是单击向右的箭头，同样单击"清除未使用项"命令，等待一会儿，重新保存一下。再来看看文件的大小，又缩小了很多。

图 9.3.4　清理冗余的组件

图 9.3.5　清理多余的材质

经过以上的减肥操作，模型转动起来轻快多了。

以上的演示说明，未经清理过的模型，包含了大量垃圾，只要在建模过程中试用过的组件和材质（还有样式和图层等），都会暂时保留在模型里，方便选用，带来的问题就是模型会变得异常臃肿，这些暂时保留在模型里的材质和组件都是可以清除的，只是很多初学者不知道，或者虽然知道，却忘记了清除。

还有一个清理垃圾的快捷方法。

除了像上面演示的那样，分别在"组件"和"材质"面板（还有"样式"面板、"图层"面板）上清理不再使用的组件、材质、样式外，也可以在"窗口"菜单里调出"模型信息"面板，或者直接单击图 9.3.6 上面的图标，在"统计信息"面板的最下面，有一个"清除未使用项"按钮，单击它以后可以在上面的统计信息里清楚地看到清理后数据的变化。

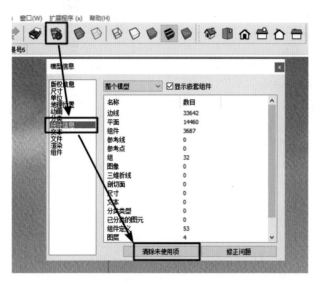

图 9.3.6　一次清理所有

但是以上的示范，只是对组件和材质做了清除，这样的大扫除，其实远不能算彻底，如果想知道如何比较彻底地清理你的模型，需注意下面的介绍。特别提醒一下，以下的清理，操作顺序很重要，不能颠倒。在本节的附件里，已经把如何完全彻底清除模型中垃圾的要领列了出来（要注意顺序）。

（1）下面的操作要检查并删除模型中一切多余的东西，俗称"减肥"，为了防止出现误删除有用的东西造成大哭一场的结局，所以最好还是改个名称，保存个副本为好。

（2）到"编辑"菜单去取消全部隐藏。

（3）在"场景"面板上清理多余的场景（页面）。

（实践中发现，页面的数量并不明显增大模型的体积，200 个页面的动画与没有设置页面的同一模型，文件大小差不了多少，保留已有页面也可，如未设置页面，可跳过这一步）

（4）在"风格"面板上清除多余的风格（如没有更改过风格，这一步可免除）。

（5）清理多余的图层（部分从 dwg 文件带来的顽固图层，可单击减号按钮，把内容移动到指定图层或默认图层后再清除）。

（6）清理多余的组件（具体操作上面已经讲过，要注意的是：一定要在清理材质之前先清理组件，请想一想为什么要这么做）。

（7）清理多余的材质（具体操作上面已经说过，但一定要在清理组件后再清理材质，顺序不要颠倒）。

（8）上面的第（6）、（7）步，也可以在"窗口"菜单里调出"模型信息"面板，在"统计信息"面板的最下面，单击"清除未使用项"按钮来快速清理。

（9）严格地讲，以上的清理还不算彻底，因为还没有涉及清理共面线和多余面等内容，这部分的清理工作目前还要借助插件来完成，所有插件方面的内容将在SketchUp（中国）授权培训中心的其他教程中讨论。

经过清理，原先体积近90MB的模型，缩小到了6.18MB（图9.3.7），差不多剩下原来的1/14，效果非常明显。

图 9.3.7　清理后

顺便提醒一下，引起SketchUp模型操作卡顿不流畅的原因，除了本节讨论的模型垃圾问题和9.4节中提到的线、面数量问题之外，与打开日照光影和模型中使用了过多的透明、半透明的材质也有密切的关系，甚至是主要的原因。

9.4　模型卡顿问题（二）

论坛上有人发帖求助，说是做了一盆花，他的SketchUp就已经卡得要命，询问是什么原因。图9.4.1就是他讲的那盆花了，笔者决定帮他找出原因，以下是操作步骤实录。

图 9.4.1　卡得要命的盆花

还没有打开它之前，顺便看了一下模型的大小，即 24.9MB（图 9.4.1（右下））。一盆花，不管做得多么精致，也不至于超过一个居民小区的模型规模，肯定是有问题了。

模型打开以后，转动一下，确实有点不听指挥，但还不太严重，习惯性地把已经打开的阴影关闭掉，再转动，好像轻松了不少。

接着，打开"模型信息"面板，切换到"统计信息"界面，勾选"显示嵌套组件"后，数据出来了，线条的数量为 256026，面的数量为 145788，根据经验，太不正常了。要知道，一个立方体才 12 条边线、6 个面，普普通通一盆花的线、面数量，怎么可能相当于两万多个立方体？作者的兴趣上来了，决定剖析一下。

删除了花的部分，只留下花盆，清理组件和材质，重新保存后文件大小为 1.48MB（图 9.4.2（右下）），再次查看线、面数量，线的数量还有 19088，面的数量近 7000。一个花盆的线、面数量，怎么可能比一幢高层建筑还多（图 9.4.2（右上））？

连续三击暴露出它的所有边线，先清点一下他做这个花盆绘制放样截面和放样路径时，把圆弧工具和圆工具调整到了什么精度。

经过清点，图 9.4.3 ②指向的面为 72×12×2；图 9.4.3 ③指向的位置为 72×24；图 9.4.3 ④指向的位置为 72×2。另外，还有图 9.4.3 ①所指的位置，因为路径跟随操作错误造成折叠，又增加了好多线面。

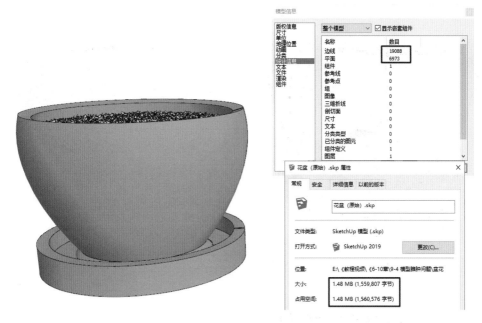

图 9.4.2　线、面数量相当于高层建筑的花盆

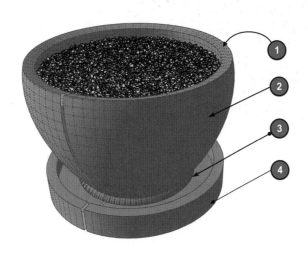

图 9.4.3　找原因

　　此外，花盆上还有一处破面，显然是跟着 SketchUp 工具向导的小动画做的路径跟随，把路径跟随工具当作推拉工具用造成的（图 9.4.4）；本来想帮助他修复的，看到图 9.4.4 右侧的线、面情况，没有修复的价值，不如重新做一个了。

　　继续剖析花盆，发现花盆里有一块模拟"土壤"似的东西，是由 3569 个三角形和多边形组成的，据我所知，这是用一个"毛发插件"帮忙做的，不然一定会累死（图 9.4.5）。

图 9.4.4　路径跟随的缺陷

图 9.4.5　画蛇添足的"土壤"

等一会我要用一个 24 条边的圆面来代替这一大堆多边形，再用一个小小的材质，表现的泥土比 3500 多个三角面更真实。

那么，一个相同的花盆，包括土壤、线面数量和文件规模怎样才算正常呢？为了说明这个问题，仿制了一个尺寸和形状都差不多相同的花盆。

它的文件大小只有 172KB，是原来的 1/9。

再用统计信息来查看它的细节：线 914 条，只有原来的 1/280；面 368 个，只有原来的 1/394。精简掉了 99% 以上的线、面，对效果并没有造成实质性的影响（图 9.4.6）。

好了，现在回到花的部分，文件大小还有近 24MB，看来花的问题比花盆要严重得多。

线段数量接近 24 万，面的数量接近 14 万，见图 9.4.7。

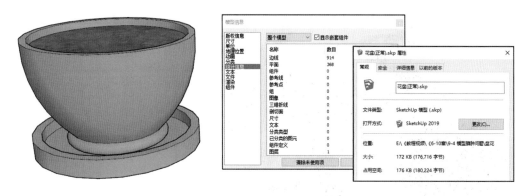

图 9.4.6 新做的花盆精简掉 99% 以上的线、面

图 9.4.7 吓人的线、面数量

看到这么大的线、面数量，说老实话，原来想来个彻底的解剖，现在也开始害怕了，炸开一部分群组就用了半小时，要炸开一层层嵌套的群组和组件，不知道要花多少时间。

从已经炸开的部分看，每个叶面、每个花瓣以及线、面数量都是 3 位数，一个不多，几百乘以几百就吓人了。看看茎秆的三角面数量，密密麻麻全是黑乎乎的线条，好恶心。

再来看看，一盆花到底多少线、面数量才算合理的呢？图 9.4.8 是 4 盆花的线、面总数，才两万多个线段、一万多个面。文件规模为 1.46MB；4 盆花加起来的线、面数和文件大小都只有它的 1/30。

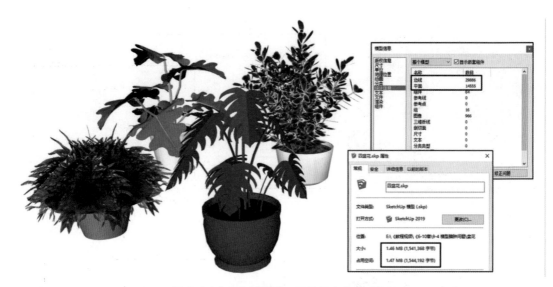

图 9.4.8　4 盆花的线、面数只有它的 1/30

小结一下前面的分析。

（1）盆花和类似的小件，在模型里，大多是作为配角使用的，很少出现特写镜头，这种对象要严格控制线、面数量。

（2）三维的植物，通常线、面都不会少，而且效果也不见得特别好，一般情况下要避免使用，即使要用，一是要找线、面数量不大的，二是要控制使用的重复数量。

（3）尽可能使用 png 图片来代替模型，这样的组件很多。

（4）图 9.4.8 的 4 盆花有两盆是所谓 2.5D 的，花盆是 3D，叶片和花是用 png 图片交叉复制而成，效果好，线面数量少，即使在模型里多用一点也不至于增加太多的计算机资源消耗。

（5）建模要懂得控制精度的原则和技巧，圆和圆弧，大多数情况下是要作为放样截面和路径使用的，它们的片段数增加一点点，模型的线、面数量将成几何级数增加；反过来，在画圆和圆弧时，适当减少片段数，对控制模型的线、面总数有非常明显的作用。

9.5　模型卡顿问题（三）

下面再来看一个叫作测试球的小模型（图 9.5.1 ①），这是作者很多年前用来测试计算机显卡性能用的工具，后来被捣蛋的学生当作捉弄同学的恶作剧玩具，这个模型虽然小，非常简单，就是一个球体，文件只有不到 2MB，但用中档的计算机打开这个模型后，就有点力不从心了，如果同时还在上网、听音乐、玩游戏，一定死机。

就这么一个空心的球，剖开后看里面什么都没有（图 9.5.1 ②），怎么会发生这种情况？

图 9.5.1　测试球内外

还是用老办法，首先关掉阴影，转动起来好像轻快点，再看看它的统计数字，线段的数量为 10998904，面的数量为 5555001（图 9.5.2），比 9.4 节那盆花还大很多倍，太惊人了！

图 9.5.2　庞大的线、面数量

打开"组件"面板，发现模型中除了站岗的军人和狗，只有两个组件。

两个球怎么会有这么大的线、面数量？

好在 SketchUp 还有个技术手段，就是"管理目录"面板，原来它叫作"大纲"。

"管理目录"面板明明白白告诉我们，这个小模型里居然有 1100 多个组件，图 9.5.3 上列出的还是很小的一部分。总算有点明白了，有人把这么多的组件堆叠在一起来捉弄我们初学者。

既然是同样的组件，那就在"管理目录"面板里删除大部分，只留下一个，看看是什么结果。图 9.5.4 是删除前的数据，图 9.5.5 是删除到仅剩下一个球的数据。

图 9.5.3　堆叠在一起的几何体

图 9.5.4　清理前的模型大小

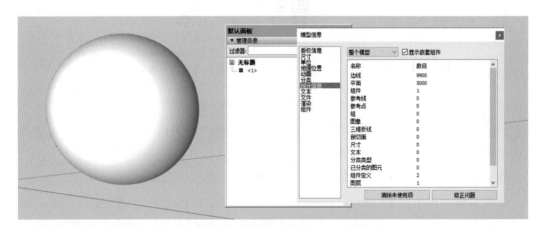

图 9.5.5　清理后的模型大小

　　换个名字重新保存一下，再看看文件大小为 1.87MB（原先是 1.92MB），居然与原来的相差不大。为什么删除了 99.9% 以上的模型内容，文件却几乎没有缩小呢？

　　这是因为 SketchUp 对于相同的组件，只需要记录一次全貌，就是现在看到的这个，1.87MB，重复的群组，只需记住它们的坐标位置就可以了。所以，上千个同样的组件生成的模型文件，与只有一个组件的模型差不多大，记好了，以后别再上当。

开了这么大一个玩笑，搞得计算机风扇"呜呜"地叫，差点死机，你悟出点什么道理没有？

告诉你，看模型的大小，千万不要只看它的文件大小，还要看它的线、面数量，2MB 的小文件照样要了你计算机的命，这就是本人悟出来的道理。

下面再来看两个小模型，要当心哦，仔细分辨出它们的区别。

告诉你，图9.5.6这些球里面，有6个是5000个面的高精度球，其他的是288个面的普通球，线、面数量相差近20倍，你能看出它们的区别，找出高精度的球吗？

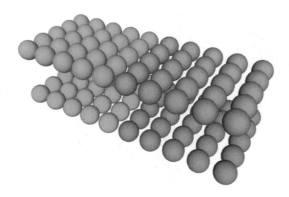

图 9.5.6　其中混入了 6 个高分辨率的球

别再费神了，已经对很多人做过测试了，根本不可能找出来，除非用这个办法：全选后，调用"柔化"面板，取消所有柔化平滑，就像图 9.5.7 一样。

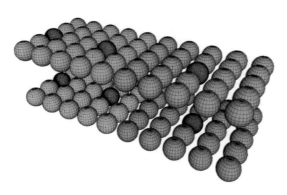

图 9.5.7　取消全部柔化后

玩了这么久，又悟出点什么道理没有？

——不分对象、场合，把模型一律都做得非常细致入微的人是傻瓜。

再来看另外一个小模型，这里有 6 排柱子，请看清楚，近处的与远处的做个对比，看看它们有什么区别？

这次不卖关子了，直接告诉你好了。

图 9.5.8 ①是 50 个面的柱体；图 9.5.8 ②是 24 个面的柱体；图 9.5.8 ③是 18 个面的柱体；图 9.5.8 ④是 12 个面的柱体；图 9.5.8 ⑤也是 12 个面的柱体；图 9.5.8 ⑥是 6 个面的柱体。

就算你眼力超群，看穿了最右边的柱子只有 6 个面，那么 12 个面、18 个面、24 个面，一直到最左边的 50 个面，你能看出有很大的区别吗？

这又说明了什么？模型远处的实体，可以做得粗糙些，近处和想要表达的主体，可以适当精细点。

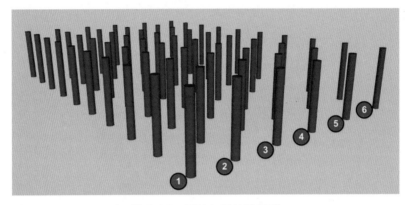

图 9.5.8　近处与远处的区别

总结一下，控制模型线、面数量及文件大小的要领如下。

① 可有可无的坚决不要，可粗可细的坚决粗，能简能繁的坚决简。

② 能用多边形就不用圆形，能用图片的就不用实模，能用单层就不用多层。

还有很多很多……

附件里有上面演示的所有模型，只有你亲自做过测试，才知道我说的没错。

9.6　建模速度问题

本节要讨论的建模速度问题是一个非常大的题目，大到没有人能给出一个完整的答案；老怪试着从个人经验的角度，分"原则（目的）""思路""技巧""工具"和"素材"5 个方面来讨论这个题目。

1. 原则（目的）

所谓原则，就是要确定你要用 SketchUp 来做什么？

用 SketchUp 建模的人，各有各的目的，有人用它做若干平方公里的大规划；也有人只用它做些不起眼的小东西；有人用它代替手绘做方案推敲；也有人用它来做设计验证；有人用它来做初步设计、做总平、做竖向、做管线、做景观、做室内、做会展、做舞美，做什么的都有；还有人只是为渲染而建模……

显然，因为用 SketchUp 建模的目的不同，也就引申出了下面的一系列话题。

很多用 SketchUp 建模的人似乎都忽略了同一个问题，那就是"我们""这一次"要把模型做成什么样子？精细还是粗略？精细或粗略到什么程度？

"我们"二字是指"行业"和"单位"的性质；"这一次"是指"正在创建的模型"；各行各业建模有不同的要求，同一个单位因为用途的不同，也有不同的建模要求。例如，城乡规划行业的模型里，大多数建筑只要拉出一个体量就够了。做建筑外观的初步方案，就不一定要做出所有的门窗细节，当然更不要做楼梯楼板内部隔墙；用来推敲景观方案的模型，就不必做出所有的小品和绿植……这些道理人人都懂，就是有些人一动手就犯晕，不分主次越做越细，以至于远远离开了原先设置的目标，类似的现象普遍存在于 SketchUp 的用户中。

2. 思路

一直以来，建模的"思路"非但是影响建模速度的一个大问题，甚至决定了能否顺利创建模型。所谓"建模思路"就是"怎么做"的问题。这是一个需要日积月累才能解决的问题。

有人拿到建模任务，急着动手，习惯了做完这几步再去想下几步，做到某个程度时，突然发现做不下去了，临时再去找教程、找插件、找组件、找材质、找办法、找灵感，这种现象普遍存在于性格偏于浮躁和做事缺乏计划性的初学者中，他们的建模速度如何能快？

有句名言："智者谋定而后动"，就是给这些人的药方。拿到建模任务，一定不要急着动手，要做好足够的预备运动，动手前必须先搞清楚建模对象的特征、尺寸、可能在什么地方出现难点等；最重要的是预先就准备好解决这些难点的办法，以及所需的工具、插件、组件、材质等一系列必需的条件，而后再动手才能一气呵成。

如果你是搞创作的高级别设计师，建模过程中遇到困难还能临时修改原先的创意，绕过建模出现难度的那个部分；不过非常遗憾，至少在我所及的圈子里，SketchUp 的用户七八成是初出茅庐，甚至未出茅庐的后生，还不允许用修改原方案的办法来绕过建模难点，对于这样的初级玩家，"谋定而后动"就更为重要。

所谓"谋定"，就是要做足"预想"的功夫，"预想"动手后可能碰到的难处，还要预想出解决这些难处的办法（预案），必要时还要提前查看资料，到网上寻找其他人遇到同类问题的做法，包括"抱佛脚"性质的学习、到社交媒体去讨教……"磨刀不误砍柴工"，就算临时抱佛脚、想办法要花掉一些时间，但是有了解决问题的办法，真正解决问题可能只要几分钟；重要的是，你的"能力"正是在这一次次解决问题中提升的，今后再遇到类似的问题就会从容面对了。所以，一定不要怕遇到难题，遇到了就要积极想办法去解决它。

3. 技巧

这也是需要日积月累才能获得的，所谓"小媳妇熬成婆"，每个"小媳妇"都想早点拥有"婆"们的能力、权力和威风；就算是慈禧太后、王熙凤当初也有难过的关，也不能一蹴而就获得能力、权力和威风，也需要从当个小媳妇开始，日积月累才能成事。

说到影响建模速度的技巧，太多太多，一言难尽。作者前后制作了差不多有四五百辑视频教程，连起来播放，不吃不喝不睡也要看六天六夜，还发布过 100 多个图文教程，没有一个不是与建模技巧有关的，所以，想要用三言两语说清楚这个问题实在没有可能，我就勉为其难讲几个印象比较深刻的所谓"技巧"吧。

（1）最影响建模速度的是因为自己疏忽，造成"文件丢失被逼从头再来"，这是最浪费时间的过失：很多有计算机使用经验的人都碰到过因为死机、停电、硬件故障而突然退出的情况，错误的操作造成已经做得差不多的文件不翼而飞，说不定你也碰到过，发生了这种事情，在心里默默地咒骂过后，还只能乖乖地从头做起，是不是很浪费时间？建模还快得起来吗？虽然这种倒霉事不是天天有，偶尔来一次也够呛。

所以，干活之前就要想到有可能发生的最坏结果，打开 SketchUp 做的第一件事情便是新建一个文件，起个名字，保存一下，设置好自动保存的间隔，即便出了问题，也就限制在自动保存间隔中的那点损失；当然，如果你足够强，用寻找 skb 备份文件的办法也可以，但你的运气不见得每次都很好，也时常有不成功的，再说，找 skb 也需要花时间吧？

操作任何软件的好习惯之一，就是干活前就要在指定的位置，用指定的名字，形成一个新的文件，养成这个好习惯，对你没有损失，只有好处。

（2）影响建模速度的是"没有给自己和团队留条后路"。

这句话要详细解释会很麻烦，简单解释一下：有的人做的模型组织得非常好，用群组、组件、图层来管理模型中所有的几何体，层次分明，没有游离于群组、组件之外的线面，规规矩矩，干干净净，即便要做修改，也只牵涉部分群组、组件或图层，很快就可以改完；但是更多人的模型却眉毛胡子一大把混在一起，拆不开撕不烂，根本无法修改，只能在同事们和领导责备的眼光下推倒重来，是不是在浪费时间？其实，在建模过程中，稍微多用点心就可以避免出现这种可悲的结局。

（3）聪明人建模会把作为操作依据的底图，关键的中心线、参考点、参考线等放在一个专门的图层里隐藏起来，即便要改动，也可以重复利用这些依据，就算团队合作出了毛病也可以分清责任，不必无谓背黑锅。

（4）对于需要后续做渲染的模型，更要想得远一点，例如把同样材质的几何体放在同一个群组、组件里或者同一个图层里，方便到渲染工具里去赋材质，如果做不到这一点，也要对同样材质的几何体赋予相同的临时材质，以便到渲染工具里去做批量更换，也可以节约很多时间，还能避免出错。

（5）群组和组件是SketchUp几何体最基本的约束和管理手段，整个SketchUp模型是由若干群组和组件构成的，所以对群组和组件的设置和掌控非常重要，有人建模，做了一大堆东西，才想起来要分组，可惜已经太晚了；其实，正确的操作是有了第一个面或者第一条曲线时，就要马上创建群组，然后进入群组去做后续的操作；当然，也可以有例外，在不至于引起麻烦的条件下，也可以做完一个小部件再全选创建群组。把要重复的几何体做成组件，可以节省大量的建模时间。

（6）至于图层（新版的SketchUp改成了"标记"），在SketchUp里仅仅是一个辅助的管理手段，通常只是用来隐藏一部分对象，方便建模而已，并没有Photoshop或CAD中的图层那样重要。管理组件和群组的工具除了图层外，还有"管理目录"（大纲）面板，不过它时常被疏忽甚至被遗忘。

另外，图元信息和模型信息这两项在SketchUp模型的管理中也比较重要。

4. 工具

这里讲的工具包括硬件和软件两大方面，硬件部分首先要关心计算机的配置，无非就是CPU和GPU，还有内存的数量和存取速度等。为了加快建模速度，可以注意以下的提示。

（1）SketchUp是单核CPU运行的软件，多核的CPU对提高SketchUp运行速度并无太大的贡献，所以，在选择多核CPU时，务必留意选择单核运行速度快的。

（2）GPU是显卡里的核心部件，向来有两大阵营，即ATI（AMD）和nVIDIA，俗称A

卡与 n 卡。前者的特长领域是游戏，后者的特长是设计，所以想要 SketchUp 运行流畅，务必选用 n 卡（还要挑选好一点的），至于 Intel、AMD 那种把 CPU 和显卡集成在一起的，只能用来打打字、上上网，运行 SketchUp 肯定不灵光。

（3）影响 SketchUp 运行速度的另一个硬件因素，是内存的数量和速度，想要用计算机做设计，内存多一点的效果非常明显，现在的计算机，16GB 内存是起码的配置，选用正牌的固态硬盘当然更好。

（4）用笔记本电脑做 SketchUp 模型，就像用"乌龟垫床脚"——硬撑着而已；且不说同等价格的笔记本电脑与台式计算机比性能，就是显示器的分辨率也相差一大段，笔记本电脑的显示器像素太少，做大一点的模型真的好辛苦，如果你还是学生或者刚毕业，用笔记本电脑是无奈之举，一旦有了条件，赶快换用台式机，还要配一台高像素的显示器，花一点钱可以少浪费很多的时间。

（5）最后一个影响建模速度的硬件是你绝对想不到的鼠标和鼠标垫。SketchUp 是单视窗的三维建模软件。单视窗的好处是：工作区大，看得直观；可直接在透视模式下操作，操作非常方便；所见即所得等。在得到这些好处的同时，也要面对一个问题，就是建模过程中，必须不断地把模型调整到最方便观察和操作的位置，这是 SketchUp 操作的特点，曾经看到过无数的 SketchUp 用户，鼠标本身就不太好，加上不用鼠标垫，综合起来的结果是：旋转、缩放、移动模型很辛苦，鼠标定位也很勉强。但人的适应性比想象中的强，很快他就适应了这样恶劣的操作环境，下意识地养成了不好的操作习惯，明明再旋转 30° 就可以到达最佳操作位置的，因为旋转模型困难就退而接受了在不舒服的角度上勉强操作，影响速度是肯定的，同时也可能降低模型的质量。所以本人提出以下几点建议。

① 有线的鼠标，当松开鼠标输数据时，因为拖了个尾巴，时常因为尾巴的重力作用而移动，这种现象，在主机放在工作台下面时特别明显，要重新回到原来的地方，得花时间吧？有些时候，尾巴的重力还能搞破坏，例如当前是移动工具，光标正好停留在某个节点上，该节点当然被自动选中，当松开鼠标去输数据时，它在重力作用下移动了一点，等输完数据回来，当时发现了还好，退回一步重新操作就可以解决，如果移动的距离不大，当时没有发现，请设想一下，结果会怎么样？所以我建议你用胶布固定鼠标的尾巴，留出一点合理的移动距离，这种情况就可以把破坏降到最低的程度。

② 还是讲鼠标，去电脑城买计算机，有个不成文的规矩，不管买台式机还是笔记本，都有鼠标送，送的鼠标多数是那种迷你型的，特别是买笔记本，送的一定是小个子的便携鼠标，这种鼠标市场价就十多元，批发价只要八九元，偶尔用来上上网、打打字还行，用来操作

SketchUp，不出一星期，你的手掌一定抽筋。别说我吓唬你，笔者十一二年前就因为用了电脑城送的小鼠标，受过抽筋的痛苦，当然还有身边的其他人也受过同样的苦。用 SketchUp，右手握住鼠标的时间，占到建模时间的大半，你的右手与鼠标的关系，比操作任何软件更亲热，所以为了不抽筋，鼠标绝不能马虎，要按照自己的手型大小去选一个大型鼠标，并且越大、越重的越好用。

③讲完了鼠标，再来讲讲鼠标垫。确实，不用它也没有关系，要用，电脑城免费的都有，当然是印了广告的，为什么台面不能当鼠标垫？台面再平整，也有微观上的坑坑注注，定位就不准了。台面上还有肉眼难以看到的小颗粒和垃圾，鼠标移到那里，也影响定位。还有，鼠标底部有 4 个小小的起润滑作用的小塑料片，直接在台面上磨，一两个月就损耗殆尽，鼠标就报废了。最关键的还不是上面说的这些，关键是鼠标直接在台面上移动时的阻力不均匀，有时候很滑，有时候又很涩，控制它全靠臂力，时间久了会很累，还很难精确定位到一个小小的点。用了鼠标垫就不同了，避免了润滑片的快速磨损，延长鼠标寿命还只是附带的好处，阻力均衡才是最重要的。有了均衡的阻力，才能指哪打哪，提高命中率，建模自然就快了。说到阻力，鼠标垫也有很多品种，不要钱白送的、两三元钱的基本不能用。好的鼠标垫，表面的织物要均匀细腻，基体的橡胶或塑料比较软，能吸附在桌面上，不会因为鼠标的移动跟着一起动，当然，也要根据自己的手感来挑选。如果觉得我侃得还有三分道理，赶快去电脑城，花几十元买个好鼠标，十来元买块好点的鼠标垫，回来试一下，你就会觉得我侃的全是亲身体会的经验之谈。

上面聊的都是影响建模速度的硬件因素，下面聊聊影响建模速度的软件因素。这里说的软件，有与 SketchUp 配合运用的 AutoCAD、Photoshop，还有五花八门的渲染工具等，这些都还不包括在要讨论的范围内；想要着重讨论的是 SketchUp 的扩展程序，也就是俗称"插件"的小程序，游戏玩家也叫它们为"外挂"。

SketchUp 的插件数量多到难以统计，国外有人在 SketchUp 用户中做过投票形式的调查，列出了最常用的 50 种插件，本人仔细研究过这个清单，其中除了极少数没有用过的以外，确实都是常用或用过的插件，这 50 种常用插件至少有 250 个不同的功能，比 SketchUp 基本工具的数量要多好几倍。此外，本人经常用的插件还有很多没有包含在这个清单里，加起来就更加可观了。说实话，想要熟练掌控这些插件，所要花费的时间，比学会使用 SketchUp 要多得多；10 多年前只花不到一星期就可以用 SketchUp 干活，10 多年后的今天却还时常为插件的事情发愁。众多的插件，就像 SketchUp 的一帮兄弟，配合起来确实可以干得更快、更好；不过，兄弟多了也免不了带来一些额外的问题。关于插件的话题就留到系列教程的插件部分去讨论吧！

5. 素材

　　如果你在动手建模之前就拥有了足够多的素材，包括必要的数据、组件、材质、风格、各种图片、各种国家与行业标准、各种规章规程、各种参考书和文字资料等，肯定能够加快建模的速度，降低建模的难度；这些东西是你的无形资产，是要靠你自己慢慢去收集、创建、积累和淘汰旧的换新的，这是一个需要延续终生的工作，除非你离开这个行业。

　　有人想用时手头没有东西可用，也有人对着大量的组件、材质和图片、资料发愁；想要用时，依稀记得有个宝贝能用，却找不到，弄一个试试，再找一个试试，试来试去就是找不到满意的，时间飞快地过去，任务急，搞得满头大汗，只有到了这时才知道该提前做做功课，把中意的组件、材质等好好分分类，把劣质的、肯定不会用到的东西坚决删除，只留下有可能用的，缩小并优化你的各种库，用时才不至于东寻西找搞得满头冒火。

　　对于面对大量的素材反而陷入尴尬境地的 SketchUp 玩家，建议你提前做好功课，如搞室内设计的，可以按"中式""西式""简约""豪华""儿童""女性"等主题分门别类建立目录，把相关的家具、卫浴、软包等组件和配景的小品、材质贴图等归拢到一起，接到任务后，要做的事情只是按尺寸拉个墙，按客户的要求摆摆组件，赋个材质就能交差，甚至可以做到"立等可取"；客户满意，老板高兴，自己还偷了懒，何乐而不为？

　　搞景观设计的，早点把春夏秋冬的乔木、灌木、阔叶的、针叶的，花花草草分好类，3D的、2D 的、2.5D 的、平面的组件也不要混在一起，组件的名称要一看就明白，一定不要用ABCD、1234 做组件的名称，海棠就是海棠，杜鹃就是杜鹃，这样就无须一个个试过来试过去，浪费时间了。同样的道理，各种门窗组件、墙面的贴图是建筑模型里免不了的元素，提前做点功课总比临时去找、临时去试的好。

　　无论是建筑景观还是室内规划，每个行业都有不同的国家标准和行业标准、规章规程，不要等到要动手建模了才知道原来还缺很多的知识和数据，作为一个靠技术吃饭的人，即使不能对这些资料烂熟于心，至少也要做到手头拥有这些资料，知道需要时到哪里去找数据，这是一个靠技术吃饭的人必须具备的基本素质，做到了这点，当然也有利于你加快建模的速度。

9.7 快捷键问题

正如你所知道的，从操作系统到各种应用软件，都会有一些快捷键用来代替菜单命令和工具图标，快捷键也可称为热键，很多快捷键往往要与 Ctrl、Shift、Alt 等键配合使用。利用快捷键可以代替鼠标做一些工作，以便用户提高工作效率。

多数应用软件在安装完毕后就有了一套默认的快捷键，有些软件也允许用户按自己的习惯和想法进行重新设置，以提高操作效率。看过下面的统计数字，你可能会大吃一惊。

我们天天在打交道的 Windows 系统有 450 个左右的快捷键，常用的不超过 15 个，你用了多少？

AutoCAD 大概有 600 个快捷键，你又用了多少？ AutoCAD 的快捷键，有很多是需要输入多个字母，甚至组成一个单词才能操作的。如此不方便的快捷键，恐怕普天下它是唯一的，经常遇到用 CAD 十多年的人，还在问某某功能的快捷键是什么，说明它的快捷键设置真的很成问题。

3ds Max 的快捷键大概有 250 个，常用的你记得多少个？

Photoshop 的快捷键也有接近 300 个，就连打字写文章用的 Word 都有近 200 个快捷键。

SketchUp 刚刚进入中国的那几年，网络各相关的技术论坛上都流传过一个文件，叫作 SketchUp 快捷键大全，全文 14 页、几百个快捷键，洋洋洒洒 7000 字。说实话，本人曾经调查过，在熟识的人中，包括大量学生们，居然无人有看完这 14 页的耐心，更不用说按它的指引去设置自己的快捷键了。

SketchUp 在安装完成后，与其他软件一样，也已经拥有了一些最基本的快捷键，如果不知道或是忘记了某个功能的快捷键，可以在菜单栏的对应菜单里找到它，菜单项右边的字母就是对快捷键的提示。

与其他软件不同的是，SketchUp 默认的基本快捷键数量不多，总数大概有 30 来个，很多常用功能没有默认快捷键；而有快捷键的功能也不见得是最常用的；还有很多默认快捷键的设置也不太合理，大多数用户都要自己来增删和调整。

几乎所有与 SketchUp 沾点边的论坛上，都有人发帖寻求现成的快捷键文件，他们可能不知道，SketchUp 与其他软件不同，快捷键是要根据自己的习惯和爱好设置的，别人用熟的快捷键不见得适合你使用，所以，快捷键最好还是自己动手设置。

在"窗口"菜单里有个"系统设置"命令，找到"快捷方式"，在这个窗口里，可以看到 SketchUp 的所有命令和工具（图 9.7.1），包括已经安装好的插件都可以在这里找到。

图 9.7.1　快捷键设置路径

现在用几个例子来具体说明设置快捷键的方法，先来找一个不合理的默认快捷键，看看如何修改成愿意接受的形式。现在可以看到，复制和粘贴默认的快捷键是 Ctrl + Insert（插入）和 Shift + Insert（插入），这里的"插入"就是键盘上右上角的一个辅助键，因为不常用，很多用计算机多年的人从来都没有关注过这个键的存在。 为什么我说这两个快捷键不合理呢？至少有 3 个理由。

（1）所有的 Windows 用户都知道，复制和粘贴的通用快捷键是 Ctrl + C 和 Ctrl + V，几乎所有应用软件都是用这样的快捷键；突然换成 Ctrl + Insert（插入）和 Shift + Insert（插入），肯定不能适应。要注意，包括 SketchUp 在内的所有应用软件的快捷键最好与操作系统和常用软件统一起来更容易记忆，一定不要独出心裁、标新立异，另搞一套。

（2）Ctrl 键和 Shift 键在键盘的左下角，相当于在西藏拉萨，另一个 Insert（插入）在键盘的右上角，相当于在黑龙江的哈尔滨，使用这样的快捷键，势必要在作图的过程中，丢开鼠标，使用双手来配合操作，这样的快捷键已经失去了快捷键的使用价值。就算是用标准键盘上右侧的 Ctrl 键和 Shift 键配合，实践证明同样不方便。所以，复合型的快捷键最好能够单手操作，并且不要超过两个键。

（3）很多新式的键盘，还有一部分笔记本电脑，键盘上根本就没有 Insert（插入）键。

根据以上这 3 个理由，果断决定，把复制和粘贴的快捷键改成通用的 Ctrl + C 和 Ctrl + V。下面是设置快捷键的操作过程。

在"窗口"菜单里找到"系统设置"命令，再找到"快捷方式"（图 9.7.2 ①）。

在"过滤器"窗口输入"复制"，按回车键后就可以看到"复制"的默认快捷键为"Ctrl

键 + 插入"（图 9.7.2 ②）。

现在可以在添加快捷键的窗口里输入"Ctrl 键 + C"（图 9.7.2 ③）。

注意，只要把光标移动到窗口里单击，然后在键盘上同时按下 Ctrl + C 两个键就可以了。然后再单击"+"（加号），新的快捷键就在下面的小窗口里了（图 9.7.2 ④）。

如果想把原来不合理的快捷键删除，只要选中它，单击"-"（减号）就可以了（图 9.7.2 ⑤）。

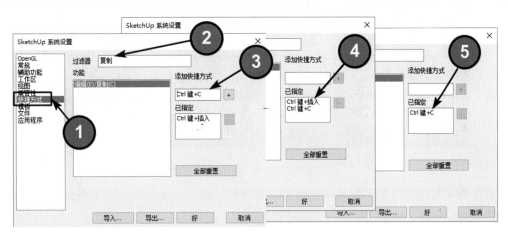

图 9.7.2　快捷键设置方法

再用同样的办法把"粘贴"的快捷键改成"Ctrl + V"。

一不做二不休，干脆把"全选"的快捷键改成"Ctrl + A"，把"剪切"的快捷键改成"Ctrl + X"，这是几个最常用的功能，改成与 Windows 操作系统一样，改完后，舒服好多（图 9.7.3）。

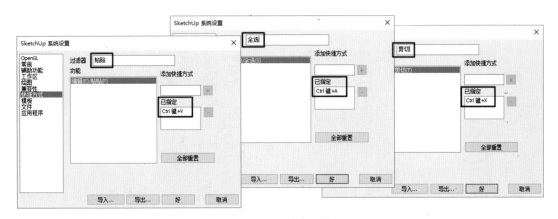

图 9.7.3　用过滤器搜索

想要撤销一步操作，也就是退回一步，绝大多数的软件都给用户留下"后悔"的可能，对用户后悔的操作，快捷键都是 Ctrl + Z；不知道为什么，SketchUp 对这个操作的默认快捷键居然是 Alt + Backspace。下面来看看这两个键分别在什么地方。

一个在西藏，一个在东北，两地分居，而且距离如此之远，非常不人道。当今提倡以人为本，所以，我要帮助把它们俩的"分居"问题解决掉，让它们之间的距离近些。把快捷键改成 Windows 通用的 Ctrl + Z 和 Ctrl + Y（图 9.7.4）。

图 9.7.4　键盘快捷键位置的限制

建模中时常要隐藏一部分对象让出空间好操作，这个功能原先是没有快捷键的。找到一个字母，这里选择字母 H，这是一个已经被默认为"平移"的快捷键，说实话 10 多年了，我从来没有用过这个快捷键，所以要把这个字母 H 的资源用来做"隐藏"的快捷键；然后再把取消隐藏设置为 Shift + H，好记又好用。

细心的人可能注意到了，为什么我知道有很多字母没有在快捷键中被使用过呢？

照我说的做，花几分钟，你也可以知道键盘上还有哪些字母可以重新安排使用。

在纸上写下 26 个字母，然后把在菜单里看到的觉得合理的快捷键，打算留下的记下来，不合理的，打算重新设置的也写下来。

举例说明如下。

在"相机"菜单里，转动和平移的默认快捷键是字母 O 和字母 H，其实，就算是菜鸟也不会去用这两个快捷键的，因为鼠标中键就是旋转，同时按下 Shift 键就是平移，比按快捷键还要快，所以这两个快捷键就像是聋子的耳朵——摆设，可以取消，腾出资源来做别的用处。

经过这样的筛选后，你一定可以看到，26 个字母只用了一半，剩下的就可以任你安排了。

例如，窗口缩放功能可以快速放大操作位置，是很常用的功能，它的默认快捷键居然是三键组合，用这样的快捷键还不如去单击工具图标来得更快，这种默认快捷键显然非常不合理，因为我常用这个功能，想要把它改成单字母 W，是英文 Window（窗口）的首字母，容易记忆又好用。

创建群组也是 SketchUp 里最常用的功能之一，用英文 Group 的首字母 G 代替。

既然创建群组用了字母 G，干脆，把制作组件设置为 Ctrl + G，把炸开群组或组件设置为 Shift + G，方便记忆。

这样一来，所有与群组、组件有关的操作，快捷键里都有个字母 G，非常容易记忆。

为了设置快捷键，本人专门做了个表格，见图 9.7.5。这个表格还同时保存在本节的附件里，可以根据自己的习惯和喜好设计出你自己的快捷键，并且按照前面介绍的方法设置好。

SketchUp 快捷键设计表

老怪自用仅供参考，快捷键设置思路与方法请浏览教程 9-7 节

字母	单键快捷键	+Ctrl（同 win）	+Shift（SU 专用）	+Alt（插件）
A	圆弧	全选		
B	材质			吸管/油漆桶 切换
C	圆	复制		
D	柔化			
E	橡皮			
F	偏移			
G	创建群组	创建组件	炸开群组/组件	
H	隐藏	取消隐藏		
I	选连续线（插件）	导入		
J	量角器			
K	旋转矩形			
L	直线			
M	移动			调用 Mover3
N	尺寸标注	新建		
O	文字标注	打开		
P	推拉	打印		
Q	旋转			
R	矩形			
S	缩放	保存	前一视图	
T	皮尺	全不选		
U	显示/隐藏默认面板			
V	透视/平行切换	粘贴	原位粘贴	
W	窗口放大			
X	翻面	剪切	后一视图	
Y	坐标轴	前进一步		
Z	实时缩放	退回一步	充满视窗	
	平移　鼠标中键+Shift		顶视图　F2	
	旋转　鼠标中键		前视图　F3	
	缩放　鼠标滚轮			
	上一个视图　Tab			

wibe.taobao.com　　SketchUp001@163.com

图 9.7.5　快捷键设计表

接下来的一个问题，经常听到初学者提到：确定快捷键有什么原则可以遵循吗？

当然，首先要确定，使用快捷键的目的就是建模操作要快，如何才能快？

10 多年的经验告诉我，右手握鼠标，左手操键盘，各司其职，双手配合才能够快。

如果右手时不时地要放开鼠标配合左手去敲快捷键，右手重新抓取鼠标后，光标原来的位置已经移动，还要重新去对目标，这样的快捷键影响建模速度是明摆着的事情，还不如放弃快捷键，直接去单击图标和菜单更快。所以，设置快捷键的第一个原则就是最常用的功能必须是单键，以方便单手操作，还要方便记忆。

第二个原则是，如果必须设置组合键，以两个键的组合为上限，3 个键的组合通常很难用单手来操作，坚决不用，不信你去试试看。如果你的键盘上有左、右两组 Shift 键、Ctrl 键和 Alt 键，最好只用左侧的，放弃右侧的，避免来回折腾。

第三个原则，因为受到人类手指长度和张开角度的限制，如果要用双键配合，两个键的距离必须在单手方便操作的合理范围内为原则。

请看图 9.7.6，假设分别以 Shift 键、Ctrl 键或 Alt 键为圆心，手指可及范围为半径，双键配合的快捷键设置范围就限制在这 3 个扇形区间了。图片上的扇区是按男性中等长度的手指绘制的，如果换了女性或较短的手指，可操作的范围还要更小些。 显然，超过这个范围就必须双手配合操作，那就不如去单击工具图标了。

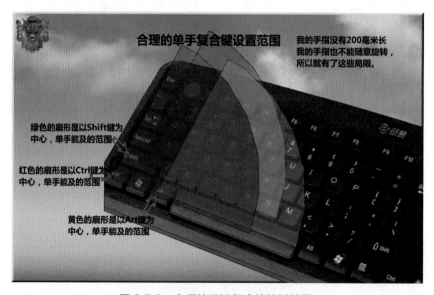

图 9.7.6　合理的双键复合快捷键位置

第四个原则，SketchUp 的快捷键，要尽量与 Windows 操作系统和其他常用软件通用，保持一致，方便记忆，不容易搞错。

第五个原则，尽量保持 SketchUp 合理的默认快捷键，免得重新设置的麻烦。

第六个原则，快捷键和快捷键之间要能够引起联想，方便记忆，像刚才设置的创建群组的快捷键是 G，创建组件的快捷键为 Ctrl + G，炸开它们的快捷键都是 Shift + G，这样很容易记忆，同样的例子还可以举出很多。

第七个原则是一些人最不愿意接受的，在讲出这个原则之前，还是要回到刚开头的地方，曾提几个问题：AutoCAD 有六七百个快捷键，你能够记得多少？最常用的又有多少？完全不用回想，凭下意识就可操作的又有多少？

告诉你，很多年前，本人曾经犯傻，在众多同事之间取得过一个统计数字，他们操作很多软件，包括快捷键最多的 AutoCAD，最常用的快捷键不会超过 50 个，其中还包括需要愣一愣、想一想的快捷键。完全不用回想，凭下意识就可操作的快捷键，多数人只能做到不超过 30 个。

同事间曾经做过一次比赛，一个人用快捷键，另一个人单击工具图标，在 CAD 中做一份同样的图，比赛的结果是，单击工具图标的那位胜出，同一组选手，交换位置后，结果相同。

这说明了个什么问题？说明了快捷键数量不在多，只有凭下意识操作的快捷键才能真正体现出快捷键的优越性，凡是需要想一想才能用的快捷键，还不如去单击工具图标。所以，设置快捷键的第七个原则是：不要贪多，对 30 个左右最最常用的功能设置好就够了，最多也不要超过 50 个，其他的功能，干脆单击图标还来得更快些。

最后，第八个原则，请回过头去看图 9.7.5 所示的表格。

快捷键分成四大类（表格中的四列）：

（1）最最常用的，单键快捷键，这不用多说了；

（2）要与 Ctrl 键配合的，几乎都与 Windows 操作系统相同；

（3）要用 Shift 键配合的，是 SketchUp 里专用的快捷键；

（4）要跟 Alt 键配合的，专门用来调用插件。

这样设计你的快捷键，理由充分，思路清晰，容易记忆，使用方便。

设置好的快捷键可以导出一个文件保存起来，免得反复劳动（图 9.7.7）。

单击"导出"按钮就可以了，在输入文件名时，还有个小小的窍门，建议你用导出当天的日期作为文件名，这样做有什么好处？因为刚设置好了的快捷键，必须经过一段时间的实际使用才知道顺不顺手，如果发现问题还可以修改，修改后觉得不行，还可以恢复到原来老版本的快捷键。导出成功的快捷键是一个 dat 格式文件，如果用记事本打开，图 9.7.8 就是部分内容。

当然，恢复到原来的快捷键，或者移植别人设置好的快捷键，都可以单击图 9.7.7 中的"导入"按钮来完成。

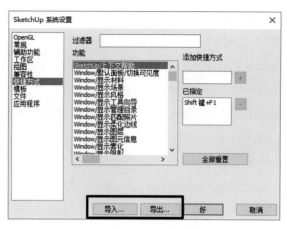

图 9.7.7　导入导出快捷键

图 9.7.8　导出的快捷键文件

　　最后建议你最好把刚设置好的快捷键打印出来，贴在显示器旁边，记不起来就看看，几天后就熟悉了，只有做到建模时不用思考，凭下意识就能操作才能真正发挥快捷键的作用。